数学分析选讲

程 军 程毕陶 著

 吉林大学出版社
·长 春·

图书在版编目（CIP）数据

数学分析选讲 / 程军，程毕陶著. —长春：吉林
大学出版社，2023.10
ISBN 978-7-5768-2741-5

Ⅰ．①数… Ⅱ．①程… ②程… Ⅲ．①数学分析－高
等学校－教材 Ⅳ．①O17

中国国家版本馆 CIP 数据核字（2023）第 238841 号

书　　名：**数学分析选讲**
　　　　　SHUXUE FENXI XUANJIANG

作　　者：程　军　程毕陶
策划编辑：黄国彬
责任编辑：甄志忠
责任校对：曲　楠
装帧设计：姜　文
出版发行：吉林大学出版社
社　　址：长春市人民大街 4059 号
邮政编码：130021
发行电话：0431－89580028/29/21
网　　址：http://www.jlup.com.cn
电子邮箱：jldxcbs@sina.com
印　　刷：天津鑫恒彩印刷有限公司
开　　本：787mm×1092mm　　1/16
印　　张：14.5
字　　数：220 千字
版　　次：2024 年 5 月　　第 1 版
印　　次：2024 年 5 月　　第 1 次
书　　号：ISBN 978-7-5768-2741-5
定　　价：78.00 元

前　言

数学分析是数学专业最重要的专业课程之一，它是后续其他专业课程的基础，也是数学专业研究生入学考试的必考科目，数学分析源远流长，内容丰富，它对学生的抽象思维能力、逻辑推理能力的培养具有重要的作用。但是学生在初次学习这门课程时，普遍会存在一些困难，概念模糊，解题困难，总结不出一般的思考方法。数学分析课程对培养具有良好数学素养与创新意识的综合性人才起着关键的作用。从人才培养的角度来讲，一个数学专业的学生能否学好数学，很大程度上取决于他进大学后能否将数学分析这门课真正学好。因此，数学分析课程的教学历来受到每所高等师范院校教学部门的高度重视。李大潜院士曾经这样说过，任何一门学问，就其本质来讲，关键的内容、核心的概念，往往不过那么几条，而发挥开来，就成了洋洋大观的巨著。

作为一名大学数学教师，我们在进行数学分析课程的教学实践时，应该考虑哪些内容属于课程的关键与核心，考虑怎样才能使得学生牢固掌握这些关键的内容与核心的概念，做到终生不忘。要让学生把主要精力集中到那些最基本、最主要的内容上，真正学深学透，一生受用不尽。同时，还应该考虑如何通过改进教学方法与教学手段，吸收先进的处理方法，提高教学效果，增强学生学习的兴趣。

对于数学分析课程的教学，我们认为首先要对数学分析这门课程的基本内容、思维方法及技巧进行必要的综合，加深对这门课程的认识，从而为后续课程的学习乃至今后的深造提供某种方便；其次，数学分析这门课程对指导中学数学教学有一定的作用，进一步了解它、熟悉它，并切实掌握它的主要内容及方法，可使同学们日后更好地从事相关专业的教育教学工作。

本书的撰写及出版得到曲靖师范学院 2022 年国培项目的大力资助，同时也得到云南省教育厅分析数学与智能计算重点实验室、云南省高校非线性分析与代数及其应用科技创新团队、云南省中青年学术和技术带头人后备人才、云南省青年人才项目的支持。

由于编者水平有限，书中难免存在错漏之处，恳请广大读者批评指正。

程　军　程毕陶

2022 年 9 月

目　录

第1讲 极 限

极限理论是从初等数学到高等数学转化的基础，它的建立为数学分析的研究提供了基本的工具，数学分析后续课程的主体内容不论是函数的连续性、可微性、可积性还是无穷级数理论，都是通过极限形式来进行相应的处理.

需要理解数列极限严格的"$\varepsilon\text{-}N$"定义，并会用该定义证明一般的极限；理解并掌握收敛数列的性质；会利用四则运算法则及迫敛性求极限；理解数列发散、有界和无穷小数列等概念；深度理解并掌握数列极限存在的条件.

1.1 极限的概念

定义：设$\{a_n\}$为一数列，如果存在常数a，对于任意给定的正数ε，总存在正整数N，使得当$n>N$时，不等式$|a_n-a|<\varepsilon$成立，那么则称常数a是数列的极限，或者称数列$\{a_n\}$收敛于a，记为$\lim\limits_{n\to\infty}a_n=a$.

数列极限$\lim\limits_{n\to\infty}a_n=a$的定义可简单地表达为$\lim\limits_{n\to\infty}a_n=a\Leftrightarrow\forall\varepsilon>0$，$\exists N\in\mathbf{N}_+$，当$n>N$时，有$|a_n-a|<\varepsilon$.

1.2 极限的性质与运算

设 $\lim\limits_{n\to\infty} x_n$ 和 $\lim\limits_{n\to\infty} y_n$ 存在. 若极限存在，则极限值唯一.

四则运算公式：

$$\lim_{n\to\infty}(x_n \pm y_n) = \lim_{n\to\infty} x_n \pm \lim_{n\to\infty} y_n$$

$$\lim_{n\to\infty}(x_n \cdot y_n) = \lim_{n\to\infty} x_n \cdot \lim_{n\to\infty} y_n$$

$$\lim_{n\to\infty}\left(\frac{x_n}{y_n}\right) = \frac{\lim\limits_{n\to\infty} x_n}{\lim\limits_{n\to\infty} y_n}(\lim_{n\to\infty} y_n \neq 0)$$

保序性：$x_n \leqslant y_n \Rightarrow \lim\limits_{n\to\infty} x_n \leqslant \lim\limits_{n\to\infty} y_n$.

夹逼定理：若 $y_n \leqslant x_n \leqslant z_n \Rightarrow \lim\limits_{n\to\infty} y_n \leqslant \lim\limits_{n\to\infty} x_n \leqslant \lim\limits_{n\to\infty} z_n$ 且 $\lim\limits_{n\to\infty} y_n = a = \lim\limits_{n\to\infty} z_n$，则 $\lim\limits_{n\to\infty} x_n = a$.

若序列 $\{x_n\}$ 单调上升，有上界，则极限 $\lim\limits_{n\to\infty} x_n$ 存在，并且 $\lim\limits_{n\to\infty} x_n = \sup\limits_n x_n$；

若序列 $\{x_n\}$ 单调下降，有下界，则极限 $\lim\limits_{n\to\infty} x_n$ 存在，并且 $\lim\limits_{n\to\infty} x_n = \inf\limits_n x_n$.

1.3 两个重要极限

$$\lim_{n\to\infty}\left(1+\frac{1}{n}\right)^n = e = 2.718\ 281\ 828\cdots, \quad \lim_{x\to 0}\frac{\sin x}{x} = 1.$$

1.4 有关极限存在的几个定理

柯西收敛原理　若序列 $\{x_n\}$ 收敛的充分必要条件为

$\forall \varepsilon > 0$，$\exists N \in \mathbf{N}$，当 $n, m > N$ 时，有 $|x_n - x_m| < \varepsilon$ 或

$\forall \varepsilon > 0$，$\exists N \in \mathbf{N}$，当 $n > N$ 时，对 $\forall p \in \mathbf{N}$，有 $|x_n - x_m| < \varepsilon$.

区间套定理　设 $\{[a_n, b_n]\}$ 为一串闭区间序列，则有

$$[a_{n+1}, b_{n+1}] \subset [a_n, b_n] \, (n = 1, 2, \cdots);$$

$$\lim_{n \to \infty}(b_n - a_n) = 0 \Rightarrow \lim_{n \to \infty} a_n = c = \lim_{n \to \infty} b_n.$$

<h3 style="text-align:center">典型例题分析</h3>

例 1　设 $a_n = \dfrac{n}{n+1} \, (n = 1, 2, \cdots)$，证明 $\lim\limits_{n \to \infty} a_n = 1$，并填下表：

ε	0.1	0.01	0.001	0.000 1	0.100 86
N					

证明： 任给 $\varepsilon > 0$，要 $|a_n - 1| < \varepsilon$，只要 $\dfrac{1}{n+1} < \varepsilon$，即只要 $n > \dfrac{1}{\varepsilon} - 1$.

可取 $N = N(\varepsilon) = \dfrac{1}{\varepsilon}$，则当 $n > N$ 时，$|a_n - 1| < \varepsilon$，即 $\lim\limits_{n \to \infty} a_n = 1$. 填写上表如下：

ε	0.1	0.01	0.001	0.000 1	0.100 86
N	10	100	1 000	10 000	11

例 2　证明：$\lim\limits_{n \to \infty} \dfrac{3n^2}{n^2 - 4} = 3$.

分析： 要使 $\left| \dfrac{3n^2}{n^2 - 4} - 3 \right| = \dfrac{12}{n^2 - 4} < \dfrac{12}{n} < \varepsilon$（不妨令 $n \geqslant 5$），即只要 $n \geqslant \dfrac{12}{\varepsilon}$.

证明： $\forall \varepsilon > 0$，存在 $N = \max\left\{ \left[\dfrac{12}{\varepsilon} \right], 5 \right\}$，当 $n > N$ 时，有

$$\left| \dfrac{3n^2}{n^2 - 4} - 3 \right| = \dfrac{12}{n^2 - 4} < \dfrac{12}{n} < \varepsilon$$

则 $\lim\limits_{n \to \infty} \dfrac{3n^2}{n^2 - 4} = 3$.

例 3　设 $a_n > 0$，$a > 0$，若 $\lim\limits_{n \to \infty} a_n = a$，则 $\lim\limits_{n \to \infty} \dfrac{a_1 + a_2 + \cdots + a_n}{n} = a$.

证明： 因为 $\lim\limits_{n \to \infty} a_n = a$，所以 $\forall \varepsilon > 0$，存在正整数 N_1，当 $n > N_1$ 时，有

$|a_n - a| < \varepsilon$，则

$$\left| \frac{a_1 + a_2 + \cdots + a_n}{n} - a \right| = \left| \frac{a_1 + a_2 + \cdots + a_n - na}{n} \right|$$

$$\leqslant \left| \frac{|a_1 - a| + |a_2 - a| + \cdots + |a_N - a|}{n} \right| + \left| \frac{|a_{N+1} - a| + \cdots + |a_n - a|}{n} \right|$$

$$\leqslant \frac{c}{n} + \frac{n-N}{n}\varepsilon < \frac{c}{n} + \varepsilon$$

其中，c 是某一非负常数，因为 $\lim\limits_{n \to \infty} \frac{c}{n} = 0$，所以 $\forall \varepsilon > 0$，存在正整数 N_2，当

$n > N_2$ 时，有 $\left| \frac{c}{n} \right| < \varepsilon$，令 $N = \max\{N_1, N_2\}$，当 $n > N_2$ 时，有

$$\left| \frac{a_1 + a_2 + \cdots + a_n}{n} - a \right| = \varepsilon + \varepsilon = 2\varepsilon$$

即

$$\lim_{n \to \infty} \frac{a_1 + a_2 + \cdots + a_n}{n} = a$$

1.5 求极限的若干方法

极限，通常分为极限命题与极限问题两大类，其相应的证明、探求及计算方法，除利用定义、基本定理(包括迫敛性定理，两个重要极限，洛必达法则等) 外，常见的还有如下几种方法.

1. 利用定积分概念求某些数列的极限

例 4 求极限.

$$S = \lim_{n \to \infty} \frac{1}{n} \left(\sin \frac{\pi}{n} + \sin \frac{2\pi}{n} + \cdots + \sin \frac{n-1}{n}\pi \right).$$

解：将闭区间$[0, \pi]$分成 n 等分，则各分点(包括两个端点)依次为

$$0 < \frac{\pi}{n} < \frac{2\pi}{n} < \cdots < \frac{n-1}{n}\pi < \pi$$

于子区间 $\left[\dfrac{i-1}{n}\pi,\ \dfrac{i}{n}\pi\right]$ $(n=1,\ 2,\ \cdots,\ n)$ 上，取 $\sin x$ 在其右端点 $\sin \dfrac{i}{n}\pi$，并求和 $\sum\limits_{i=1}^{n}\left(\sin \dfrac{i}{n}\pi\right)\dfrac{\pi}{n}$，根据定积分的概念和函数 $\sin x$ 在 $[0,\ \pi]$ 上的连续性，即知

$$S=\frac{1}{\pi}\lim_{n\to\infty}\frac{\pi}{n}\left(\sin\frac{\pi}{n}+\sin\frac{2\pi}{n}+\cdots+\sin\frac{n-1}{n}\pi\right)$$

$$=\frac{1}{\pi}\lim_{n\to\infty}\sum_{i=1}^{n}\frac{\pi}{n}\sin\frac{i}{n}\pi=\frac{1}{\pi}\int_{0}^{\pi}\sin x\,\mathrm{d}x=\frac{2}{\pi}$$

例 5 设 $f(x)$ 在 $\left[0,\ \dfrac{\pi}{2}\right]$ 上连续，证明：$\lim\limits_{n\to\infty}\int_{0}^{\frac{\pi}{2}}f(x)\,|\sin nx\,|\,\mathrm{d}x=\dfrac{2}{\pi}\int_{0}^{\frac{\pi}{2}}f(x)\mathrm{d}x.$

证明：因为对任何正整数 k，我们有

$$\int_{0}^{\frac{\pi}{2}}|\sin x\,|\,\mathrm{d}x=\int_{(k-1)\frac{\pi}{2}}^{k\frac{\pi}{2}}|\sin x\,|\,\mathrm{d}x=1$$

所以

$$I_n=\int_{0}^{\frac{\pi}{2}}f(x)\,|\sin nx\,|\,\mathrm{d}x=\frac{1}{n}\int_{0}^{n\frac{\pi}{2}}f\left(\frac{x}{n}\right)|\sin x\,|\,\mathrm{d}x=\frac{1}{n}\sum_{i=1}^{n}\int_{(i-1)\frac{\pi}{2}}^{i\frac{\pi}{2}}f\left(\frac{x}{n}\right)$$

$|\sin x\,|\,\mathrm{d}x$ 根据推广的第一中值定理，得到

$$I_n=\frac{1}{n}\sum_{i=1}^{n}f\left(\frac{x_i}{n}\right)\int_{(i-1)\frac{\pi}{2}}^{i\frac{\pi}{2}}|\sin x\,|\,\mathrm{d}x=\frac{1}{n}\sum_{i=1}^{n}f\left(\frac{x_i}{n}\right)$$

其中，$x_i\in\left[\dfrac{i-1}{2}\pi,\ \dfrac{i}{2}\pi\right]$，$i=1,\ 2,\ \cdots,\ n.$

根据定积分的概念和函数 $f(x)$ 在 $\left[0,\ \dfrac{\pi}{2}\right]$ 上的连续性，即得

$$I_n=\frac{1}{n}\sum_{i=1}^{n}f\left(\frac{x_i}{n}\right)=\frac{2}{\pi}\sum_{i=1}^{n}f\left(\frac{x_i}{n}\right)\frac{\pi/2}{\pi}\to\frac{2}{\pi}\int_{0}^{\frac{\pi}{2}}f(x)\mathrm{d}x\quad(n\to\infty).$$

注：将例 5 中的区间改为 $[0,\ 2\pi]$，即 $f(x)$ 若在 $[0,\ 2\pi]$ 上连续，则必有

$$\lim_{n\to\infty}\int_{0}^{2\pi}f(x)\,|\sin nx\,|\,\mathrm{d}x=\frac{2}{\pi}\int_{0}^{2\pi}f(x)\mathrm{d}x$$

2. 利用单调有界数列必有极限，且极限为其确届求极限

根据这个定理即可证明.

例 6 若单调数列 $\{a_n\}$ 含有一个收敛子列，则 $\{a_n\}$ 一定是一个收敛的数列.

证明： 不妨设 $\{a_n\}$ 是一个递增数列，因为 $\{a_{nk}\}$ 是 $\{a_n\}$ 的收敛子列，且 $\lim\limits_{k\to\infty} a_{nk} = a$，因此对一切自然数 k，均有 $a_{nk} \leqslant a$。从而对任一自然数 n，必存在 k，使得 $n < n_k$，因为对一切自然数 n，有 $a_n \leqslant a$，即 $\{a_n\}$ 是一个递增有上界的数列，因而收敛。根据极限的"ε-N"定义或者迫敛性都可证明：$\lim\limits_{n\to\infty} a_n = a$.

例 7 设数列 $\{x_n\}$ 满足条件：$x_1 = 1$，$x_{n+1} = 1 + \dfrac{1}{x_n}$，$n = 1$，$2$，$\cdots$，求 $\lim\limits_{n\to\infty} x_n$.

解： 因为对一切自然数 n，均有 $x_n \geqslant 1$，且 $x_{n+1} - 2 = \dfrac{1}{x_n} - 1 \leqslant 0$，可见 $1 \leqslant x_n \leqslant 2$，$n = 1$，$2$，$\cdots$ 计算表明：

$$x_{2n} - x_{2n-2} = \frac{1}{x_{2n-1}} - \frac{1}{x_{2n-3}} = \frac{x_{2n-2} - x_{2n-4}}{(1 + x_{2n-2})(1 + x_{2n-4})}$$

$$= \frac{x_{2n-4} - x_{2n-6}}{(1 + x_{2n-2})(1 + x_{2n-4})(1 + x_{2n-4})(1 + x_{2n-6})}$$

$$= \cdots = \frac{x_4 - x_2}{(1 + x_{2n-2})(1 + x_{2n-4})^2(1 + x_{2n-6})^2(1 + x_2)}$$

由于 $x_4 - x_2 = \dfrac{5}{3} - 2 < 0$，所以 $x_{2n} - x_{2n-2} < 0$，从而 $\{x_{2n}\}$ 为单调递减且有下界为 1 的数列，而 $\{x_{2n-1}\}$ 为单调递增且有上界为 2 的数列。故它们都收敛，设其极限分别为 A 和 B，于是由 $\lim\limits_{n\to\infty} x_{2n} = \lim\limits_{n\to\infty}\left(1 + \dfrac{1}{x_{2n-1}}\right)$ 得

$$A = 1 + \frac{1}{B} \tag{1.1}$$

由 $\lim\limits_{n\to\infty} x_{2n-1} = \lim\limits_{n\to\infty}\left(1 + \dfrac{1}{x_{2n-2}}\right)$ 得

$$B = 1 + \frac{1}{A} \tag{1.2}$$

从 (1.1) 和 (1.2) 得 $A = B = \dfrac{1}{2}(1 + \sqrt{5})$，根据极限的"$\varepsilon$-$N$"定义，即可证明：

$$\lim_{n \to \infty} x_{2n} = \frac{1}{2}(1 + \sqrt{5})$$

例 8 设 $a_1 > b_1 > 0$，且 $a_n = \dfrac{a_{n-1} + b_{n-1}}{2}$，$b_n = \dfrac{2a_{n-1}b_{n-1}}{a_{n-1} + b_{n-1}}(n = 2, 3,$ $\cdots)$，证明数列 $\{a_n\}$，$\{b_n\}$ 的极限存在且都等于 $\sqrt{a_1 b_1}$.

证明： 由条件可知，对自然数 $n \geqslant 2$，都有

$$b_n = \sqrt{a_{n-1}b_{n-1}} = \sqrt{a_{n-2}b_{n-2}} = \cdots = \sqrt{a_1 b_1} < \sqrt{a_1}$$

$$\frac{a_n}{b_n} = \frac{(a_{n-1} + b_{n-1})^2}{4a_{n-1}b_{n-1}} \geqslant \frac{4a_{n-1}b_{n-1}}{4a_{n-1}b_{n-1}} = 1$$

因此 $a_n \geqslant b_n$，$a_1 \geqslant b_n \geqslant b_{n-1}$，$b_1 \leqslant a_n \leqslant a_{n-1}$，故数列 $\{a_n\}$ 递减有下界，$\{b_n\}$ 递增有上界，因而它们的极限都存在.

设 $a_n \to a(n \to \infty)$，$b_n \to b(n \to \infty)$，便有 $b = \dfrac{a + b}{2}$，即 $a = b$.

由于 $a_n b_n = a_{n-1}b_{n-1} = \cdots = a_1 b_1$，故 $a = b = \sqrt{a_1 b_1}$.

3. 用夹逼定理求极限

例 9 求 $\lim\limits_{n \to \infty} \sqrt[n]{1 + \dfrac{1}{2} + \dfrac{1}{3} + \cdots + \dfrac{1}{n}}$.

解： $1 \leqslant \sqrt[n]{1 + \dfrac{1}{2} + \dfrac{1}{3} + \cdots + \dfrac{1}{n}} \leqslant \sqrt[n]{n} \xrightarrow{\lim\limits_{n \to \infty} \sqrt[n]{n}} \lim\limits_{n \to \infty} \sqrt[n]{1 + \dfrac{1}{2} + \dfrac{1}{3} + \cdots + \dfrac{1}{n}}$

$$= 1.$$

例 10 求 $x_n = \dfrac{1! + 2! + \cdots + n!}{n!}$，求 $\lim\limits_{n \to \infty} x_n$.

解： 注意到分子当 $n > 2$ 时，有

$$n! < \underbrace{1! + 2! + \cdots + n!}_{n-2} + (n-1)! + n! < (n-2)(n-2)!$$

$$+ (n-1)! + n!$$

因此，当 $n > 2$ 时，$1 \leqslant x_n \leqslant 1 + \dfrac{2}{n} \Rightarrow \lim\limits_{n \to \infty} x_n = 1$.

4. 单调有界定理

例 11 求极限 $\lim\limits_{n \to \infty} \sqrt[n]{n}$.

解： 因为 $\sqrt[n+1]{n+1} \leqslant \sqrt[n]{n} \Leftrightarrow (n+1)^n \leqslant n^{n+1} \Leftrightarrow \left(1+\dfrac{1}{n}\right)^n \leqslant n$，而后者当 $n \geqslant 3$ 时成立，所以当 $n \geqslant 3$ 时，数列 $\{\sqrt[n]{n}\}$ 是单调递减的，又因为 $\sqrt[n]{n} \geqslant 1$，即数列 $\{\sqrt[n]{n}\}$ 有下界，从而极限 $\lim\limits_{n\to\infty}\sqrt[n]{n} \geqslant 1$ 存在，记 $a = \lim\limits_{n\to\infty}\sqrt[n]{n}$，则

$$x_{2n} = \sqrt[2n]{2n} = \sqrt[n]{\sqrt{2}} \cdot \sqrt{\sqrt{2}} \cdot \sqrt{x_n} \xrightarrow[\text{两边取极限}]{\text{令} n \to \infty} a = 1 \cdot \sqrt{a} \Rightarrow a = 0 \text{ 或 } 1$$

但是 $a > 1 \Rightarrow a = 1$，于是 $\lim\limits_{n\to\infty}\sqrt[n]{n} = 1$.

例 12 设 $\{a_n\}$ 单调递减，且 $\lim\limits_{n\to\infty}a_n = 0$，定义 $b_n = \dfrac{a_1 + a_2 + \cdots + a_n}{n}$.

求证：(1) $\{b_n\}$ 单调递减；(2) $b_{2n} \leqslant \dfrac{1}{2}(a_n + b_n)$；(3) $\lim\limits_{n\to\infty}b_n = 0$.

证明： (1) 由已知条件有

$$\{a_n\} \text{ 单调递减} \Rightarrow b_n = \frac{a_1 + a_2 + \cdots + a_n}{n} \geqslant a_{n+1}$$

$$\Rightarrow b_{n+1} = \frac{a_1 + a_2 + \cdots + a_n + a_{n+1}}{n+1}$$

$$= \frac{nb_n + a_{n+1}}{n+1} \leqslant \frac{nb_n + b_n}{n+1} = b_n \Rightarrow \{b_n\} \text{ 单调递减}$$

$$(2)\, b_{2n} = \frac{a_1 + a_2 + \cdots + a_n + a_{n+1} + \cdots + a_{2n}}{2n} = \frac{1}{2}b_n + \frac{a_{n+1} + \cdots + a_{2n}}{2n}$$

$$\leqslant \frac{1}{2}b_n + \frac{na_n}{2n} = \frac{1}{2}(a_n + b_n)$$

(3) 由第(1)小题及 $b_n \geqslant 0$ 知，$\{b_n\}$ 是单调递减有下界数列，因此极限 $\lim\limits_{n\to\infty}b_n = b$ 存在. 对第(2)小题的不等式两边取极限，得 $b \leqslant \dfrac{1}{2}b \Rightarrow b \leqslant 0$；又因为 $b \geqslant 0$，即得 $b = 0$，即 $\lim\limits_{n\to\infty}b_n = 0$.

例 13 求证：$\dfrac{1}{n+1} < \ln\left(1+\dfrac{1}{n}\right) < \dfrac{1}{n}$.

证明： 已知 $\left\{\left(1+\dfrac{1}{n}\right)^n\right\}$ 严格递增，且 $\lim\limits_{n\to\infty}\left(1+\dfrac{1}{n}\right)^n = \mathrm{e} \Rightarrow \left(1+\dfrac{1}{n}\right)^n < \mathrm{e}.$

$$(1)$$

又定义 $y_n = \left(1 + \dfrac{1}{n}\right)^{n+1}$，显然 $\lim\limits_{n \to \infty} y_n = \mathrm{e}$. 再根据 $(n+2)$ 项的平均值不等式，有

$$\frac{1}{y_n} = \left(\frac{n}{n+1}\right)^{n+1} \cdot 1 \leqslant \left[\frac{(n+1)\dfrac{n}{n+1}+1}{n+2}\right]^{n+2} = \frac{1}{y_{n+1}}$$

$$\Rightarrow \{y_n\} \text{ 严格递减} \Rightarrow y_n > \mathrm{e} \qquad\qquad (2)$$

联合（1）与（2）式即得

$$\left(1 + \frac{1}{n}\right)^n < \mathrm{e} < \left(1 + \frac{1}{n}\right)^{n+1} \xrightarrow{\text{两边取对数}} \frac{1}{n+1} < \ln\left(1 + \frac{1}{n}\right) < \frac{1}{n}$$

5. 用 Cauchy 收敛准则判断数列或函数的极限问题

例 14　证明数列 $a_n = 1 + \dfrac{1}{2} + \dfrac{1}{3} + \cdots + \dfrac{1}{n}\ (n=1,\ 2,\ \cdots)$ 发散，而数列 $b_n = 1 + \dfrac{1}{2^2} + \dfrac{1}{3^2} + \cdots + \dfrac{1}{n^2}\ (n=1,\ 2,\ \cdots)$ 收敛.

证明： 设 $\varepsilon_0 = \dfrac{1}{2}$，任给自然数 N，取 $n = N+1$，$m = 2(N+1)$，于是

$$|a_n - a_m| = \frac{1}{N+2} + \frac{1}{N+3} + \cdots + \frac{1}{2(N+1)} > \frac{N+1}{2(N+1)} = \frac{1}{2}.$$

故数列 $\{a_n\}$ 发散，至于数列 $\{b_n\}$，由于当自然数 $m > n$ 时，我们有

$$|b_m - a_n| = \frac{1}{m^2} + \frac{1}{(m-1)^2} + \cdots + \frac{1}{(n-1)^2}$$

$$< \frac{1}{m(m-1)} + \frac{1}{(m-1)(m-2)} + \cdots + \frac{1}{n(n-1)}$$

$$= \left(\frac{1}{m-1} - \frac{1}{m}\right) + \left(\frac{1}{m-2} - \frac{1}{m-1}\right) + \cdots + \left(\frac{1}{n} - \frac{1}{n+1}\right)$$

$$= \frac{1}{n} - \frac{1}{m} < \frac{1}{n}$$

因此，$\forall \varepsilon < 0$，取 $N = \left[\dfrac{1}{\varepsilon}\right] + 1$，当时 $m > n \geqslant N$，便有 $|b_m - b_n| < \varepsilon$，故数列 $\{b_n\}$ 收敛.

例 15　证明 $\lim\limits_{x \to +\infty} \sin x$ 不存在.

证明：设 $\varepsilon_0 = \dfrac{1}{2}$，$\forall x > 0$，则 $\exists N > x$，取 $x_1 = N\pi + \dfrac{\pi}{2}$，$x_2 = 2N\pi$，便有 $|\sin x_1 - \sin x_2| = 1 > \dfrac{1}{2}$，故 $\lim\limits_{x \to +\infty} \sin x$ 不存在.

例 16　设函数 f 在 $(a, +\infty)$ 内可导，且 $\lim\limits_{x \to +\infty} f'(x)$ 存在，$\lim\limits_{x \to +\infty} f(x) = k$（常数），证明：$\lim\limits_{x \to +\infty} f'(x) = 0$.

证明：由 Cauchy 收敛性准则，对 $\forall \varepsilon > 0$，$\exists A > 0$ 使得 x_1，$x_2 > A$ 时，有

$$|f(x_1) - f(x_2)| < \frac{\varepsilon}{2} \tag{1.3}$$

$$|f'(x_1) - f'(x_2)| < \frac{\varepsilon}{2} \tag{1.4}$$

任取 $x > A$，由微分中值定理，从 (1.3) 得

$$|f(x+1) - f(x)| = |f'(\xi)| < \frac{\varepsilon}{2}, \quad (x < \xi < x + 1)$$

由 (1.4) 得

$$|f'(x) - f'(\xi)| < \frac{\varepsilon}{2}$$

于是，当 $x > A$ 时，有 $|f'(x)| \leqslant |f'(x) - f'(\xi)| + |f'(\xi)| < \dfrac{\varepsilon}{2} + \dfrac{\varepsilon}{2} = \varepsilon$.

这就证明了 $\lim\limits_{x \to +\infty} f'(x) = 0$.

6. 用归结原则将函数的极限与数列的极限进行相互转化

归结原则用于判定某些函数极限不存在通常有效，例如用来判定 $\lim\limits_{x \to 0} \sin \dfrac{1}{x}$ 不存在，反之，将数列的极限问题转化为函数的极限问题也常见。

例 17　计算下列极限：

(1) $\lim\limits_{n \to \infty} \left(1 + \dfrac{1}{n} + \dfrac{1}{n^2}\right)^n$；(2) $\lim\limits_{n \to \infty} \sqrt{n} \sin \dfrac{\pi}{n}$.

利用重要极限及指数函数的连续性，即知上述结果为 e，根据归结原则，

$$\lim_{n \to \infty} \left(1 + \frac{1}{n} + \frac{1}{n^2}\right)^n = e$$

因为 $\lim\limits_{x\to+\infty}\sqrt{x}\,\sin\dfrac{\pi}{x}=\lim\limits_{x\to+\infty}\dfrac{\sin\dfrac{\pi}{x}}{\dfrac{\pi}{x}}\cdot\dfrac{\pi}{\sqrt{x}}$，所以 $\lim\limits_{n\to\infty}\sqrt{n}\,\sin\dfrac{\pi}{n}=0$.

我们知道，数列 $\left\{\left(1+\dfrac{1}{n}\right)^{n}\right\}$ 单调递增且有上界，且定义 $e=\lim\limits_{n\to\infty}\left(1+\dfrac{1}{n}\right)^{n}$，数列 $\left\{\left(1+\dfrac{1}{n}\right)^{n+1}\right\}$ 单调递减且有下界，其极限也为 e，于是有不等式：

$$\left(1+\frac{1}{n}\right)^{n}<e<\left(1+\frac{1}{n}\right)^{n+1}\ (n\geqslant1)$$

这个不等式可以改进，下面我们给出精确的结果.

例 18　求 $\lim\limits_{n\to\infty}\left(\cos\dfrac{x}{n}+\lambda\sin\dfrac{x}{n}\right)^{n}$.

解：令 $\cos\dfrac{x}{n}+\lambda\sin\dfrac{x}{n}$，于是

$$x_{n}=n\left(\cos\frac{x}{n}+\lambda\sin\frac{x}{n}\right)=\lambda x\,\frac{\sin\dfrac{x}{n}}{\dfrac{x}{n}}-x\,\frac{1-\cos\dfrac{x}{n}}{\dfrac{x}{n}}\to\lambda x\quad(n\to\infty)$$

因此，$\lim\limits_{n\to\infty}\left(\cos\dfrac{x}{n}+\lambda\sin\dfrac{x}{n}\right)^{n}=\lim\limits_{n\to\infty}\left\{\left(1+\dfrac{x_{n}}{n}\right)^{\frac{n}{x_{n}}}\right\}^{x_{n}}=e^{\lambda x}$.

例 19　证明：$\lim\limits_{n\to\infty}\left(\dfrac{\sqrt[n]{a}+\sqrt[n]{b}}{2}\right)^{n}=\sqrt{ab}$，其中 a，$b>0$.

证明：先证明 $\lim\limits_{n\to\infty}n(\sqrt[n]{a}-1)=\ln a$，（此题亦可以用洛必达法则来做）：

令 $\sqrt[n]{a}-1=\alpha$，则 $\alpha\to0$，$n\to\infty$，于是有

$$n(\sqrt[n]{a}-1)=n\alpha=\frac{\alpha}{\log_{a}(1+\alpha)}=\frac{1}{\log_{a}(1+\alpha)^{\frac{1}{\alpha}}}\to\frac{1}{\log_{a}e}=\ln a\quad(a\to0)$$

同理 $\lim\limits_{n\to\infty}n(\sqrt[n]{b}-1)=\ln b$，故

$$\lim\limits_{n\to\infty}n\left(\frac{\sqrt[n]{a}-1}{2}\right)=\ln a,\ \lim\limits_{n\to\infty}n\left(\frac{\sqrt[n]{b}-1}{2}\right)=\ln b$$

设 $x_{n}=n\left(\dfrac{\sqrt[n]{a}+\sqrt[n]{b}}{2}-1\right)$，于是 $x_{n}\to\ln\sqrt{ab}\ (n\to\infty)$，从而 $\left(\dfrac{\sqrt[n]{a}+\sqrt[n]{b}}{2}\right)^{n}$

$$= \left(1 + \frac{x_n}{n}\right)^n = \left\{\left(1 + \frac{x_n}{n}\right)^{\frac{n}{x_n}}\right\}^{x_n} \to e^{\ln\sqrt{ab}} = \sqrt{ab} \quad (n \to \infty).$$

对于未定型的极限，除洛必达法则外，下面两种方法常常有效。

7. 带 Peano 型余项 Taylor 公式

例 20　求 $\lim\limits_{n \to \infty} \dfrac{\cos x - e^{\frac{x^2}{2}}}{x^4}$.

解：由于

$$\cos x = 1 - \frac{x^2}{2!} + \frac{x^4}{4!} + o(x^5) \qquad (x \to 0)$$

$$e^{-\frac{x^2}{2}} = 1 - \frac{x^2}{2} + \frac{x^4}{8} + o(x^5) \qquad (x \to 0)$$

于是

$$\cos x - e^{-\frac{x^2}{2}} = 1 - \frac{x^2}{2} + \frac{x^4}{24} + o(x^5) - \left(1 - \frac{x^2}{2} + \frac{x^4}{8} + o(x^5)\right)$$

$$= -\frac{x^4}{12} + o(x^5) \quad (x \to 0)$$

因而 $\lim\limits_{n \to \infty} \dfrac{\cos x - e^{\frac{x^2}{2}}}{x^4} = \lim\limits_{n \to \infty} \dfrac{-\dfrac{x^4}{12} + o(x^5)}{x^4} = -\dfrac{1}{12}$.

例 20 的思想是略去高阶无穷小量去计算函数极限，在求数列极限时，我们也可略去 $o\left(\dfrac{1}{n}\right)$ 去计算.

例 21　求 $\lim\limits_{n \to \infty} \sum\limits_{k=1}^{n-1} \left(1 + \dfrac{k}{n}\right) \sin\left(\dfrac{k\pi}{n^2}\right)$.

解：由 Taylor 公式 $\sin x = x - \dfrac{x^3}{3!} + \dfrac{x^5}{5!} - \cdots$ 即知

$$\sin \frac{k}{n^2}\pi = \frac{k}{n^2}\pi + o\left(\frac{k}{n^2}\right) \quad (n \to \infty)$$

故

$$\text{原式} = \lim_{n \to \infty} \sum_{k=1}^{n-1} \left(1 + \frac{k}{n}\right) \left[\frac{k}{n^2}\pi + o\left(\frac{k}{n^2}\right)\right]$$

$$= \pi \lim_{n \to \infty} \sum_{k=1}^{n-1} \frac{1}{n} \left(1 + \frac{k}{n} \right) \frac{k}{n} = \pi \int_0^1 (1+x) \, \mathrm{d}x = \frac{5}{6} \pi$$

例 22　设 $| x_{n+1} - x_n | \leqslant \frac{1}{2} | x_n - x_{n-1} | (n \geqslant 2)$，证明：$\lim\limits_{n \to \infty} x_n$ 存在.

证明： 令 $b_{n+1} = | x_{n+1} - x_n |$，于是有 $0 \leqslant b_{n+1} \leqslant \frac{1}{2} b_n (n = 1, 2, \cdots)$，利用数学归纳法可得

$$b_{n+1} \leqslant \frac{1}{2^{n-1}} b_2$$

又对于 $\forall m > n$，$x_m - x_n = \sum\limits_{i=n}^{m-1} (x_{i+1} - x_i)$，于是 $| x_m - x_n | = \sum\limits_{i=n}^{m-1} b_i \leqslant$ $b_n \sum\limits_{i=n}^{m-1} \frac{1}{2^{m-1-i}} < 2b_n \to 0$，所以 $\lim\limits_{n \to \infty} x_n$ 存在.

例 23　设 $a > 0$，$b > 0$，$a_1 = a$，$a_2 = b$，$a_{n+2} = 2 + \frac{1}{a_{n+1}^2} + \frac{1}{a_n^2}$，$n = 1, 2,$ $\cdots$，证明：$\{a_n\}$ 收敛.

证明： 由条件可知，当 $n \geqslant 3$ 时，$a_n > 2$ 当 $n \geqslant 5$ 时，$a_n < \frac{5}{2}$，所以当

$n \geqslant 7$ 时，$| a_{n+1} - a_n | = \left| \frac{1}{a_n^2} + \frac{1}{a_{n-1}^2} - \frac{1}{a_{n-1}^2} - \frac{1}{a_{n-2}^2} \right| = \frac{a_n + a_{n-2}}{(a_n a_{n-2})^2} | a_n - a_{n-2} | \leqslant$

$\frac{5}{16} (| a_n - a_{n-1} | + | a_{n-1} - a_{n-2} |) \leqslant \frac{1}{3} | a_n - a_{n-1} | + \frac{5}{16} | a_{n-1} - a_{n-2} |$，于是有

$$| a_{n+1} - a_n | + \frac{5}{16} | a_n - a_{n-1} | \leqslant \frac{3}{4} \left(| a_n - a_{n-1} | + \frac{5}{12} | a_{n-1} - a_{n-2} | \right)$$

$$\leqslant \cdots \cdots \leqslant \left(\frac{3}{4} \right)^{n-6} \left(| a_7 - a_6 | + \frac{5}{12} | a_6 - a_5 | \right)$$

由 Cauchy 收敛准则可知 $\{x_n\}$ 收敛.

例 24　设 $x_0 = 1$，$x_{n+1}(1 + x_n) = 1$，$n = 1, 2, \cdots$，证明 $\lim\limits_{n \to \infty} x_n$ 存在，并求其值.

证明： 由条件可知，$x_1 = \frac{1}{1 + x_0}$，$x_2 = \frac{1}{1 + x_1} = \frac{1}{1 + \frac{1}{2}} = \frac{2}{3} > 0$.

由数学归纳法可得 $x_n > 0$，所以 $0 < x_{n+1} = \dfrac{1}{1+x_n} < 1$.

如果 $x_{n+1} - x_n = \dfrac{1}{1+x_n} - x_n = \dfrac{1 - x_n(1+x_n)}{1+x_n} > 0$，则可得 $\dfrac{-1-\sqrt{5}}{2} < x_n < \dfrac{-1+\sqrt{5}}{2}$.

即当此条件成立时，$\{x_n\}$ 单调递增且有上界，所以根据单调有界原理可得 $\lim\limits_{n\to\infty} x_n$ 存在，设为 A. 对递推公式两边取极限得 $A(1+A) = 1$，则 $A = \dfrac{-1\pm\sqrt{5}}{2}$，因为 $x_n > 0$，所以 $A = \dfrac{-1+\sqrt{5}}{2}$.

例 25 设 $x_1 > 0$，$x_{n+1} = \dfrac{3(1+x_n)}{3+x_n}$，$n = 1, 2, \cdots$，证明 $\lim\limits_{n\to\infty} x_n$ 存在，并求出极限.

证明： 由条件可知 $x_{n+1} - \sqrt{3} = \dfrac{(3-\sqrt{3})(x_n - \sqrt{3})}{3+x_n}$，因为 $\dfrac{3-\sqrt{3}}{3+x_n} < \dfrac{3-\sqrt{3}}{3} = 1 - \dfrac{\sqrt{3}}{3}$，所以 $\left| x_{n+1} - \sqrt{3} \right| \leqslant \left(1 - \dfrac{\sqrt{3}}{3}\right)\left| x_n - \sqrt{3} \right|$，从而 $\lim\limits_{n\to\infty} x_n = \sqrt{3}$.

例 26 证明：设 $x_n = 1 + \dfrac{1}{\sqrt{3}} + \cdots + \dfrac{1}{\sqrt{2n-1}} - \sqrt{2n-1}$，证明 $\{x_n\}$ 的极限存在.

证明： 因为 $x_n = 1 + \dfrac{1}{\sqrt{3}} + \cdots + \dfrac{1}{\sqrt{2n-1}} - \sqrt{2n-1}$，则有

$$x_{n+1} - x_n = \dfrac{1}{\sqrt{2n+1}} - (\sqrt{2n+1} - \sqrt{2n-1})$$

$$= \dfrac{1}{\sqrt{2n+1}} - \dfrac{2}{\sqrt{2n+1} + \sqrt{2n-1}} < 0$$

所以 $\{x_n\}$ 单调递减，由上式结论可知，$\sqrt{2n+1} - \sqrt{2n-1} < \dfrac{1}{\sqrt{2n-1}}$，$n = 1, 2, \cdots$，依次相加得 $\sqrt{2n+1} - 1 \leqslant 1 + \dfrac{1}{\sqrt{3}} + \cdots + \dfrac{1}{\sqrt{2n-1}}$.

所以 $x_n \geqslant \sqrt{2n+1} - 1 - \sqrt{2n-1} \geqslant -1$，因此 $x_n < 0$，由单调有界原理

可知，$\{x_n\}$ 的极限存在.

例 27　设 $x_1 = \sqrt{2}$，$x_{n+1} = \sqrt{2+x_n}$，$n = 1，1，2，\cdots$，求 $\lim\limits_{n\to\infty} x_n$.

解：因为 $0 < x_1 \leqslant 2$，根据递推关系和数学归纳法可知 $0 < x_n \leqslant 2$，于是有 $x_{n+1} - x_n = \sqrt{x_n+2} - x_n = (\sqrt{x_n+2}+1)(2-\sqrt{x_n+2}) \geqslant 0$.

因此 $\{x_n\}$ 为单调有界数列，所以极限存在，记 $\lim\limits_{n\to\infty} x_n = A$，则根据递推关系有 $A = \sqrt{2+A}$，解得 $A = 2$，从而 $\lim\limits_{n\to\infty} x_n = 2$.

练习题一

1. 求下列极限.

   (1) $\lim\limits_{n\to\infty}\sin(\pi\sqrt{n^2+1})$

   (2) $\lim\limits_{n\to\infty}\sin^2(\pi\sqrt{n^2+n})$

   (3) $\lim\limits_{n\to\infty}\dfrac{1}{\sqrt[n]{n!}}$

   (4) $\lim\limits_{n\to\infty}\sqrt[n]{n}$

   (5) $\lim\limits_{n\to\infty}\sqrt[n]{1+x^n}$

   (6) $\lim\limits_{n\to\infty}\left\{\dfrac{x^{n+1}}{(n+1)!}+\dfrac{x^{n+2}}{(n+2)!}+\cdots+\dfrac{x^{2n}}{(2n)!}\right\}$

   (7) $\lim\limits_{n\to\infty}\sum\limits_{k=1}^{n}\sin\dfrac{ka}{n^2}$，其中 k 为常数

   (8) $\lim\limits_{n\to\infty}\sum\limits_{k=1}^{n}\left(\sqrt[3]{1+\dfrac{k}{n^2}}-1\right)$，其中 k 为常数

2. 证明：若 $\{a_n\}$ 为递增数列，$\{b_n\}$ 为递减数列，且 $\lim\limits_{n\to\infty}(a_n-b_n)=0$，则 $\lim\limits_{n\to\infty}a_n$ 与 $\lim\limits_{n\to\infty}b_n$ 存在且相等.

3. 设 f 为定义在 $(a,+\infty)$ 上的函数，且在每一有限区间 (a,b) 内有界，并满足 $\lim\limits_{n\to\infty}[f(x+1)-f(x)]=A$，证明：$\lim\limits_{n\to+\infty}\dfrac{f(x)}{x}=A$.

4. 设函数 f 在 $(0,+\infty)$ 上满足方程 $f(x^2)=f(x)$，且 $\lim\limits_{x\to0+0}f(x)=\lim\limits_{x\to+\infty}f(x)=f(1)$，证明：$f(x)\equiv f(1)$，$x\in(0,+\infty)$.

5. 设函数 f 为定义在 $[a,b]$ 上的严格递增函数，且对于 $x_n\in[a,b]$ $(n=1,2,\cdots)$，有 $\lim\limits_{n\to\infty}f(x_n)=f(a)$，证明：$\lim\limits_{n\to\infty}x_n=a$.

6. 设数列 $\{x_n\}$ 满足不等式：$0 \leqslant x_{n+m} \leqslant x_n + x_m (n, m = 1, 2, \cdots)$. 证明：

$\lim\limits_{n \to \infty} \dfrac{x_n}{n}$ 存在.

7. 证明：

(1) $\lim\limits_{n \to \infty}\left(1 + x + \dfrac{x^2}{2!} + \cdots + \dfrac{x^n}{n!}\right) = e^x$;

(2) $\lim\limits_{n \to \infty} n\sin(2\pi en!) = 2\pi$.

8. 利用定积分公式求下列和的极限：

(1) $\lim\limits_{n \to \infty} \dfrac{1^p + 2^p + \cdots + n^p}{n^{p+1}}$ ，其中 $p > 0$;

(2) $\lim\limits_{n \to \infty}\left[\dfrac{1}{n}\sum\limits_{k=1}^{n} f\left(a + k\dfrac{b-a}{n}\right)\right]$.

9. 求极限：

(1) $\lim\limits_{n \to \infty} \dfrac{(2n)!}{a^n}$ ，其中 $a > 1$;

(2) $\lim\limits_{n \to \infty}\left[\dfrac{1}{(n+1)^p} + \dfrac{1}{(n+2)^p} + \cdots + \dfrac{1}{(2n)^p}\right]$, $p > 1$.

第 2 讲　　导数与微分

导数与微分(包括高阶导数与高阶微分)是微分学中两个基本的内容. 尽管函数的可导与可微是两个等价的概念，但是导数与微分既有联系又有区别，由于它们在几何、物理及误差估计中有着较广泛的应用，所以函数 $f(x)$ 的导数 $f'(x)$ 又称为 $f(x)$ 在点 x 的变化率、曲线 $y=f(x)$ 在点 (x,y) 的切线的斜率、微商和微分系数，等等.

由于函数是数学分析研究的基本对象，而导数可刻画函数的局部性态，以及微分学基本定理又是从函数的局部性态来推断其整体性态的有力工具，因此本讲着重介绍导数与微分中值定理的某些作用.

要深刻理解导数的概念. 我们知道，可导的函数必连续；反之则不然. 虽然，求导有许多公式及法则，但是对某些类型的函数及在其定义域中某些点的求导，却要根据定义.

1. 导数的定义

设函数 $y=f(x)$ 在点 x_0 的某邻域内有定义，x_0 自变量的改变量是 Dx，相应的函数的改变量是 $\Delta y=f(x_0+\Delta x)-f(x_0)$.

若极限

$$\lim_{\Delta x\to 0}\frac{\Delta y}{\Delta x}=\lim_{\Delta x\to 0}\frac{f(x_0+\Delta x)-f(x_0)}{\Delta x}$$

存在，称函数 $y=f(x)$ 在 x_0 可导，此极限称为函数 $y=f(x)$ 在 x_0 的导数.

2. 导数定义的等价形式

$$\lim_{\Delta x \to 0} \frac{f(x_0 + \Delta x) - f(x_0)}{\Delta x} \Leftrightarrow \lim_{\Delta x \to 0} \frac{f(x_0) - f(x_0 - \Delta x)}{\Delta x} \Leftrightarrow \lim_{x \to x_0} \frac{f(x) - f(x_0)}{x - x_0}$$

2.1　微分的定义

设函数 $y = f(x)$ 定义在点 x_0 的某邻域 $U(x_0)$ 内，当给 x_0 一个增量 Δx，$x_0 + \Delta x \in U(x_0)$ 时，相应地得到函数的增量为 $\Delta y = f(x_0 + \Delta x) - f(x_0)$.

如果存在常数 A 使得 Δy 能表示成 $\Delta y = A \Delta x + o(\Delta x)$，则称函数 f 在点 x_0 可微，并称 $A \in \Delta x$ 为 f 在点 x_0 的微分，记作 $\mathrm{d}y|x = x_0 = A\Delta x$ 或 $\mathrm{d}f(x_0)|x = x_0 = A\Delta x$.

一阶微分形式的不变性：

$$\mathrm{d}(f(g(x))) = f'(u)\mathrm{d}u = f'(u)g'(x)\mathrm{d}x$$

2.2　导数与微分的关系

（1）存在性相同；

（2）$f'(x_0)$ 是常量，表示 $M_0(x_0, y_0)$ 点切线的斜率；

（3）微分 $\mathrm{d}y$ 是变量，是 Δx 的正比例函数，表示 $M_0(x_0, y_0)$ 点切线的增量.

2.3　基本公式

$(x^\alpha)' = \alpha x^{\alpha-1}$；

$(\sin x)' = \cos x$；$(\cos x)' = -\sin x$；

$$(\tan x)' = \frac{1}{\cos^2 x} ; \quad (\cot x)' = -\frac{1}{\sin^2 x} ;$$

$$(\arcsin x)' = \frac{1}{\sqrt{1-x^2}} ; \quad (\arccos x)' = -\frac{1}{\sqrt{1-x^2}} ;$$

$$(\arctan x)' = \frac{1}{x^2+1} ; \quad (\text{arccot} x)' = -\frac{1}{x^2+1} ;$$

$$(e^x)' = e^x ; \quad (a^x)' = a^x \ln a \, (a > 0) ;$$

$$(\ln|x|)' = \frac{1}{x} ; \quad (\log_a x)' = \frac{1}{x \ln a} \, (a > 0).$$

2.4 求导的基本法则

（1）四则运算求导：若 $u(x)$，$v(x)$ 可导，则有

$$(cu)' = cu' ; \quad (u \pm v)' = u' \pm v'$$

$$(u \cdot v)' = u' \cdot v + u \cdot v' ; \quad \left(\frac{u}{v}\right)' = \frac{u'v - uv'}{v^2} (v \neq 0)$$

（2）复合函数求导：

若 $y = f(u)$，$u = u(x)$ 都可导，则 $y'_x = y'_u \cdot u'_x$.

（3）反函数求导：设 $x = \varphi(y)$ 在 (c, d) 上连续，严格单调，值域为 (a, b)，且 $\varphi'(y_0) \neq 0$. 则反函数 $y = f(x)$ 在点 $x_0 = \varphi(y_0)$ 处可导，且

$$f'(x_0) = \frac{1}{\varphi'(y_0)} = \frac{1}{\varphi'(f(x_0))}.$$

（4）参数方程所确定的函数求导：设 $x = \varphi(t)$，$y = \psi(t)$ 在 (α, β) 上连续、可导，且 $\varphi'(t) \neq 0$（这时 $\varphi(t)$ 必严格单调）. 则参数式确定的函数 $y = \psi[\varphi^{-1}(x)]$ 可导，且 $y'_x = \frac{\psi'(t)}{\varphi'(t)}$.

（5）隐函数求导：若函数 $f : x \to y$，$x \mapsto f(x)$ 满足方程：

$$F(x, f(x)) \equiv 0 \, (\forall x \in X)$$

则称 $y = f(x)$ 是方程 $F(x, y) = 0$ 的隐函数. 求隐函数的导数时，只要对上面的恒等式求导即可.

2.5　高阶导数

（1）高阶导数的定义：$f^n(x) = \left[f^{(n-1)}(x)\right]'$（$n=1,2,\cdots$），$f^{(0)}(x)=f(x)$.

（2）基本公式：

$$(e^x)^{(n)} = e^x$$

$$(\sin x)^{(n)} = \sin\left(x + \frac{nx}{2}\right)$$

$$(\cos x)^{(n)} = \cos\left(x + \frac{nx}{2}\right)$$

$$\left[\ln(1+x)\right]^{(n)} = (-1)^{n-1}\frac{(n-1)!}{(1+x)^n}$$

$$\left[(1+x)^a\right]^{(n)} = \alpha(\alpha-1)\cdots(\alpha-n+1)(1+x)^{a-n}$$

（3）莱布尼茨公式：

$$(u \cdot v)^{(n)} = \sum_{k=0}^{n} C_n^k u^k v^{(n-k)}$$

其中，$C_n^k = \dfrac{n!}{k!\,(n-k)!}$.

2.6　微分的定义

设 $y=f(x)$ 在点 x 处的某个领域内有定义，在点 x 处，Δy 可表示为

$$\Delta y = A(x)\Delta x + o(\Delta x)$$

则称 $f(x)$ 在 x 点可微，且称线性主部 $A(x)\Delta x$ 为 $y=f(x)$ 在点 x 处的微分，记作 $dy = A(x)dx$（自变量 x 的微分定义为 $dx = \Delta x$）.

（1）函数可微的充分必要条件.

函数在 x 点可微的充分必要条件为函数在 x 点可导，且

$$dy = f'(x)dx$$

（2）一阶微分形式的不变性.

若 $y = f(u)$，$u = u(x)$ 皆可微，则复合函数可微，且 $dy = f'(u)du$，$d^1 y = dy$，$d^n y = d(d^{n-1} y)$，$(n = 2，3，\cdots)$.

当 x 为自变量时，$d^2 x = d^3 x = \cdots = 0$，于是 $d^n y = y^{(n)} dx^n \Rightarrow y^{(n)} = \dfrac{d^n y}{dx^n}$.

当 x 为函数时，$d^2 y = d(y' dx) = y'' dx^2 + y' d^2 x$. 由此可见，二阶微分的形式没有不变性.

例 1　求曲线 $y = x^2$ 和 $y = \dfrac{1}{x}(x < 0)$ 的公共切线方程.

解：设公共切线在 $y = x^2 (x < 0)$ 上的切点为 $(x_1，x_1^2)$，在 $y = \dfrac{1}{x}(x < 0)$ 上的切点为 $\left(x_2，\dfrac{1}{x_2}\right)$，则公共切线作为曲线 $y = x^2$ 的切线，其方程是

$$y = x^2 + 2x(x - x_1) \tag{2.1}$$

公共切线作为曲线 $y = \dfrac{1}{x}$ 的切线，其方程是

$$y = \dfrac{1}{x^2} - \dfrac{1}{x_2^2}(x - x_2) \tag{2.2}$$

比较（2.1）和（2.2）式右端 x 幂的系数，得到

$$\begin{cases} 2x_1 = -\dfrac{1}{x_2^2} \\ \dfrac{1}{x_2} - x_1^2 = 2x_1(x_2 - x_1) \end{cases} \Rightarrow \begin{cases} x_1 = -2 \\ x_2 = -\dfrac{1}{2} \end{cases}$$

即得公共切线方程为 $4x + y + 4 = 0$.

例 2　已知 $f(x)$ 是 $(-\infty，+\infty)$ 上的连续函数，它在 $x = 0$ 的某个领域内满足关系式为

$$f(1 + \sin x) - 3f(1 - \sin x) = 8x + o(x) \quad (x \to 0)$$

且 $f(x)$ 在点 $x = 1$ 处可导，求曲线 $y = f(x)$ 在点 $(1，f(1))$ 处的切线方程.

解：令 $\sin x = t$，注意到当 $x \to 0$ 时，且 $\sin x \sim x$，$\arcsin t \sim t$.

题设条件可改写为

$$f(1+t) - 3f(1-t) = 8t + o(t) \quad (t \to 0) \tag{2.3}$$

又因为 $f(x)$ 在点 $x = 1$ 处可导，所以有

$$f(1 \pm t) = f(1) \pm f'(1)t + o(t) \quad (t \to 0) \tag{2.4}$$

将 (2.4) 式代入改写了题设条件 (2.3) 式，得到

$$-2f(1) - 4f'(1)t + o(t) = 8t + o(t) \quad (t \to 0)$$

$$\Rightarrow f(1) = 0, \ f'(1) = 2$$

从而，所求切线方程为 $y = 2(x - 1)$.

例 3　设 $y = \dfrac{x-a}{1-ax}$ ($|a| < 1$). 求证：当 $|x| < 1$ 时，有 $\dfrac{\mathrm{d}y}{1-y^2} = \dfrac{\mathrm{d}x}{1-x^2}$

证明： 由已知条件得

$$\mathrm{d}y = \frac{1-a^2}{(ax-1)^2}\mathrm{d}x$$

$$\frac{\mathrm{d}y}{1-y^2} = \frac{\dfrac{1-a^2}{(ax-1)^2}\mathrm{d}x}{\dfrac{(1-a^2)(1-x^2)}{(ax-1)^2}} = \frac{\mathrm{d}x}{1-x^2}.$$

例 4　设函数 $y = y(x)$ 由 $\dfrac{x^2}{a^2} + \dfrac{y^2}{b^2} = 1$ 确定，求 y''.

解： 对隐函数方程两边求一次导数，得

$$2\frac{x}{a^2} + \frac{2}{b^2}yy' = 0 \tag{2.5}$$

由此求出 $y' = -\dfrac{b^2 x}{a^2 y}$，对方程 (2.5) 式两边再求一次导数，得

$$\frac{2}{a^2} + \frac{2}{b^2}yy'' + \frac{2}{b^2}(y')^2 = 0 \tag{2.6}$$

用 y' 代入 (2.6) 式，即可解出

$$y'' = \frac{1}{2}\frac{b^2}{y}\left(-\frac{2}{a^2} - \frac{2b^2 x^2}{a^4 y^2}\right) = -\frac{b^4}{a^2 y^3}\left(\frac{x^2}{a^2} + \frac{y^2}{b^2}\right) = -\frac{b^4}{a^2 y^3}$$

例 5　求 $f(x) = \dfrac{1}{a^2 - b^2 x^2}$ ($a \neq 0$) 的 n 阶导数 $f^{(n)}(x)$.

解： $f(x) = \mathrm{e}^x \sin x$

$$f'(x) = (\cos x)e^x + (\sin x)e^x = \sqrt{2}\,e^x \sin\left(x + \frac{\pi}{4}\right) \tag{2.7}$$

$$f''(x) = \sqrt{2}\,e^x \sin\left(x + \frac{\pi}{4}\right) + \sqrt{2}\,e^x \cos\left(x + \frac{\pi}{4}\right)$$

$$(\sqrt{2})^2 e^x \sin\left(x + 2 \cdot \frac{\pi}{4}\right)$$

$$\vdots$$

$$f^{(n)}(x) = (\sqrt{2})^n e^x \sin\left(x + n \cdot \frac{\pi}{4}\right) \tag{2.8}$$

下面用数学归纳法证明公式(2.8)成立,等式(2.7)表明,当 $n=1$ 时,公式(2.8)成立,今设当 $n=k$ 时,公式(2.8)成立,即

$$f^{(k)}(x) = (\sqrt{2})^k e^x \sin\left(x + k \cdot \frac{\pi}{4}\right)$$

则 $f^{(k+1)}(x) = (\sqrt{2})^k e^x \sin\left(x + k \cdot \frac{\pi}{4}\right) + (\sqrt{2})^k e^x \cos\left(x + k \cdot \frac{\pi}{4}\right)$

$$= (\sqrt{2})^{k+1} e^x \sin\left(x + (k+1) \cdot \frac{\pi}{4}\right)$$

即当 $n=k+1$,公式(2.8)也成立,由数学归纳法原理,对一切自然数 n 公式(2.8)成立.

例 6 讨论函数 $f(x) = \begin{cases} 0, & x=0, \\ \dfrac{x}{1+e^{\frac{1}{x}}}, & x \neq 0 \end{cases}$ 的导数.

解: 当 $x \neq 0$ 时,$f'(x) = \dfrac{1 + \dfrac{1}{x}e^{\frac{1}{x}}}{(1+e^{\frac{1}{x}})^2} = \dfrac{1 + \left(1+\dfrac{1}{x}\right)e^{\frac{1}{x}}}{(1+e^{\frac{1}{x}})^2}$

当 $x=0$ 时,有

$$f'_-(0) = \lim_{\Delta x \to 0^-} \frac{\dfrac{\Delta x}{1+e^{\frac{1}{\Delta x}}} - 0}{\Delta x} = \lim_{\Delta x \to 0^-} \frac{1}{1+e^{\frac{1}{\Delta x}}} = 1$$

$$f'_+(0) = \lim_{\Delta x \to 0^+} \frac{\dfrac{\Delta x}{1+e^{\frac{1}{\Delta x}}} - 0}{\Delta x} = \lim_{\Delta x \to 0^+} \frac{1}{1+e^{\frac{1}{\Delta x}}} = 0$$

于是 $f(x)$ 在 $x=0$ 处不可导.

例 7　设 $y=(\arcsin x)^2$　求证：$(1-x^2)y''-xy'=2$.

证明： $y'=2\dfrac{\arcsin x}{\sqrt{1-x^2}} \rightarrow (1-x^2)(y')^2=4y \xrightarrow{\text{对 } x \text{ 求导}} 2y'y''(1-x^2)-$

$2x(y')^2=4y'$.

化简即得 $(1-x^2)y''-xy'=2$.

下面从四个方面来说明.

（1）分段函数在各段分界点的导数（包括高阶导数），要由导数的定义来考察.

例 8　设 $f(x)=\begin{cases}2x+x^2\sin\dfrac{1}{x^2}, & x\neq 0,\\[2mm] 0, & x=0,\end{cases}$　求 $f'(x)$.

解： 当 $x\neq 0$ 时，可由表达式求得

$$f'(x)=2+2x\sin\frac{1}{x^2}-\frac{2}{x}\cos\frac{1}{x^2}$$

当 $x=0$ 时，根据定义，得

$$f'(0)=\lim_{x\to 0}\frac{f(x)-f(0)}{x-0}=\lim_{x\to 0}\left(2+x\sin\frac{1}{x^2}\right)=2$$

故 $f'(x)=\begin{cases}2\left(1+x\sin\dfrac{1}{x^2}-\dfrac{1}{x}\cos\dfrac{1}{x^2}\right), & x\neq 0,\\[2mm] 2, & x=0.\end{cases}$

由定义即知函数 $f(x)=\begin{cases}2x+x\sin\dfrac{1}{x}, & x\neq 0\\[2mm] 0, & x=0\end{cases}$　虽在原点连续，但在原点

不可导.

例 9　证明函数 $f(x)=\begin{cases}\mathrm{e}^{-\frac{1}{x^2}}, & x\neq 0,\\[2mm] 0, & x=0\end{cases}$　在 $x=0$ 处 n 阶可导，且

$f^{(n)}(0)=0$，其中 n 为自然数.

证明： 因为 $f'(0)=\lim_{x\to 0}\dfrac{f(x)-f(0)}{x-0}=\lim_{x\to 0}\dfrac{\mathrm{e}^{-\frac{1}{x^2}}}{x}=\lim_{x\to 0}\dfrac{\dfrac{1}{x}}{\mathrm{e}^{-\frac{1}{x^2}}}=0$.

设 $f(x)$ 在 $x=0$ 处是 k 次可微的，且 $f^{(k)}(x)=\begin{cases} p\left(\dfrac{1}{x}\right)\mathrm{e}^{-\frac{1}{x^2}}, & x\neq 0, \\ 0, & x=0, \end{cases}$ 其

中，$p\left(\dfrac{1}{x}\right)$ 是关于 $\dfrac{1}{x}$ 的多项式，因而 $f^{(k+1)}(0)=\lim\limits_{x\to 0}\dfrac{f^{(k)}(x)}{x}=\lim\limits_{x\to 0}\dfrac{p\left(\dfrac{1}{x}\right)\dfrac{1}{x}}{\mathrm{e}^{\frac{1}{x^2}}}=$

0. 这就用数学归纳法证明了 $f^{(n)}(0)=0$.

（2）对带有绝对值符号的函数，在求导时，应将其转化为分段函数，并相应地根据定义考察.

例 10 讨论函数 $f(x)=|x|^{\alpha}$ 的导数是否存在，其中 $\alpha>0$.

解：因为 $f(x)=\begin{cases} x^{\alpha}, & x\geqslant 0 \\ (-x)\alpha, & x<0 \end{cases}$ 所以不论 $\alpha>0$ 为何数，均有

$$f'(x)=\begin{cases} \alpha x^{\alpha-1}, & x>0, \\ -\alpha(-x)^{\alpha-1}, & x<0 \end{cases}$$

由于 $\lim\limits_{x\to 0+0}\dfrac{f(x)-f(0)}{x}=\lim\limits_{x\to 0+0}\dfrac{x^{\alpha}}{x}=\begin{cases} 0, & \alpha>1, \\ 1, & \alpha=1, \\ \infty, & \alpha<1, \end{cases}$ 则有

$$\lim_{x\to 0-0}\dfrac{f(x)-f(0)}{x}=\lim_{x\to 0-0}\dfrac{(-x)^{\alpha}}{x}=\begin{cases} 0, & \alpha>1, \\ -1, & \alpha=1, \\ -\infty, & \alpha<1 \end{cases}$$

所以只有当 $\alpha>1$ 时，$f'(0)$ 才存在，因此要使 $f(x)=|x|^{\alpha}$ 的导数在任意一点都存在，α 必须大于 1.

（3）对含有不可导因子的函数求导，也需注意用定义.

例 11 设 $f(x)=(x-a)\varphi(x)$，$\varphi(x)$ 在点 $x=a$ 连续，求 $f'(a)$.

解：$f'(a)=\lim\limits_{x\to a}\dfrac{f(x)-f(a)}{x-a}=\lim\limits_{x\to a}\varphi(x)=\varphi(a)$.

值得注意的是，由 $f'(x)=\varphi(x)+(x-a)\varphi'(x)$，也可得到 $f'(a)=\varphi(a)$，但这是错误的. 因为条件不保证 $\varphi(x)$ 可导.

（4）函数未知时，需根据定义求导.

例 12　设 $g(x)$ 是 $[-1，1]$ 上的可微函数，并且 $g\left(\dfrac{1}{n}\right) = \ln(1+2n) -$

$\ln n$，$n = 1，2，3，\cdots$，试求 $g'(0)$.

解：　　　$g(0) = \lim\limits_{x \to 0} g(x) = \lim\limits_{n \to \infty} g\left(\dfrac{1}{n}\right) = \lim\limits_{n \to \infty} \ln\left(2 + \dfrac{1}{n}\right) = \ln 2$

$$g'(0) = \lim\limits_{x \to 0} \frac{g(x) - g(0)}{x} = \lim\limits_{n \to \infty} \frac{g\left(\dfrac{1}{n}\right) - \ln 2}{\dfrac{1}{n}} = \lim\limits_{n \to \infty} n\ln\left(1 + \frac{1}{2n}\right) = \frac{1}{2}$$

值得注意的是，利用 Taylor 公式求导，有时也简便.

例 13　设 $f(x) = \sin x^2$，求 $f^{(n)}(0)$　$(n = 1，2，\cdots)$.

解： 因为 $\sin x = x - \dfrac{x^3}{3!} + \dfrac{x^5}{5!} + \cdots + (-1)^{n+1} \dfrac{x^{2n-1}}{(2n-1)!} + \cdots$，

所以　　$\sin x^2 = x^2 - \dfrac{x^6}{3!} + \dfrac{x^{10}}{5!} + \cdots + (-1)^{n+1} \dfrac{x^{4n-2}}{(2n-1)!} + \cdots$

所以　　$f^{(n)}(0) = \begin{cases} \dfrac{(-1)^{k+1}}{(2k-1)!} \cdot (4k-2)!，& n = 4k-2，k \in \mathbf{N}， \\ \\ 0， & \text{其他} \end{cases}$

其次，我们分别归纳导数与微分中值定理的某些作用.

1. 用导数研究可导函数的单调性及证明不等式

例 14　**证明：** 设 $f(x)$ 在 $(a，b)$ 内可导，$f(x)$ 在 $x = b$ 连续，则当 $f'(x) \geqslant 0$ 时，对一切 $x \in (a，b)$ 有 $f(x) \leqslant f(b)$.

解： 因为 $f(x)$ 在 $(a，b)$ 内递增，所以 $\forall x_1，x_2 \in (a，b)$，当 $x_1 < x_2$ 时必有 $f(x_1) \leqslant f(x_2)$. 因为 $\forall x \in (a，b)$，必存在 $\Delta x > 0$，使得 $x + \Delta x \in (a，b)$. 于是 $f(x) \leqslant f(b - \Delta x)$，从而由 $f(x)$ 在 $x = b$ 左连续得到

$$f(x) \leqslant \lim\limits_{\Delta x \to 0+0} f(b - \Delta x) = f(b)$$

注：按题设条件，f 在 $(a，b]$ 上递增.

例 15　**证明：** 若 $\varphi(x)$ 为单调递增的可微函数，且当 $x \geqslant x_0$ 时，$|f'(x)| \leqslant \varphi'(x)$，则当 $x \geqslant x_0$ 时，必有

$$|f(x) - f(x_0)| \leqslant \varphi(x) - \varphi(x_0) \tag{2.9}$$

解： 由条件可知，$-\varphi'(x) \leqslant f'(x) \leqslant \varphi'(x)$，$x \geqslant x_0$，故 $\varphi(x) - f(x)$ 与 $f(x) + \varphi(x)$.

当 $x \geqslant x_0$ 时均为递增函数，从而

$$\varphi(x) - f(x) \geqslant \varphi(x_0) - f(x_0) \tag{2.10}$$

与

$$f(x) + \varphi(x) \geqslant f(x_0) + \varphi(x_0) \tag{2.11}$$

由(2.10)及(2.11)得到 $-(\varphi(x) - \varphi(x_0)) \leqslant f(x) - f(x_0) \leqslant \varphi(x) - \varphi(x_0)$，即(2.9)成立.

2. 利用导数研究函数的凸凹性及其应用

函数凸凹性(包括严格凸凹性)，我们注意到，利用函数的凸凹性建立了应用较广的 Jensen 不等式：若 f 为 $[a, b]$ 上的凸函数，对任意 $x_i \in [a, b]$，$\lambda_i > 0 (i = 1, 2, \cdots, n)$，且 $\sum\limits_{i=1}^{n} \lambda_i = 1$ 则

$$f\left(\sum_{i=1}^{n} \lambda_i x_i\right) \leqslant \sum_{i=1}^{n} \lambda_i f(x_i) \tag{2.12}$$

不等式(2.12)，就是 Jensen 不等式. 由它可以导出以下两点.

(1)调和平均、几何平均及算术平均三者之间的关系：设 $a_i > 0 (i = 1, 2, \cdots, n)$ 有

$$\frac{n}{\sum\limits_{i=1}^{n} \dfrac{1}{a_i}} \leqslant \sqrt[n]{\prod_{i=1}^{n} a_i} \leqslant \frac{1}{n} \sum_{i=1}^{n} a_i$$

(2)Canchy-Hölder 不等式：设 $a_i, b_i > 0$，$(i = 1, 2, \cdots, n)$，有

$$\sum_{i=1}^{n} a_i b_i \leqslant \left(\sum_{i=1}^{n} a_i^p\right)^{\frac{1}{p}} \left(\sum_{i=1}^{n} b_i^q\right)^{\frac{1}{q}}$$

其中，$p > 0$，$q > 0$，$\dfrac{1}{p} + \dfrac{1}{q} = 1$.

下面举例说明凸凹性的应用

例 16　证明不等式：

(1)　$\dfrac{1}{2}(x^n + y^n) > \left(\dfrac{x+y}{2}\right)^n$，$x > 0$，$y > 0$，$x \neq y$，$n > 1$；

(2)　$\dfrac{e^x + e^y}{2} > e^{\frac{x+y}{2}}$，$x \neq y$；

(3)　$x \ln x + y \ln y > (x+y) \ln \dfrac{x+y}{2}$，$x > 0$，$y > 0$，$x \neq y$.

证明： (1) 令 $f(z) = z^n$　$(z > 0$，$n > 1)$，由于 $f''(z) = n(n-1)z^{n-2} > 0$，故 $f(z)$ 是 $(0$，$+\infty)$ 上的凸函数，因此对 $z_1 \neq z_2$，有

$$f(\lambda_1 z_1 + \lambda_2 z_2) < \lambda_1 f(z_1) + \lambda_2 f(z_2)$$

取 $\lambda_1 = \lambda_2 = \dfrac{1}{2}$，$z_1 = x$，$z_2 = y$ 即得结果；

(2) 因为 e^z 在 $(-\infty$，$+\infty)$ 上为凸函数，利用 (2.12)，结论成立；

(3) 令 $f(z) = z \ln z$，$z > 0$，则 $f(z)$ 为 $(0$，$+\infty)$ 上的凸函数，取 $\lambda_1 = \lambda_2 = \dfrac{1}{2}$，$z_1 = x$，$z_1 \neq z_2$ 由 (2.5) 有

$$\frac{1}{2}(x \ln x + y \ln y) > \frac{x+y}{2} \ln \frac{x+y}{2} \qquad (2.13)$$

注：若不限制 $x = y$，则 (2.13) 式成为

$$x \ln x + y \ln y \geqslant (x+y) \ln \frac{x+y}{2}$$

例 17　若 f 在 $[a$，$b]$ 上连续，且 $f(x) > 0$，则

$$\ln \left[\frac{1}{b-a} \int_a^b f(x) \mathrm{d}x \right] \geqslant \frac{1}{b-a} \int_a^b [\ln f(x)] \mathrm{d}x$$

证明： 因为在 $(0$，$+\infty)$ 上，$y = \ln z$ 为凹函数，所以 $\ln f(x)$ 为 $[a$，$b]$ 上的凹函数，现将区间 $[a$，$b]$ 进行 n 等分，其分点依次为 $a < x_0 < x_1 < x_2 < \cdots < x_n = b$. 于是 $\ln \left[\displaystyle\sum_{i=1}^n \frac{1}{n} f(x_i) \right] \geqslant \dfrac{1}{n} \displaystyle\sum_{i=1}^n \ln f(x_i)$.

即有

$$\ln \left[\frac{1}{b-a} \sum_{i=1}^n \frac{b-a}{n} f(x_i) \right] \geqslant \frac{1}{b-a} \sum_{i=1}^n \frac{b-a}{n} \ln f(x_i)$$

由于 $\ln f(x)$ 在 $[a$，$b]$ 上连续，根据定积分的概念，令 $n \to \infty$，从 (2.13) 便得

$$\ln \left[\frac{1}{b-a} \int_a^b f(x) \mathrm{d}x \right] \geqslant \frac{1}{b-a} \int_a^b \ln f(x) \mathrm{d}x$$

3. 微分中值定理(包括 Taylor 公式) 的某些应用

例 18 设函数 f 在 $[a,+\infty)$ 内连续，且当 $x>a$ 时，$f'(x)>k>0(k$ 为常数).

证明： 若 $f(a)<0$，则在 $\left(a,a-\dfrac{f(a)}{k}\right)$ 内，方程 $f(x)=0$ 有且仅有一实根.

解： 函数 f 在 $\left[a,a-\dfrac{f(a)}{k}\right]$ 上满足拉格朗日中值定理的条件，故存在点 $c\in\left(a,a-\dfrac{f(a)}{k}\right)$，使得 $f\left(a,a-\dfrac{f(a)}{k}\right)=f(a)-\dfrac{f(a)}{k}f'(c)>0$.

由于 $f(a)<0$，故至少有一点 $\xi\in\left(a,a-\dfrac{f(a)}{k}\right)$，使 $f(\xi)=0$. 又因 f 在 $[a,+\infty)$ 严格递增，所以这样的 ξ 在 $\left(a,a-\dfrac{f(a)}{k}\right)$ 内是唯一的，即方程 $f(x)=0$ 在 $\left(a,a-\dfrac{f(a)}{k}\right)$ 内有且仅有一个实根.

例 19 $f(x)=a_0+a_1\cos x+a_2\cos2x+\cdots+a_n\cos nx$，其中，$a_0$，$a_1$，$a_2\cdots a_n$ 都是实数，且 $a_n>|a_0|+|a_1|+\cdots+|a_{n-1}|$.

证明： 方程 $f^{(n)}(x)=0$ 在 $(0,2\pi)$ 内至少有 n 个实根.

解： 按题设，有

$$a_n>\sum_{i=0}^{n-1}|a_i|\geqslant\sum_{i=0}^{n-1}\left|a_i\cos\frac{ik\pi}{n}\right|$$

$$f\left(\frac{k\pi}{n}\right)=(-1)^k a_n+\sum_{i=0}^{n-1}a_i\cos\frac{ik\pi}{n},\ k=0,1,2\cdots,2n$$

由上式可见，$f\left(\dfrac{k\pi}{n}\right)$ 与 $(-1)^k a_n$ 同号，因此，当 $k=0,1,2\cdots,2n$ 时，$\dfrac{k\pi}{n}\in[0,2\pi]$，$f(x)$ 至少变号 $2n$ 次. 根据根的存在定理可知，$f(x)=0$ 在 $(0,2\pi)$ 内至少有 $2n$ 个根：x_1，x_2，$\cdots$，x_{2n}，且 $0<x_1<x_2<\cdots<x_{2n}<\dfrac{2\pi n}{n}=2\pi$.

根据罗尔定理，$f'(x)=0$ 在 (x_1, x_{2n}) 内至少有 $2n-1$ 个根：ξ_1，ξ_2，…，ξ_{2n-1}，且 $x_1 < \xi_1 < \xi_2 < \cdots < \xi_{2n-1} < x_{2n}$，反复使用罗尔定理，可解得方程 $f^{(n)}(x)=0$ 在 $(0, 2\pi)$ 内至少有 n 个实根.

例 20 在 $[0, \pi]$ 上研究 $\sin^3 x \cos x = a (a > 0)$ 实根的个数.

解： 设 $f(x) = \sin^3 x \cos x - a$，则

$$f'(x) = \sin^2 x (3\cos^2 x - \sin x) = \sin^2 x (\sqrt{3}\cos x + \sin x)(\sqrt{3}\cos x - \sin x)$$

令 $f'(x)=0$，解得驻点 $x=0$，$\dfrac{\pi}{3}$，π. 由于 $f'(0)=-a$，$f\left(\dfrac{\pi}{3}\right)=\dfrac{3\sqrt{3}}{16}-a$，$f\left(\dfrac{2\pi}{3}\right)=-\dfrac{3\sqrt{3}}{16}-a$，$f(\pi)=-a$，可见，当 $a < \dfrac{3\sqrt{3}}{16}$ 时，$f(0)<0$，$f\left(\dfrac{\pi}{3}\right)>0$，$f\left(\dfrac{2\pi}{3}\right)<0$，$f(\pi)>0$. 又因为在 $(0, 3\pi)$ 内，$f'(x)>0$，在 $\left(\dfrac{\pi}{3}, \pi\right)$ 内，$f'(x)<0$，故 $f(x)$ 在 $(0, 3\pi)$ 与 $\left(\dfrac{\pi}{3}, \pi\right)$ 内分别严格递增和严格递减，根据根的存在定理，$f(x)=0$ 在 $(0, 3\pi)$ 与 $\left(\dfrac{\pi}{3}, \pi\right)$ 内各有一实根；当 $a=\dfrac{3\sqrt{3}}{16}$ 时，$f\left(\dfrac{\pi}{3}\right)=0$，$x=\dfrac{\pi}{3}$ 是方程的唯一根；当 $a > \dfrac{3\sqrt{3}}{16}$ 时，方程无实根.

例 21 设函数 f 在 $[a, +\infty]$ 上连续，在 $[a, +\infty)$ 内可微，且 $\lim\limits_{x \to +\infty} f(x) = f(a)$.

证明： 必存在 $\xi \in (a, +\infty)$，使 $f'(\xi)=0$.

解： 若 $f(x)$ 在 $[a, +\infty]$ 上为常数，则命题显然成立. 若 $f(x)$ 不为常数，则存在 $b > a$，使得 $f(b) \neq f(a)$. 不妨设 $f(b) > f(a)$，令 $f(b)-f(a) = 2k > 0$，则有 $f(a) < f(a)+k < f(b)$.

由介值定理可知，存在 $c_1 \in (a, b)$，使得 $f(c_1)=f(a)+k$. 由于 $\lim\limits_{x \to +\infty} f(x)=f(a)$，故存在 $c_2 > b$ 使 $f(c_2)=f(a)+k$，在 $[c_1, c_2]$ 上对 $f(x)$ 使用罗尔定理，得知存在一点 $\xi \in (c_1, c_2) \subset (a, +\infty)$，使得 $f'(\xi)=0$.

例 22 设函数 f 在 $[0, a]$ 上具有二阶导数，且 $|f''(x)| \leqslant M$，f 在 $(0, a)$ 内取得最大值，

证明：$|f'(0)|+|f'(a)|\leqslant Ma$.

解：设 $x\in(0,a)$ 为函数 f 的最大值点，则 $f(x_0)=0$，于是

$$\frac{f'(x_0)-f'(0)}{x_0}=f''(\xi_1) \tag{2.14}$$

$$\frac{f'(a)-f'(x_0)}{a-x_0}=f''(\xi_2) \tag{2.15}$$

其中，$0<\xi_1<x_0$，$x_0<\xi_2<a$.

从 (2.14) 与 (2.15) 分别得到.

例 23 设 $f(x)$ 在 $[a,b]$ 上连续，在 (a,b) 内 $f(a)f(b)>0$，$f(a)f\left(\dfrac{a+b}{2}\right)<0$.

证明：存在一点 $\xi\in(a,b)$，使得 $f'(\xi)=f(\xi)$.

解：显然在 $\left(a,\dfrac{a+b}{2}\right)$ 和 $\left(\dfrac{a+b}{2},b\right)$ 内分别存在点 ξ_1，ξ_2，使得 $f(\xi_1)=f(\xi_2)=0$. 作辅助函数 $F(x)=f(x)\mathrm{e}^{-x}$，在 $[\xi_1,\xi_2]\subset(a,b)$ 上使用罗尔定理，即得结果.

例 24 设函数 $f(x)$ 在 $[0,+\infty]$ 上可微，$f(0)=0$，$0\leqslant f'(x)\leqslant f(x)$.

证明：$f(x)\equiv0$，$x\in[0,+\infty)$.

证法 1：可用数学归纳法证明，$f(x)\equiv0$，$x\in[0,n)$.

先证 $f(x)\equiv0$，$x\in[0,1]$. 对任意 $x>0$，由拉格朗日中值定理知
$$f(x)=f(x)-f(0)=f'(\xi)x\leqslant f(x)x，0<\xi_1<x$$

从而 $f(x)(1-x)\leqslant0$，$x\geqslant0$. 于是当 $0\leqslant x<1$ 时，$f(x)\leqslant0$，又因 $f(x)\geqslant0$. 因而在 $[0,1)$ 上，$f(x)\equiv0$，再由 f 的连续性知 $f(1)=0$，故 $f(x)\equiv0$，$x\in[0,1]$. 假设在 $[0,n]$ 上 $f(x)\equiv0$（n 为自然数），则对 $n<x<n+1$，由拉格朗日中值定理知 $f(x)=f(x)-f(n)=f'(\xi_2)(x-n)\leqslant f(\xi_2)(x-n)\leqslant f(x)(x-n)$（$n<\xi_2<x$），从而 $f(x)(n+1-x)$. 于是当 $0\leqslant x<n+1$ 时，$f(x)\leqslant0$. 又因 $f(x)\geqslant0$，所以在 $[0,n+1)$ 上 $f(x)\equiv0$，再由 f 的连续性知 $f(n+1)=0$，故在 $[0,n+1)$ 上 $f(x)\equiv0$. 所以对于任意自然数 n，$f(x)\equiv0$，$x\in[0,n)$. 从上面的证明过程中即知在 $[0,+\infty)$ 上 $f(x)\equiv0$.

证法 2：设 $F(x)=f(x)\mathrm{e}^{-x}$. 因为 $f'(x)=(f'(x)-f(x))\mathrm{e}^{-x}\leqslant 0$，所以 $F(x)$ 在 $[0,+\infty)$ 上单调递减，因此 $F(x)\leqslant F(0)=0$，即 $f(x)\leqslant 0$. 又因 $f(x)\geqslant 0$，所以 $f(x)\equiv 0$，$x\in(-\infty,+\infty)$.

例 25　设函数 f 在 $(-\infty,+\infty)$ 上可连续，$f'(a)=A$，$f'(b)=B$，$(a<b)$，$A\neq B$. μ 是 A，B 之间的任一数. 则必存在一点 $\xi\in(a,b)$，使得 $f'(\xi)=\mu$.

证明：不妨设 $A<B$. 作函数 $F(x)=f(x)-\mu x$，由条件知，F 在 $(-\infty,+\infty)$ 上可微，且 $f'(a)<0$，$f'(b)>0$，则必存在一点 $\xi\in(a,b)$，使得 $f'(\xi)=0$，即 $f'(\xi)=\mu$.

例 26　设函数 $f(x)$ 在闭区间 $[a,b]$ 上可导，且 $ab>0$.

证明：$\exists\xi\in(a,b)$，使得

$$f(\xi)-\xi f'(\xi)=(a-b)\begin{vmatrix} a & b \\ f(a) & f(b) \end{vmatrix}$$

证明：由条件 $ab>0$ 得知 $a\neq 0$，$b\neq 0$，且 $0\notin(a,b)$.

令 $F(x)=\dfrac{f(x)}{x}$，$G(x)=\dfrac{1}{x}$，则 $F(x)$ 与 $G(x)$ 在 $[a,b]$ 上满足 Cauchy 微分中值定理的全部条件，于是 $\exists\xi\in(a,b)$，使得

$$\frac{\dfrac{f(a)}{a}-\dfrac{f(b)}{b}}{\dfrac{1}{a}-\dfrac{1}{b}}=\frac{\dfrac{\xi f'(\xi)-f(\xi)}{\xi^2}}{-\dfrac{1}{\xi^2}}$$

整理后即得

$$f(\xi)-\xi f'(\xi)=(a-b)\begin{vmatrix} a & b \\ f(a) & f(b) \end{vmatrix}$$

证毕.

例 27　设 $-\infty<x_1<x_2<\cdots<x_n<+\infty(n\geqslant 2)$，并设次数不超过 $(n-1)$ 的代数多项式 $l_k(x)$ $(k=1,2,3,\cdots,n)$ 满足条件

$$l_k(x_i)=\begin{cases}0, & i\neq k,\\ 1, & i=k.\end{cases}$$

试证：$l_k(x)+l_{k+1}(x)\geqslant 1$，$x_k\leqslant x\leqslant x_{k+1}$，$1\leqslant k\leqslant n-1$.

解：依条件，知

$$l_k(x) = \frac{(x-x_1)(x-x_2)\cdots(x-x_{k-1})(x-x_{k+1})(x-x_{k+2})\cdots}{(x_k-x_1)(x_k-x_2)\cdots(x_k-x_{k-1})(x_k-x_{k+1})(x_k-x_{k+2})\cdots}$$

$$\frac{(x-x_{n-1})(x-x_n)}{(x_k-x_{n-1})(x_k-x_n)}$$

$$l_{k+1}(x) = \frac{(x-x_1)(x-x_2)\cdots(x-x_{k-1})(x-x_k)}{(x_{k+1}-x_1)(x_{k+1}-x_2)\cdots(x_{k+1}-x_{k-1})(x_{k+1}-x_k)}$$

$$\frac{(x-x_{k+2})\cdots(x-x_{n-1})(x-x_n)}{(x_{k+1}-x_{k+2})\cdots(x_{k+1}-x_{n-1})(x_{k+1}-x_n)}$$

显见，$l_k(x)$ 和 $l_{k+1}(x)$ 均为 $(n-1)$ 次多项式，且当 $x \in [x_k, x_{k+1}]$ 时，$l_k(x) \geqslant 0$.

记 $f(x) = l_k(x) + l_{k+1}(x)$，于是 $f(x)$ 为 $(n-1)$ 次多项式函数. $f(x_i) = 0 \ (1 \leqslant i \leqslant n, \ i \neq k, \ k+1)$，$f(x_k) = f(x_{k+1}) = 1$，即 $f(x)$ 有 $(n-2)$ 个零点. 根据罗尔定理，可以断定 $f'(x)$ 的 $(n-2)$ 个零点中有 $(n-3)$ 个位于 (x_i, x_{i+1}) 之间，$1 \leqslant i \leqslant k-2$，$i = k$，$k+2 \leqslant i \leqslant n-1$.

又由罗尔定理得知，分别存在 $\xi_1 \in (x_{k-1}, x_k)$ 和 $\xi_2 \in (x_{k+1}, x_{k+2})$，使得 $f'(\xi_1) > 0$，$f'(\xi_2) < 0$ 由于 $f'(x)$ 在 (ξ_1, ξ_2) 内已有一个零点：即位于 (x_k, x_{k+1}) 内，记为 ξ_0，不论 $f'(x)$ 的另一个零点是否在 (ξ_1, ξ_2) 内，都可证明 $f(x) \geqslant 1$，$x \in [x_k, x_{k+1}]$. 事实上，若 $f'(x)$ 的另一个零点 $\xi'_0 \in (\xi_1, \xi_2)$，可分三种情况来讨论.

第一种情况，若 $\xi'_0 \in (\xi_1, x_k]$，则在 $[x_k, \xi_0]$ 上 $f'(x) \geqslant 0$ 或 $f'(x) \leqslant 0$，二者必居其一. 但在 $[\xi_0, x_{k+1}]$ 上，必有 $f'(x) < 0$. 此时，当 $x \in [x_k, \xi_0]$ 时，必有 $f(x) \geqslant f(x_k) = 1$（在 $[x_k, \xi_0]$ 上 $f'(x) \geqslant 0$ 时）或 $f(x) \geqslant f(\xi_0) \geqslant f(x_{k+1}) = 1$（在 $[x_k, \xi_0]$ 上，$f'(x) \leqslant 0$ 时），在这种情况下，有

$$f(x) = l_k(x) + l_{k+1}(x) \geqslant 1, \ x \in [x_k, x_{k+1}]$$

类似地可以讨论在第二种情况（$\xi'_0 \in [x_k, \xi_0]$ 或 $\xi'_0 \in [\xi_0, x_{k+1}]$）及第三种情况（$\xi'_0 \in [x_{k+1}, \xi_2]$）下，均有 $f(x) = l_k(x) + l_{k+1}(x) \geqslant 1$，$x \in [x_k, x_{k+1}]$，证毕.

例 28 设函数 f 在 $[a, b]$ 上三阶可导，证明存在 $\zeta \in (a, b)$ 使得

$$f(b) = f(a) + \frac{1}{2}(b-a)[f'(a) - f'(b)] - \frac{1}{12}(b-a)^3 f'''(\xi) \quad (2.16)$$

解： 设 $F(x) = f(x) - f(a) - \frac{1}{2}(x-a)[f'(x) + f'(a)]$, $G(x) = (x-a)^3$.

故 F, G 在 $[a, b]$ 上满足柯西中值定理的条件，两次使用中值定理有

$$\frac{F(b) - F(a)}{G(b) - G(a)} = \frac{F''(\xi)}{G''(\xi)}$$

即 $\dfrac{f(b) - f(a) - \frac{1}{2}(b-a)[f'(b) + f'(a)]}{(b-a)^3} = \dfrac{-\frac{1}{2}f'''(\xi)}{6}$，也即 $f(b) =$

$f(a) + \frac{1}{2}(b-a)[f'(b) + f'(a)] - \frac{1}{12}(b-a)^3 f'''(\xi)$, $\xi \in (a, b)$.

例 29 设函数 f 在 $[a, b]$ 上可微.

证明： 存在 $\xi \in (a, b)$，使得

$$2\xi[f(b) - f(a)] = (b^2 - a^2)f'(\xi) \quad (2.17)$$

解： 若 $a + b = 0$，即 $a = -b$，取 $\xi = 0 \in (a, b)$，等式(2.17)成立.

$a + b \neq 0$. 作函数 $F(x) = f(x) - \dfrac{f(b) - f(a)}{b^2 - a^2} x^2$.

由于 $F(x)$ 在 $[a, b]$ 上连续，在 (a, b) 内可微，且 $F(b) = F(a) = \dfrac{b^2 f(a) - a^2 f(b)}{b^2 - a^2}$，根据罗尔定理，必存在一点 $\xi \in (a, b)$，使得 $f'(\xi) = 0$，变形后即得(2.17).

例 30 设函数 f 在 $[a, b]$ 上二阶可导，$f'(a) = f'(b) = 0$.

证明： 存在一点 $\xi \in (a, b)$，使得

$$|f(b) - f(a)| \leqslant \frac{1}{4}(b-a)^2 |f''(\xi)| \quad (2.18)$$

证明： 因为 $f(x)$ 在 $[a, b]$ 上二阶可导，所以可按带有拉格朗日型余项的 Taylor 公式展开函数 $f(x)$：

$$f\left(\frac{a+b}{2}\right) = f\left(a + \frac{b-a}{2}\right) = f(a) + f'(a)\frac{b-a}{2} + \frac{f''(c_1)}{2!}\left(\frac{b-a}{2}\right)^2 \quad (2.19)$$

$$f\left(\frac{a+b}{2}\right)=f\left(b+\frac{a-b}{2}\right)=f(b)+f'(b)\frac{a-b}{2}+\frac{f''(c_2)}{2!}\left(\frac{a-b}{2}\right)^2 \quad (2.20)$$

其中，$c_1\in\left(a,\frac{a+b}{2}\right)$，$c_1\in\left(\frac{a+b}{2},b\right)$. 因此从(2.19)(2.20)得

$$f(a)-f(b)+\frac{(a-b)^2}{8}[f''(c_1)-f''(c_2)]=0$$

于是 $f''(c_1)-f''(c_2)=\frac{8}{(a-b)^2}[f(b)-f(a)]$，从而 $|f''(c_1)|+|f''(c_2)|\geqslant$

$\frac{8}{(a-b)^2}[f(b)-f(a)]$.

记 $|f'(\xi)|=\max(|f''(c_1)|,|f''(c_2)|)$，即得(2.18).

例31 设 $f(x)$ 在 $[a,b]$ 上恒有 $f''(x)\geqslant0$，则在 (a,b) 内任意两点 x_1，x_2，都有 $\frac{f(x_1)+f(x_2)}{2}\geqslant f\left(\frac{x_1+x_2}{2}\right)$，试证明之.

证法1：因为 $f''(x)\geqslant0$，$x\in[a,b]$，所以 $f(x)$ 为 $[a,b]$ 上的凸函数，故 $\forall x_1$，$x_2\in(a,b)$，都有 $\frac{f(x_1)+f(x_2)}{2}\geqslant f\left(\frac{x_1+x_2}{2}\right)$.

证法2：

$$f(x)=f\left(\frac{x_1+x_2}{2}\right)+\frac{f'\left(\frac{x_1+x_2}{2}\right)}{1!}\left(x-\frac{x_1+x_2}{2}\right)+\frac{f''(\xi)}{2!}\left(x-\frac{x_1+x_2}{2}\right)^2$$

其中，ξ 在 x 与 $\frac{x_1+x_2}{2}$ 之间.

将 x_1，x_2 代入，分别有

$$f(x_1)=f\left(\frac{x_1+x_2}{2}\right)+\frac{f'\left(\frac{x_1+x_2}{2}\right)}{1!}\left(\frac{x_1-x_2}{2}\right)+\frac{f''(\xi_1)}{2!}\left(\frac{x_1-x_2}{2}\right)^2\geqslant$$
$$f\left(\frac{x_1+x_2}{2}\right)+f'\left(\frac{x_1+x_2}{2}\right)\left(\frac{x_1-x_2}{2}\right)$$

$$f(x_2)=f\left(\frac{x_1+x_2}{2}\right)+\frac{f'\left(\frac{x_1+x_2}{2}\right)}{1!}\left(\frac{x_2-x_1}{2}\right)+\frac{f''(\xi_2)}{2!}\left(\frac{x_2-x_1}{2}\right)^2\geqslant$$
$$f\left(\frac{x_1+x_2}{2}\right)+f'\left(\frac{x_1+x_2}{2}\right)\left(\frac{x_2-x_1}{2}\right)$$

其中，ξ_1 在 x_1 与 $\dfrac{x_1+x_2}{2}$ 之间，ξ_2 在 x_2 与 $\dfrac{x_1+x_2}{2}$ 之间，所以 $f(x_2) + f(x_1) \geqslant 2f\left(\dfrac{x_1+x_2}{2}\right)$，即 $\dfrac{f(x_1)+f(x_2)}{2} \geqslant f\left(\dfrac{x_1+x_2}{2}\right)$.

4. 微分中值定理

微分中值定理是沟通导数值与函数值之间的桥梁，它是一个非常有效的工具，运用这个工具，许许多多有关函数的问题都能迎刃而解.

费马定理　若函数 $f(x)$ 在 $x=x_0$ 的某个领域 $U(x_0)$ 上定义，$f(x_0)$ 为 $f(x)$ 在 $U(x_0)$ 上的最值（最大值和最小值），且 $f(x)$ 在 $x=x_0$ 可微，则 $f'(x_0)=0$.

罗尔定理　若函数 $f(x)$ 在 $[a,b]$ 上连续，在 (a,b) 内可微，且
$$f(a)=f(b)$$
则 $\exists \xi \in (a,b)$，使得 $f'(\xi)=0$.

拉格朗日中值定理　若函数 $f(x)$ 上连续，在 (a,b) 内可微，则 $\exists \xi \in (a,b)$，使得
$$f'(\xi)=\frac{f(b)-f(a)}{b-a}$$

柯西定理　若函数 $f(x)$，$g(x)$ 在 $[a,b]$ 上连续，在 (a,b) 内可微，且
$$g'(x) \neq 0 \quad (\forall x \in (a,b))$$
则 $\exists \xi \in (a,b)$，使得 $=\dfrac{f(b)-f(a)}{g(b)-g(a)}=\dfrac{f'(\xi)}{g'(\xi)}$.

达布定理　若函数 $f(x)$ 在 $[a,b]$ 上可导，则 $f'(x)$ 的值域为一个区间.

5. 微分中值定理应用

例 32　设 $f(x)$ 在 $[a,b]$ 上连续，在 (a,b) 内除仅有的一个点外，都可导.

证明： $\exists c \in (a, b)$ 使得 $|f(b) - f(a)| \leqslant (b-a)|f'(c)|$.

解： 设函数 $f(x)$ 在点 $d \in (a, b)$ 处不可导，分别在 (a, d) 上和在 (d, b) 上对 $f(x)$ 用微分中值定理，得

$$f(d) - f(a) = (d-a)f'(c_1) \text{ 和 } f(b) - f(d) = (b-d)f'(c_2)$$

其中，$c_1 \in (a, d)$ 和 $c_2 \in (d, b)$. 将以上两个等式相加，得到

$$f(b) - f(a) = (d-a)f'(c_1) + (b-d)f'(c_2)$$

由此得到

$$
\begin{aligned}
|f(b) - f(a)| &\leqslant (d-a)|f'(c_1)| + (b-d)|f'(c_2)| \\
&\leqslant (d-a)|f'(c)| + (b-d)|f'(c)| \\
&\leqslant (b-a)|f'(c)|
\end{aligned}
$$

其中，有

$$|f'(c)| = \max\{|f'(c_1)|, |f'(c_2)|\}$$

$$c = \begin{cases} c_1, & \text{当 } |f'(c_1)| \geqslant |f'(c_2)| \\ c_2, & \text{当 } |f'(c_1)| < |f'(c_2)| \end{cases}$$

例 33 设 $f(x)$ 在 (a, b) 内可导，对 $\forall x_0 \in (d, b)$.

求证： $\exists x_n \in (a, b) \ (n=1, 2, \cdots)$，使得 $\lim\limits_{n \to \infty} x_n = x_0$，且 $\lim\limits_{n \to \infty} f'(x_n) = f'(x_0)$.

解： 取 $y > 0$ 足够大，使得

$$y_n \xrightarrow{\text{定义}} x_0 + \frac{1}{n+y} \in (a, b) \quad (n=1, 2, \cdots)$$

则有

$$\lim_{n \to \infty} y_n = x_0 \Rightarrow \lim_{n \to \infty} \frac{f(y_n) - f(x_0)}{y_n - x_0} = f'(x_0) \tag{2.21}$$

再由拉格朗日定理，对 $\forall n \in \mathbf{N}$，$\exists x_n \in (x_0, y_n)$，使得

$$\frac{f(y_n) - f(x_0)}{y_n - x_0} = f'(x_n) \quad (n=1, 2, \cdots) \tag{2.22}$$

联合 (2.21) 和 (2.22) 式，即得 $\lim\limits_{n \to \infty} y_n \xrightarrow{\text{由夹逼定理}} x_0$，且

$$\lim_{n \to \infty} f'(x_n) = f'(x_0)$$

例 34 设 $f(x)$ 在 (a, b) 上连续，在 (a, b) 内可导，其中，$a > 0$，

求证：

(1) 存在 $\xi \in (a, b)$，使得 $f(b) - f(a) = \xi f'(\xi) \ln \dfrac{b}{a}$；

(2) $\lim\limits_{n \to \infty} n(\sqrt[n]{x} - 1) = \ln x$.

证明： (1) 由柯西中值定理，存在 $\xi \in (a, b)$，使得

$$\frac{f(b) - f(a)}{\ln b - \ln a} = \frac{f'(\xi)}{\dfrac{1}{\xi}} = \xi f'(\xi)$$

$$\Rightarrow f(b) - f(a) = \xi f'(\xi) \ln \frac{b}{a}$$

(2) 对 $x > 0$，当 $x = 1$ 时，结论显然成立，当 $x \neq 1$ 时，令

$$a = \min\{1, x\}, \quad b = \max\{1, x\}$$

在 $[a, b]$ 上对函数 $f(t) = t^{\frac{1}{n}}$ 利用第(1)题的结果，则有存在 $\xi \in (a, b)$，使得

$$b^{\frac{1}{n}} - a^{\frac{1}{n}} = \xi \frac{1}{n} \xi^{\frac{1}{n} - 1} \ln \frac{b}{a}$$

$$\Rightarrow x^{\frac{1}{n}} - 1 = \frac{1}{n} \xi^{\frac{1}{n}} \ln x \Rightarrow n(x^{\frac{1}{n}} - 1) = \xi^{\frac{1}{n}} \ln x$$

因此，$\lim\limits_{n \to \infty} n(\sqrt[n]{x} - 1) = \lim\limits_{n \to \infty} \xi^{\frac{1}{n}} \ln x = \ln x$.

例 35　设 $f(x)$ 在 $[0, 1]$ 上连续，在 $(0, 1)$ 上可导

$$f(0) = f(1) = 0, \quad f\left(\frac{1}{2}\right) = 1$$

求证： 存在 $\xi \in (0, 1)$，使得 $f'(\xi) = 1$.

证明： 令 $F(x) = f(x) - x$，则有

$$F\left(\frac{1}{2}\right) = f\left(\frac{1}{2}\right) - \frac{1}{2} = \frac{1}{2} > 0$$

$$F(1) = f(1) - 1 = -1 < 0$$

可知 $\exists \eta \in \left(\dfrac{1}{2}, 1\right)$，使得 $F(\eta) = 0$，即 $f(\eta) = \eta$.

因为 $f(x)$ 在 $[0, \eta]$ 上连续，在 $(0, \eta)$ 内可导，所以在 $[0, \eta]$ 上用拉格朗日中值定理，则存在 $\xi \in (0, 1)$，使得

$$f'(\xi) = \frac{f(\eta) - f(0)}{\eta - 0} = \frac{\eta - 0}{\eta - 0} = 1$$

例 36 设 $f(x)$ 在 $[0，1]$ 上连续，在 $(0，1)$ 上可导，且 $|f'(x)| < 1$，又因 $f(0) = f(1)$，求证：对 $\forall x_1，x_2 \in (0，1)$，有

$$|f'(x_1) - f'(x_2)| < \frac{1}{2}$$

证明： 分两种情况考虑.

(1) 如果 $x_2 - x_1 < \frac{1}{2}$，那么根据拉格朗日中值定理，有

$$|f(x_1) - f(x_2)| < |f'(\xi)|(x_2 - x_1) \leqslant x_2 - x_1 < \frac{1}{2}$$

(2) 如果 $x_2 - x_1 \geqslant \frac{1}{2}$，那么 $0 \leqslant x_1 + (1 - x_2) \leqslant \frac{1}{2}$，又因 $f(0) = f(1)$

所以根据拉格朗日中值定理，有

$$|f(x_1) - f(x_2)| \leqslant |f(x_1) - f(0)| + |f(1) - f(x_2)|$$
$$\leqslant |f'(\xi_1)|x_1 + |f'(\xi_2)|(1 - x_2)$$
$$< x_1 + (1 - x_2) \leqslant \frac{1}{2}$$

其中，$\xi_1 \in (0，x_1)$，$\xi_2 \in (x_2，1)$.

练习题二

1. 设函数 $y = f(x)$ 在点 x 处二阶可导，且 $f'(x) \neq 0$. 若这个函数存在反函数

   $x = f^{-1}(y)$，试求 $(f^{-1})''(y)$.

2. 设 $x = g(y)$ 为 $y = f(x)$ 的反函数，且 $f(x)$ 三阶可导，求 $g'''(y)$.

3. 设 $f'(x_0)$ 存在，求证：对称导数也存在并等于 $f'(x_0)$，即

$$\lim_{h \to 0} \frac{f(x_0 + h) - f(x_0 - h)}{2h} = f'(x_0)$$

4. 设 $f(x)$ 在点 x_0 处可导，α_n，β_n 为趋于零的正数序列，求证：

$$\lim_{n \to 0} \frac{f(x_0 + \alpha_n) - f(x_0 + \beta_n)}{\alpha_n - \beta_n} = f'(x_0)$$

5. 设 $y = \arcsin x$：

   (1) 证明它满足方程 $(1 - x^2) y^{(n+2)} - (2n + 1) x y^{(n+1)} - n^2 y^{(n)} = 0$ （$n \geqslant 0$）；

   (2) 求 $y^{(n)} \big|_{x=0}$. $\left[y^{(2m)} \big|_{x=0} = 0,\ y^{(2m+1)} \big|_{x=0} = \{(2m - 1)!!\ \}^2 \right]$.

6. 设 g 为多项式函数，$f(x) = (x - a)(x - b) g(x)$，$a \neq b$ 且在 $[a, b]$ 上，$g(x) \neq 0$.

   证明：(1) $g(a) g(b) > 0$；(2) 存在 $\zeta \in (a, b)$，使得 $f'(\zeta) = 0$.

7. 设函数 f 在点 a 具有连续的二阶导数. 证明：

$$\lim_{h \to 0} \frac{f(a + h) + f(a - h) - 2f(a)}{h^2} = f''(a)$$

8. 设函数 f 在 (a, b) 内可导，且 f' 单调，证明：f' 在 (a, b) 内连续.

9. 设函数 f 在 $(a, +\infty)$ 内可微. 若 $\lim\limits_{x \to \infty} f(x)$ 与 $\lim\limits_{x \to \infty} f'(x)$ 都存在，则 $\lim\limits_{x \to \infty} f'(x) = 0$.

10. 证明：设 f 为 n 阶可导函数，若方程 $f(x) = 0$ 有 $(n+1)$ 个相异实根，则方程 $f^{(n)}(x) = 0$ 至少有一个实根.

11. 设 $p(x)$ 为多项式函数，a 为 $p(x) = 0$ 的 r 重实根，证明：a 必定是 $p'(x) = 0$ 的 $(r-1)$ 重实根.

12. 设函数 f 在点 a 处二阶可导，$f''(a) \neq 0$，且 $f(a+h) - f(a) = f'(a + \theta h)h$，$0 < \theta < 1$. 求 $\lim\limits_{h \to 0} \theta$.

13. 证明：当 $x \in [0, 1]$ 时有不等式 $\dfrac{1}{2^{p-1}} \leqslant x^p + (1-x)^p \leqslant 1$，其中 $p > 1$.

14. 设 f 在 (a, b) 内可导，$f(x)$ 在 $x = b$ 处连续，则当 $f'(x) \geqslant 0$ 时，对一切 $x \in (a, b)$ 有 $f(x) \leqslant f(b)$.

15. 设 f 为区间 I 上的严格凸函数. 证明：若 $x_0 \in I$ 为 f 的极小值点，则 x_0 是 f 在 I 上唯一的极小值点.

16. 在什么条件下，函数 $f(x) = \begin{cases} x^n \sin \dfrac{1}{x}, & x \neq 0, \\ 0, & x = 0 \end{cases}$ 在 $x = 0$ 连续？在 $x = 0$ 可微？在 $x = 0$ 导函数连续？

17. 设函数 f 满足：(1) 在 $[a, b]$ 上连续；(2) 在 (a, b) 内有有限导数；(3) 是非线性函数. 证明：在 (a, b) 内至少存在一点 ξ，使得 $|f'(\xi)| > \left| \dfrac{f(b) - f(a)}{b - a} \right|$.

18. 设函数 f 在 $[a, b]$ 上满足罗尔定理的全部条件，且不恒等于常数. 则必存在 $\zeta \in (a, b)$ 使得 $f'(\xi) > 0$. 试证明之.

19. 设函数 f 在 $[0, 1]$ 上有三阶导数，且 $f(0) = f(1) = 0$，若 $F(x) = x^3 f(x)$，则在 $(0, 1)$ 内至少存在一点 ξ，使得 $F'''(\xi) = 0$.

20. 证明：方程 $1 - x + \dfrac{x^3}{2} - \dfrac{x^3}{3} + \cdots + (-1)^n \dfrac{x^n}{n} = 0$ 当 n 为奇数时，有一实根；当 n 为偶数时，没有实根.

21. 设函数 f 在 $[0, 2]$ 上二阶可导. 且 $|f(x)| \leqslant 1$，$|f''(x)| \leqslant 1$. 证明：在

$[0，2]$ 上有 $|f'(x)| \leqslant 2$.

22. 设函数 f 在 $[a，b]$ 上二阶可导，$f'\left(\dfrac{a+b}{2}\right)=0$. 证明：存在 $\xi \in (a，b)$，使得

$$|f''(\xi)| \geqslant \frac{4}{(b-a)^2}|f(b)-f(a)|$$

23. 设 g 具有二阶连续导数，$g(0)=0$. 证明函数 $f(x)=\begin{cases} \dfrac{g(x)}{x}，& x\neq 0， \\ g'(0)，& x=0 \end{cases}$ 有

连续的导函数.

第 3 讲　　连续函数与定积分

连续函数不一定可微，然而在$[a, b]$上的连续函数一定可积. 当然，连续函数只是可积函数类中的一类，也就是说连续函数只是可积的充分条件，其他的函数类，如在$[a, b]$上只有有限个间断点的有界函数及单调函数在$[a, b]$都可积，等等.

在闭区间$[a, b]$上连续的函数，有许多重要性质，诸如最值定理(含有界性定理)、介值定理(含根的存在性定理)，以及一致连续性定理，其中较难理解的要算一致连续性定理. 如果函数 f 在$[a, b]$上可导，则可通过 f' 的有界性证明 f 的一致连续性.

例 1　　若在$(-\infty, +\infty)$内，函数 f 可导，且 $|f'(x)| \leqslant M$，则 f 在$(-\infty, +\infty)$内一致连续.

证明略.

由于连续函数是数学分析中着重讨论的一类函数，且任何初等函数在其定义域上都具有连续性，因此对我们常见的初等函数，其可积性毋庸置疑，但也的确存在一些简单的特殊函数，却不可积.

例 2　　Dirichlet 函数 $D(x) = \begin{cases} 1, & x \text{ 为有理数} \\ 0, & x \text{ 为无理数} \end{cases}$ 在$[0, 1]$上非 Riemann 可积.

函数 f 在$[a, b]$上的定积分概念，它的内涵包括三个方面，简单地说就是："对$[a, b]$进行分割，作 Riemann 和，在分割模 $\|T\| \to 0$ 时对和取极限"，因而有界性是 f 可积的必要条件，但非充分条件，如例 2.

定积分中最重要的定理是被称为微积分学基本定理的两个定理. 它们的建

立，基于具有变动限的积分，对这种类型的积分，在审题时要特别注意：

(1) 若 f 在 $[a, b]$ 上可积，则

$$\varphi(x) = \int_a^x f = \int_a^x f(t)\mathrm{d}t \, (x \in [a, b])$$

在 (a, b) 上连续（只保证 φ 的连续性）；

(2) 若 f 在 $[a, b]$ 上连续，则 $\varphi(x)$ 在 $[a, b]$ 上可导（保证了可微性），且 $\varphi'(x) = f(x)$.

此外，积分第一、第二中值定理，在定积分理论的研究中起积极作用，但是它和微分中值定理的结构有差异，以第一中值定理为例说明之.

积分第一中值定理：若 $f(x)$ 在 $[a, b]$ 上连续，则在 $[a, b]$ 上至少存在一点 ξ，使得

$$\int_a^b f(x)\mathrm{d}x = f(\xi)(b - a)$$

它的推广形式：若 $f(x)$ 与 $g(x)$ 在 $[a, b]$ 上连续，且 $g(x)$ 在 $[a, b]$ 上不变号，则在 $[a, b]$ 上至少存在一点 ξ，使得 $\int_a^b f(x)g(x)\mathrm{d}x = f(\xi)\int_a^b g(x)\mathrm{d}x$.

结论中的 $\xi \in [a, b]$，即 ξ 可以为端点 a 或 b，而在微分中值定理中，相应的 ξ 却为 (a, b) 的内点，对于第二中值定理，也是如此.

积分第二中值定理：若在区间 $[a, b]$ 上 $f(x)$ 为非负的递减函数，而 $g(x)$ 是可积函数，则存在 $\xi \in [a, b]$，使得 $\int_a^b f(x)g(x)\mathrm{d}x = f(a)\int_a^\xi g(x)\mathrm{d}x$.

接下来，我们着重讨论以下五个方面的问题.

3.1　连续函数性质的应用

1. 研究连续函数在开区间或无限区间上的最值

例 3　设函数 $f(x)$ 在 $[a, +\infty]$ 上连续，且 $\lim\limits_{x \to +\infty} f(x) = A$（有限值），证

明：$f(x)$ 在 $[a, +\infty]$ 上必取最大值或最小值，即二者至少取其一.

证明：$f(x)$ 在 $[a, +\infty]$ 上至少在最值中取其一，否则，必导致矛盾. 因为 $f(x)$ 在有限区间 $[a, G]$ 上必取最大值 M 与最小值 m. 如果 $f(x)$ 在 $[a, +\infty]$ 上不取最大值，则必存在 $x_1 \in [G, +\infty]$，使得 $f(x_1) > M$，同理在 $(x_1, +\infty)$ 内必存在一点 x_2，使得 $f(x_2) > f(x_1)$，一般说来，在 $(x_{n-1}, +\infty)$ 内，必 $\exists x_n$，使 $f(x_n) > f(x_{n-1})$. 于是我们得到数列 $\{x_n\} \subset (G, +\infty)$，且 $x_n \to +\infty (n \to \infty)$，而对应的函数值数列 $f\{x_n\}$ 满足：$f(x_n) > f(x_{n-1}) > M$，$n=2, 3, \cdots$，因为 $\lim\limits_{x \to +\infty} f(x) = A$，所以 $\lim\limits_{x \to +\infty} f(x) = A > M$.

若 $f(x)$ 在 $[a, +\infty]$ 上不取最小值，则必存在 $x_1' \in (G, +\infty)$，使得 $f(x_1') < m$. 类似于上述步骤，我们得到数列 $\{x_n'\} \in [G, +\infty]$，且 $x_n' \to +\infty (n \to \infty)$，而对应的函数值数列 $\{f(x_n')\}$ 满足：$f(x_n') < f(x_{n-1}') < m$，$n = 2, 3, \cdots$，且

$$\lim_{n \to +\infty} f(x_n') = \lim_{x \to +\infty} f(x) = A < m$$

综合上两步，使得 $M < A < m$，这是不可能的. 以上的说明是假设 $M \neq m$，若 $M = m$. 则结论显然成立，证毕.

例 4   证明：若函数 $f(x)$ 在 (a, b) 内连续，$f(a+0)$ 与 $f(b-0)$ 都为有限值，且存在 $\xi \in (a, b)$，使得 $f(\xi) \geqslant \max\{f(a+0), f(b-0)\}$，则 $f(x)$ 在 (a, b) 内能取最大值.

证明：根据函数在某一点的左、右极限概念，可定义在 $[a, b]$ 上连续的函数

$$F(x) = \begin{cases} f(x), & a < x < b \\ f(a+0), & x = a \\ f(b-0), & x = b \end{cases}$$

由于存在 $\xi \in (a, b)$，使得 $f(\xi) \geqslant \max\{f(a+0), f(b-0)\}$，所以 $F(x)$ 在 $[a, b]$ 上的最大值能在 (a, b) 内取得，亦即 $f(x)$ 在 (a, b) 内能取得最大值.

2. 研究函数 $f(x)$ 的零点，即研究方程 $f(x) = 0$ 的根

例 5   证明：若 $f(x)$ 是以 $2l(l > 0)$ 为周期的连续函数，则存在 ξ，使

得

$$f(\xi + l) = f(\xi) \tag{3.1}$$

证明：作函数 $F(x) = f(x+l) - f(x)$，显然，F 也是以 $2l$ 为周期的连续函数，且有 $F(0) = f(l) - f(0)$，$F(l) = f(0) - f(l)$. 于是 $F(0) \cdot F(l) \leqslant 0$.

若 $F(0) \cdot F(l) \leqslant 0$，则取 $\xi=0$ 或 $\xi=1$，即可得到(3.1)；若 $F(0) \cdot F(l) < 0$，则至少存在一点 $\xi \in (0, l)$ 使得(3.1)成立，证毕.

例 6　设函数 $f(x)$ 在 $[a, b]$ 上连续，且对任何 $x \in [a, b]$，存在相应的 $y \in [a, b]$，使得 $|f(y)| \leqslant \dfrac{1}{2}|f(x)|$. 证明：至少存在一点 $\xi \in [a, b]$，使得 $f(\xi) = 0$.

证法 1：函数 $f(x)$ 在 $[a, b]$ 上不可能恒大于零，这是因为，若取 $x_0 \in [a, b]$，则必存在 $y_0 \in [a, b]$，使得 $f(x_0) = 2f(y_0) > 0$，于是 $f(x_0) \geqslant 2^2 f(y_1) > 0$. 一般地，对任何自然数 n，我们有

$$f(x_0) \geqslant 2^{n-1} f(y_n) > 0$$

其中，有

$$y_n \in [a, b], \ n=1, 2, \cdots \tag{3.2}$$

由于 $f(x)$ 在 $[a, b]$ 上的最大值 M 与最小值 m 在所设条件下均为正，$\dfrac{M}{m}$ 必为定值，于是存在某自然数 N_0，使得 $0 < \dfrac{M}{m} < 2^{N_0-1}$. 然而，当 $n > N_0$ 时，从(3.2)又得到 $\dfrac{M}{m} \geqslant \dfrac{f(x_0)}{f(y_n)} \geqslant 2^{n-1} > 2^{N_0-1}$. 矛盾的产生表明，$f(x)$ 在 $[a, b]$ 上，不可能恒取正值。类似地可以证明函数 $f(x)$ 在 $[a, b]$ 上不可能恒取负值，因此在 $[a, b]$ 上必至少存在一点 ξ，使得 $f(\xi) = 0$.

证法 2：用反证法. 若 $\forall x \in [a, b]$，有 $f(x) \neq 0$，则 $f(x)$ 恒为正或恒为负. 不妨设 $f(x) > 0$，且设 $f(x_0) = \min\limits_{a \leqslant x \leqslant b}\{f(x)\}$，则 $\exists y \in [a, b]$，使 $|f(y)| \leqslant \dfrac{1}{2}|f(x_0)|$，即 $f(y) \leqslant \dfrac{1}{2}f(x_0)$ 与 $f(x_0)$ 为最小值矛盾.

3. 研究相关函数的连续性

例 7　设 $f(x)$ 为 $[a, b]$ 上的递增函数，其值域为 $[f(a), f(b)]$. 证

明：$f(x)$ 在 $[a, b]$ 上连续.

证明： 若 $x_0 \in (a, b)$，则根据归结原则及递增(减)有上(下)界的数列必有极限，且极限为其上(下)确界的结论，可以断定

$$f(x_0 + 0) = f(x_0 - 0) = f(x_0)$$

从而 $f(x_0)$ 在 x_0 连续. 同理，$f(a+0) = f(a)$，$f(b-0) = f(b)$，即函数 $f(x)$ 在 $x = a$，b 时分别右连续和左连续，从而 $f(x)$ 在 $[a, b]$ 上连续.

例 8 若 $f(x)$ 在 $[a, b]$ 上连续，则函数

$$M(x) = \max_{a \leqslant \xi \leqslant x}\{f(x)\} \text{ 和 } m(x) = \min_{a \leqslant \xi \leqslant x}\{f(x)\}$$

在 $[a, b]$ 上连续，试证明之.

证明： 我们只证明 $M(x)$ 在 $[a, b]$ 上连续，类似地可以证明 $m(x)$ 在 $[a, b]$ 上也连续. 设 f 在 $[a, b]$ 上的最大值与最小值分别为 M 与 m，由于 $M(x)$ 是 $[a, b]$ 上的递增函数，$m \leqslant f(a) \leqslant M(x) \leqslant M$，可知 $M(x)$ 在 (a, b) 内连续，且 $M(a + 0) = f(a) = M(a)$，$M(b - 0) = \max_{a \leqslant x \leqslant b}\{f(x)\} = M = M(b)$，故 $M(x)$ 在 $[a, b]$ 上连续.

例 9 设函数 $f(x)$ 在 $x = 0$ 处连续，且对 $\forall x, y \in (-\infty, +\infty)$ 有 $f(x + y) = f(x) + f(y)$.

证明：(1)$f(x)$ 在 $(-\infty, +\infty)$ 上连续；(2)$f(x) = f(1)x$.

证明： (1) 取 $x = y = 0$，得 $f(0) = 2f(0)$，故 $f(0) = 0$. 由于 f 在 $x = 0$ 连续，所以 $\forall \varepsilon > 0$，必 $\exists \delta > 0$，当 $|y| < \delta$ 时，有 $|f(y)| < \varepsilon$. 根据这个结果，即可证明 $f(x)$ 在 $(-\infty, +\infty)$ 上连续. 事实上，任取 $x_0 \in (-\infty, +\infty)$，对于 $\forall \varepsilon > 0$，必 $\exists \delta > 0$，当 $|\Delta x| = |y| < \varepsilon$ 时，有

$$|f(x_0 + \Delta x) - f(x_0)| = |f(\Delta x)| < \varepsilon$$

即 $f(x)$ 在 $(-\infty, +\infty)$ 内任一点 x_0 连续，从而在 $(-\infty, +\infty)$ 上连续.

(2) 作函数 $F(x) = f(x) - f(1)x$. 当 $x = k$ 为整数时，显然有 $f(k) = kf(1)$. 所以对一切有理点：$x = \dfrac{p}{q}$，我们有

$$F\left(\frac{p}{q}\right) = f\left(\frac{p}{q}\right) - f(1) \cdot \frac{p}{q}$$

$$= p \cdot f\left(\frac{1}{q}\right) - f(1) \cdot \frac{p}{q}$$

$$= p \cdot f\left(\frac{1}{q}\right) - f\left(q \cdot \frac{1}{q}\right) \cdot \frac{p}{q}$$

$$= p \cdot f\left(\frac{1}{q}\right) - p \cdot f\left(\frac{1}{q}\right) = 0$$

可见，当 x 为有理数时，有 $f(x) = f(1)x$（即 $F(x) = 0$）. 根据（1）中已证明 $f(x)$ 在 $(-\infty, +\infty)$ 上连续的结果，由定义即知对一切无理数 x，亦有 $F(x) = 0$. 综合之，对一切 $x \in (-\infty, +\infty)$，$f(x) = f(1)x$.

4. 研究在开区间和无穷区间内的一致连续性

例 10　证明：在 $(-\infty, +\infty)$ 内函数 $f(x) = \sin(x)$ 一致连续，而 $g(x) = \sin x^2$ 却不一致连续.

证明： 对于函数 $f(x) = \sin(x)$，任取 $x_1, x_2 \in (-\infty, +\infty)$，由于

$$|f(x_1) - f(x_2)| = |\sin x_1 - \sin x_2|$$

$$= 2\left|\cos\frac{x_1 - x_2}{2}\right|\left|\sin\frac{x_1 - x_2}{2}\right| \leqslant |x_1 - x_2|$$

所以 $\forall \varepsilon > 0$，取 $\delta = \varepsilon$，当 $|x_1 - x_2| < \varepsilon$ 时. 便有 $|f(x_1) - f(x_2)| \leqslant \varepsilon$. 因此 $f(x) = \sin x$ 在 $(-\infty, +\infty)$ 内一致连续. 而对于函数 $g(x) = \sin x^2$，由于对 $\varepsilon_0 = \frac{1}{2}$，$\forall \delta > 0$ 我们可取

$$x_1 = \sqrt{n\pi + \frac{\pi}{2}}, \ x_1 = \sqrt{n\pi}$$

由于 $|x_1 - x_2| = \frac{\pi}{2}\dfrac{1}{\sqrt{n\pi + \frac{1}{2}} + \sqrt{n\pi}} < \frac{1}{\sqrt{n}}$，所以当 $n > \frac{1}{\delta^2}$ 时，必有

$|x_1 - x_2| < \delta$，而此时 $|g(x_1) - g(x_2)| = \left|\sin\left(n\pi + \frac{\pi}{2}\right) + \sin(n\pi)\right| = 1 > \frac{1}{2} = \varepsilon_0$. 故 $g(x)$ 在 $(-\infty, +\infty)$ 内非一致连续.

例 11　证明：$\sqrt{x}\ln x$ 在 $[1, +\infty)$ 上一致连续.

证明： 由于当 $x \geqslant 1$ 时，有 $x(\sqrt{x}\ln x)' = \frac{1}{\sqrt{x}}\ln\sqrt{x} + \frac{1}{\sqrt{x}} \leqslant 2$，根据微分

中值定理，即知 $\forall x_1$，$x_2 \in [1, +\infty)$ 且当 $x_2 > x_1$ 时，有

$$\sqrt{x_2} \ln x_2 - \sqrt{x_1} \ln x_1 \leqslant 2(x_2 - x_1)$$

根据一致连续的定义，即知结论成立.

3.2 微积分学基本定理的应用

1. 可简化某些特殊函数类的积分

例 12 设 $f(x)$ 为所示区间上的连续函数，则：

(1) $\displaystyle\int_0^{\frac{\pi}{2}} f(\sin x) \,dx = \int_0^{\frac{\pi}{2}} f(\cos x) \,dx$，据此，有 $\displaystyle\int_0^{\frac{\pi}{2}} \sin^n x \,dx = \int_0^{\frac{\pi}{2}} \cos^n x \,dx$

$$= \begin{cases} \dfrac{(2m)!!}{(2m+1)!!}, & n = 2m+1 \\[3mm] \dfrac{(2m-1)!!}{(2m)!!}, & n = 2m \end{cases} \quad m = 1, 2, 3, \cdots \qquad (3.3)$$

(2) $\displaystyle\int_0^{\pi} x f(\sin x) \,dx = \dfrac{\pi}{2} \int_0^{\frac{\pi}{2}} f(\sin x) \,dx$.

2. 建立递推公式得出积分结果

例 13 设 $J(m, n) = \displaystyle\int_0^{\frac{\pi}{2}} \sin^m x \, \cos^n x \,dx$（$m$，$n$ 为自然数）. 证明：$J(m, n) = \dfrac{n-1}{m+1} J(m, n-2)$（$n \geqslant 2$），并求 $J(m, n)$.

证明： $J(m, n) = \displaystyle\int_0^{\frac{\pi}{2}} \sin^m x (1 - \sin^2 x) \cos^{n-2} x \,dx$

$$= \int_0^{\frac{\pi}{2}} \sin^m x \, \cos^{n-2} x \,dx - \int_0^{\frac{\pi}{2}} \sin^{m+2} x \, \cos^{n-2} x \,dx$$

$$= J(m, n-2) - J(m+2, n-2) \qquad (3.4)$$

由于

$$J(m+2, n-2) = \int_0^{\frac{\pi}{2}} \sin^{m+2} x \, \cos^{n-2} x \,dx - \frac{1}{n-1} \int_0^{\frac{\pi}{2}} \sin^{m+1} x \,d(\cos^{n-1} x)$$

$$= -\frac{1}{n}\sin^{m+1}x\ \cos^{n-1}x\ \Bigg|_0^{\frac{\pi}{2}} - \frac{1}{n-1}\int_0^{\frac{\pi}{2}}\cos^{n-1}x\,\mathrm{d}(\sin^{m+1}x)$$

$$= \frac{m+1}{n-1}\int_0^{\frac{\pi}{2}}\sin^m x\ \cos^n x\,\mathrm{d}(x) = \frac{m+1}{n-1}J(m,\ n)$$

代入(3.4)，即得

$$J(m,\ n) = \frac{n-1}{m+1}J(m,\ n-2),\ (n\geqslant 2) \tag{3.5}$$

依递推公式(3.5)，得到

$$J(m,\ n) = \frac{n-1}{m+n}\cdot\frac{n-3}{m+n-2}J(m,\ n-4) = \cdots$$

$$= \begin{cases} \dfrac{(n-1)\cdot(n-3)\cdots3\cdot1}{(m+n)(m+n-2)\cdots4\cdot2}J(m,\ 0),\ n\ \text{为偶数} \\[4mm] \dfrac{(n-1)\cdot(n-3)\cdots4\cdot2}{(m+n)(m+n-2)\cdots(m+5)(m+3)}J(m,\ 1),\ n\ \text{为奇数} \end{cases}$$

又因为 $J(m,\ 1) = \dfrac{1}{m+1}J(m,\ 0)$ 的值可依(3.3)确定.

3. 便于讨论具有变动限和含有参变量的积分

例 14　设 $f(x)$ 在 $[a,\ b]$ 上连续，$F(x) = \int_a^x f(t)(x-t)\,\mathrm{d}t$，则有 $f''(x) = f(x)$．试证明之.

证明：$f'(x) = \left(x\int_a^x f(t)\,\mathrm{d}t - \int_a^x tf(t)\,\mathrm{d}t \right)'$

$$= \int_a^x f(t)\,\mathrm{d}t + xf(x) - xf(x) = \int_a^x f(t)\,\mathrm{d}t$$

从而

$$F''(x) = f(x)$$

例 15　设 $f(x)$ 在 $(a,\ b)$ 内连续且满足方程：$f(x)\int_a^x f(t)\,\mathrm{d}t \equiv 0$.

求证：$f(x) \equiv 0,\ (x\in a,\ b)$.

证明：设 $F(x) = \int_a^x f(t)\,\mathrm{d}t$，则 $F(a) = 0$，$f'(x) = f(x)$，所以 $f'(x)\cdot$

$F(x)=0$，故有 $\int_a^x f'(x)f(t)\mathrm{d}t=0$，即有 $\dfrac{1}{2}(F(x))^2=0$.

所以 $F(x)\equiv 0$，$f'(x)\equiv f(x)\equiv 0$，$(x\in a,b)$.

例 16 根据洛必达法则，可求得：

(1) $\lim\limits_{x\to 0}\dfrac{\int_a^x \cos t^2\,\mathrm{d}t}{x}=\lim\limits_{x\to 0}\cos x^2=1$；

(2) $\lim\limits_{x\to 0}\dfrac{\left(\int_a^x \mathrm{e}^{t^2}\mathrm{d}t\right)^2}{\int_0^x \mathrm{e}^{2t^2}\mathrm{d}t}=\lim\limits_{x\to 0}\dfrac{2\left(\int_0^x \mathrm{e}^{t^2}\mathrm{d}t\right)\mathrm{e}^{x^2}}{\mathrm{e}^{2x^2}}=\lim\limits_{x\to 0}\dfrac{\int_0^x \mathrm{e}^{t^2}\mathrm{d}t}{\mathrm{e}^{x^2}}=\lim\limits_{x\to 0}\dfrac{2\mathrm{e}^{x^2}}{2x\,\mathrm{e}^{x^2}}=0.$

例 17 设 $f(x)$ 是周期为 T 的连续函数. 证明：

$$\lim\limits_{x\to +\infty}\dfrac{1}{x}\int_0^x f(t)\mathrm{d}t=\dfrac{1}{T}\int_0^T f(t)\mathrm{d}t \tag{3.6}$$

证明： $\forall x>0$，则存在非负整数 n 和 x'，使得 $x=nT+x'$，其中 $0<x'<T$. 于是有

$$\dfrac{1}{x}\int_0^x f(t)\mathrm{d}t=\dfrac{1}{nT+x'}\int_0^{nT+x'}f(t)\mathrm{d}t$$

$$=\dfrac{1}{nT+x'}\int_0^{nT}f(t)\mathrm{d}t+\dfrac{1}{nT+x'}\int_{nT}^{nT+x'}f(t)\mathrm{d}t$$

$$=\dfrac{n}{nT+x'}\int_0^T f(t)\mathrm{d}t+\dfrac{1}{nT+x'}\int_0^{x'}f(t)\mathrm{d}t$$

由于当 $x\to\infty$ 时，$n\to+\infty$，从而 $\lim\limits_{x\to+\infty}\dfrac{1}{x}\int_0^x f(t)\mathrm{d}t=\dfrac{1}{T}\int_0^T f(t)\mathrm{d}t.$

例 18 设 $f(x)$ 为闭区间 $[A,B]\supset[a,b]$ 上的连续函数，当 $A-a<x<B-b$ 时，求 $\dfrac{\mathrm{d}}{\mathrm{d}x}\int_a^b f(x+y)\mathrm{d}y$.

解 令 $x+y=t$，则 $\mathrm{d}y=\mathrm{d}t$，于是

$$\dfrac{\mathrm{d}}{\mathrm{d}x}\int_a^b f(x+y)\mathrm{d}y=\dfrac{\mathrm{d}}{\mathrm{d}x}\int_{x+a}^{x+b}f(t)\mathrm{d}t=f(x+b)-f(x+a)$$

在这里，我们还想顺便说明微分中值定理在建立微积分学基本定理中的应用.

例 19 若 $f(x)$ 在 $[a,b]$ 上可积（不必连续），且具有原函数 $F(x)$，则

$$\int_a^b f(x)\mathrm{d}x = F(b) - F(a) \qquad (3.7)$$

证明：将区间$[a, b]$进行n等分，于是根据微分中值定理，有

$$F(b) - F(a) = \left[F(b) - f\left(a + \frac{n-1}{n}(b-a)\right) \right]$$

$$+ \left[F\left(a + \frac{n-1}{n}(b-a)\right) - F\left(a + \frac{n-2}{n}(b-a)\right) \right] + \cdots$$

$$+ \left[F\left(a + \frac{i}{n}(b-a)\right) - F\left(a + \frac{i-1}{n}(b-a)\right) \right] + \cdots$$

$$+ \left[F\left(a + \frac{1}{n}(b-a)\right) - F(a) \right] = f(\xi_n)\frac{b-a}{n} + f(\xi_{n-1})\frac{b-a}{n} + \cdots$$

$$+ f(\xi_i)\frac{b-a}{n} + \cdots + f(\xi_1)\frac{b-a}{n}$$

$$= \sum_{n=1}^n \frac{b-a}{n}f(\xi_i)\xi_i \in \left(a + \frac{i-1}{n}(b-a),\ a + \frac{i}{n}(b-a)\right)$$

于是，$F(b) - F(a) = \lim\limits_{n\to\infty}\dfrac{b-a}{n}f(\xi) = \int_a^b f(x)\mathrm{d}x$，等式(3.7)得证.

3.3　与定积分有关的某些不等式的证明

关于 Schwarz 不等式的证明.

例 20　若 $f(x)$ 和 $g(x)$ 在$[a, b]$上可积，则

$$\left(\int_a^b f(x)g(x)\mathrm{d}x\right)^2 \leqslant \int_a^b f^2(x)\mathrm{d}x \int_a^b g^2(x)\mathrm{d}x \qquad (3.8)$$

证明： 引进参变量t，由于$f(x) - t \cdot g(x)$在$x \in [a, b]$上可积，因此

$$\int_a^b (f(x) - t \cdot g(x))^2 \mathrm{d}x \geqslant 0$$

即　　　$t^2 \int_a^b g^2(x)\mathrm{d}x - 2t \int_a^b f(x)g(x)\mathrm{d}x + \int_a^b f^2(x)\mathrm{d}x \qquad (3.9)$

若$\int_a^b g^2(x)\mathrm{d}x = 0$，则$g(x) \equiv 0$，$(x \in [a, b])$，不等式(3.8)显然成

立；若$\int_a^b g^2(x)\mathrm{d}x > 0$，则由(3.9)得$\left(2\int_a^b f(x)g(x)\mathrm{d}x\right)^2 - 4\int_a^b f^2(x)\mathrm{d}x.$

$\int_a^b g^2(x)\mathrm{d}x \leqslant 0$ 于是产生(3.8).

例 21 设 $f(x)$ 为 $[a,b]$ 上的连续可微函数，且 $f(a)=0$.

(1) 证明：$\int_a^b [f'(x)]^2\mathrm{d}x \geqslant \dfrac{2}{(b-a)^2}\int_a^b [f(x)]^2\mathrm{d}x$.

(2) 记 $M = \sup\limits_{x\in[a,b]} |f(x)|$，证明：$\int_a^b [f'(x)]^2 \geqslant \dfrac{M^2}{b-a}$.

证明：(1) 考虑 Schwarz 不等式

$$\left(\int_a^b f'(t)\mathrm{d}t\right)^2 \leqslant \int_a^x (f'(t))^2\mathrm{d}t \cdot \int_a^x \mathrm{d}t,\ a\leqslant x\leqslant b \qquad (3.10)$$

得 $(F(x))^2 \leqslant \int_a^b (f'(x))^2\mathrm{d}x \cdot (x-a)$，从而

$$\int_a^b [f(x)]^2\mathrm{d}x \leqslant \int_a^b (f'(x))^2\mathrm{d}x \cdot \int_a^b (x-a)\mathrm{d}x$$

经计算得到 $\int_a^b (f'(x))^2\mathrm{d}x \geqslant \dfrac{2}{(b-a)^2}\int_a^b (F(x))^2\mathrm{d}x$.

(2) 从(3.10)，又可得到

$$|f(x)|^2 \leqslant (b-a)\int_a^b (f'(x))^2\mathrm{d}x\mathrm{d}x,\ x\in[a,b] \qquad (3.11)$$

不等式(3.11)的右边是一个常数，且(3.11)对一切 $x\in[a,b]$ 成立，又因 M 是连续函数 $|f(x)|$ 在 $[a,b]$ 的最大值，因而 M^2 是连续函数 $|f(x)|^2$ 在 $[a,b]$ 上的最大值，故 $\exists \xi\in[a,b]$，使得 $|f(\xi)|^2=M^2$，因此必有 $M^2 \leqslant (b-a)\int_a^b [f'(x)]^2\mathrm{d}x$，此即所需证明的不等式.

此外我们还介绍几个不等式的证明.

例 22 设 $f(x)$ 为 $[a,b]$ 上的可微凸函数，证明：

$$f\left(\frac{a+b}{2}\right) \leqslant \frac{1}{b-a}\int_a^b f(x)\mathrm{d}x \leqslant \frac{f(a)+f(b)}{2} \qquad (3.12)$$

证明：先证明(3.12)的左边部分，因为 $f(x)$ 为凸函数，所以取 $x_0=\dfrac{a+b}{2}$，便有 $f(x) \geqslant f(x_0)+f'(x_0)(x-x_0)$.

于是 $\int_a^b f(x)\mathrm{d}x \geqslant \int_a^b f(x_0)\mathrm{d}x + \int_a^b f'(x_0)(x-x_0)\mathrm{d}x$

$$= (b-a)f(x_0) + f'(x_0)\int_a^b (x-x_0)\mathrm{d}x = (b-a)f(x_0).$$

左边部分得证.

至于不等式(3.12)的右边部分，由中值定理得到

$$f(x) - f(a) = f'(c)(x-a), \quad (a \leqslant x \leqslant b, \ a < c < x)$$

根据 $f'(x)$ 的递增性，便有

$$\int_a^b f(x)\mathrm{d}x - (b-a)f(a) \leqslant \int_a^b f'(x)(x-a)\mathrm{d}x$$

$$= (b-a)f(b) - \int_a^b f(x)\mathrm{d}x$$

变形后得不等式(3.12)的右边部分.

例 23　证明不等式：$\ln(1+n) < 1 + \dfrac{1}{2} + \dfrac{1}{3} + \cdots + \dfrac{1}{n} < 1 + \ln n$，其中 n 为自然数.

证明： $\displaystyle\int_0^n \dfrac{\mathrm{d}x}{1+x} < 1 \cdot 1 + \dfrac{1}{2} \cdot 1 + \dfrac{1}{3} \cdot 1 + \cdots + \dfrac{1}{n} \cdot 1$，即 $\ln(1+n) < 1 + \dfrac{1}{2} + \dfrac{1}{3} + \cdots + \dfrac{1}{n}$.

不等式的左边部分得证.

又因 $\dfrac{1}{2} \cdot 1 + \dfrac{1}{3} \cdot 1 + \cdots + \dfrac{1}{n} \cdot 1 < \displaystyle\int_1^n \dfrac{1}{x}\mathrm{d}x = \ln n$，不等式的右边得证.

例 24　设函数 $f(x)$ 在 $[0, 1]$ 上连续且有连续的导数，证明：对于任意 $x \in [0, 1]$，必有 $|f(x)| \leqslant \displaystyle\int_0^1 (|f(t)| + |f'(t)|)\mathrm{d}t$.

证明： 由于 $|f(x)|$ 在 $[0, 1]$ 上连续，所以 $|f(x)|$ 在 $[0, 1]$ 上取得最小值，设最小值点为 $\xi(0 \leqslant \xi \leqslant 1)$. 由积分平均值定理得 $\displaystyle\int_0^1 (|f(t)|)\mathrm{d}t \geqslant |f(\xi)|$. 不论 $x < \xi$，或 $x \geqslant \xi$，只要 $x \in [0, 1]$ 均有 $\left| \displaystyle\int_\xi^x f'(t)\mathrm{d}t \right| \leqslant \displaystyle\int_0^1 |f'(t)|\mathrm{d}t$. 从而由 $f(x) - f(\xi) = \displaystyle\int_\xi^x f'(t)\mathrm{d}t$ 得到 $|f(x)| \leqslant f(\xi) + \left| \displaystyle\int_\xi^x f'(t)\mathrm{d}t \right| \leqslant \left| \displaystyle\int_0^1 |f(t)|\mathrm{d}t \right| + \displaystyle\int_\xi^x f'(t)\mathrm{d}t = \displaystyle\int_0^1 (|f(t)| + |f'(t)|)\mathrm{d}t$ 证毕.

3.4　积分中值定理的应用

正如我们在前面所讲的，积分中值定理中的"中值"与微分中值定理中的"中值"不同，前者是函数 $f(x)$ 在 $[a, b]$ 上的某点取值，而后者是函数 $f'(x)$ 在 (a, b) 内的某点取值，因此在使用中值定理时必须慎重. 例如，在证明 $\lim\limits_{n \to \infty} \int_0^1 \dfrac{x^n}{1+x} \mathrm{d}x = 0$ 时，若利用第一中值定理，得 $\lim\limits_{n \to \infty} \int_0^1 \dfrac{x^n}{1+x} = \lim\limits_{n \to \infty} \int_0^1 \dfrac{\xi^n}{1+\xi} = 0$ 则是错误的，因为完全排除了 $\xi = 1$ 的可能性，而解法：

$$\lim_{n \to \infty} \int_0^1 \frac{x^n}{1+x} = \lim_{n \to \infty} \frac{1}{1+\xi} \int_0^1 x^n = \lim_{n \to \infty} \frac{1}{1+\xi} \frac{1}{1+n} = 0, \ \xi \in [0, 1]$$

则是正确的.

利用积分中值定理证题有时容易奏效，下面举些例子说明.

例 25　证明：

(1) $\lim\limits_{n \to \infty} \int_0^1 \dfrac{x^n}{\mathrm{e}^{nx}} \mathrm{d}x = 0$；　(2) $\lim\limits_{n \to \infty} \int_n^{n+k} \dfrac{\sin x}{x} \mathrm{d}x = 0$. （证明略）.

例 26　设 $b > a > 0$，$\theta > 0$. 证明：存在 $|\xi| < 1$. 使得 $\int_a^b \dfrac{\mathrm{e}^{-\theta x} \sin\theta}{x} \mathrm{d}x = \dfrac{2\xi}{a}$.

证明：$g(x) = \sin x$ 在 $[a, b]$ 上可积. $f(x) = \mathrm{e}^{-\theta x}$ 在 $[a, b]$ 上单调递减且大于零. 根据积分第二中值定理得到

$$\int_a^b \frac{\mathrm{e}^{-\theta x} \sin\theta}{x} \mathrm{d}x = \frac{\mathrm{e}^{-\theta x}}{a} \int_a^{\xi} \sin x \, \mathrm{d}x, \ \xi \in [a, b]$$

故 $\qquad \left| \int_a^b \dfrac{\mathrm{e}^{-\theta x} \sin\theta}{x} \mathrm{d}x \right| = \left| \dfrac{\mathrm{e}^{-\theta x}}{a} (\cos a - \cos\xi) \right| < \dfrac{2}{a}$

令 $\xi = \dfrac{a}{2} \int_a^b \dfrac{\mathrm{e}^{-\theta x} \sin x}{x} \mathrm{d}x$，则 $|\xi| < 1$，且 $\int_a^b \dfrac{\mathrm{e}^{-\theta x} \sin\theta}{x} \mathrm{d}x = \dfrac{2\xi}{a}$.

例 27　设 $f(x)$ 在 $[a, b]$ 上连续，$x_0 \in (a, b)$.

证明：$\lim\limits_{n\to\infty}\displaystyle\int_{nx_0}^{nx_0+1} f\left(\dfrac{x}{n}\right)\mathrm{d}x = f(x_0)$.

证明： 根据积分第一中值定理

$$\int_{nx_0}^{nx_0+1} f\left(\dfrac{x}{n}\right)\mathrm{d}x = n\int_{x_0}^{x_0+\frac{1}{n}} f(t)\mathrm{d}t = f(\xi_n),\ \xi_n \in \left[x_0,\ x_0+\dfrac{1}{n}\right]$$

故 $\lim\limits_{n\to\infty}\xi_n = x_0$. 由 $f(x)$ 的连续性，得知 $\lim\limits_{n\to\infty}\displaystyle\int_{nx_0}^{nx_0+1} f\left(\dfrac{x}{n}\right)\mathrm{d}x = \lim\limits_{n\to\infty}f(\xi_n) = f(\lim\limits_{n\to\infty}\xi_n) = f(x_0)$.

例 28　证明：瑕积分 $A = \displaystyle\int_0^{\frac{\pi}{2}} \ln(\sin x)\mathrm{d}x$ 收敛，并求其值.

证明： $x = 0$ 是被积函数 $\ln(\sin x)$ 的瑕点. 由 Cauchy 判别法的极限形式，有 $\lim\limits_{x\to 0+0} x^{\frac{1}{2}}\ln(\sin x) = \lim\limits_{x\to 0+0} \dfrac{\cos x}{-\dfrac{1}{2}x^{-\frac{3}{2}}\sin x} = 0$.

故 $A = \displaystyle\int_0^{\frac{\pi}{2}} \ln(\sin x)\mathrm{d}x$ 收敛. 关于 A 的求法有些技巧. 先证明 $\displaystyle\int_0^{\frac{\pi}{2}} \ln(\cos x)\mathrm{d}x = \int_0^{\frac{\pi}{2}} \ln(\sin x)\mathrm{d}x$.

这是因为 $\displaystyle\int_0^{\frac{\pi}{2}} \ln(\cos x)\mathrm{d}x = \int_0^{\frac{\pi}{2}} \ln\left[\sin\left(\dfrac{\pi}{2}-x\right)\right]\mathrm{d}x = -\int_{\frac{\pi}{2}}^{0} \ln(\sin t)\mathrm{d}t = \int_0^{\frac{\pi}{2}} \ln(\sin t)\mathrm{d}t$.

据此，
$$A = \dfrac{1}{2}\int_0^{\frac{\pi}{2}} \ln(\sin x\cos x)\mathrm{d}x = \dfrac{1}{2}\int_0^{\frac{\pi}{2}} \ln\dfrac{\sin 2x}{2}$$
$$= \dfrac{1}{2}\int_0^{\frac{\pi}{2}} (\ln(\sin 2x) - \ln 2)\mathrm{d}x$$
$$= -\dfrac{\pi}{4}\ln 2 + \dfrac{1}{2}\int_0^{\frac{\pi}{2}} \ln(\sin 2x)\mathrm{d}x$$
$$= -\dfrac{\pi}{4}\ln 2 + \dfrac{1}{4}\int_0^{\pi} \ln(\sin t)\mathrm{d}t$$
$$= -\dfrac{\pi}{4}\ln 2 + \dfrac{1}{4}\left(\int_0^{\frac{\pi}{2}} \ln(\sin t)\mathrm{d}t + \int_{\frac{\pi}{2}}^{\pi} \ln(\sin t)\mathrm{d}t\right)$$
$$= -\dfrac{\pi}{4}\ln 2 + \dfrac{1}{4}(A+A)$$

故 $A = -\dfrac{\pi}{2}\ln 2$.

例 29 设函数 $f(x)$ 在 $[0, +\infty)$ 上连续，且 $\lim\limits_{x \to +\infty} f(x) = k$. 则 $\displaystyle\int_0^{+\infty} \dfrac{f(ax) - f(bx)}{x}\mathrm{d}x = [f(0) - k]\ln\dfrac{b}{a}(b > a > 0)$. 试证明之.

证明：（先在 $[\varepsilon, A]$ 上计算定积分，然后令 $\varepsilon \to 0+0$，$A \to +\infty$，即得结果）.

令 $I(\varepsilon, A) = \displaystyle\int_\varepsilon^A \dfrac{f(ax) - f(bx)}{x}\mathrm{d}x$，于是，由积分第一中值定理，有

$$I(\varepsilon, A) = \int_\varepsilon^A \frac{f(ax)}{x}\mathrm{d}x - \int_\varepsilon^A \frac{f(bx)}{x}\mathrm{d}x = \int_{a\varepsilon}^{aA} \frac{f(x)}{x} - \int_{b\varepsilon}^{bA} \frac{f(bx)}{x}\mathrm{d}x$$

$$= \int_{a\varepsilon}^{b\varepsilon} \frac{f(x)}{x}\mathrm{d}x + \int_{b\varepsilon}^{aA} \frac{f(x)}{x}\mathrm{d}x - \int_{b\varepsilon}^{aA} \frac{f(x)}{x}\mathrm{d}x - \int_{aA}^{bA} \frac{f(x)}{x}\mathrm{d}x$$

$$= f(\xi_1)\int_{a\varepsilon}^{b\varepsilon} \frac{\mathrm{d}x}{x} - f(\xi_2)\int_{aA}^{bA} \frac{\mathrm{d}x}{x} = [f(\xi_1) - f(\xi_2)]\ln\frac{b}{a}$$

$\xi_1 \in [a\varepsilon, b\varepsilon]$，$\xi_2 \in [aA, bA]$.

令 $\varepsilon \to 0+0$，$A \to +\infty$，则 $\xi_1 \to 0$，$\xi_2 \to +\infty$. 根据 $f(x)$ 的连续性及 $\lim\limits_{x \to +\infty} f(x) = k$，由（3.15）即得

$$\int_0^{+\infty} \frac{f(ax) - f(bx)}{x}\mathrm{d}x = \lim_{\substack{\varepsilon \to 0+0 \\ A \to +\infty}} I(\varepsilon, A) = [f(0) - k]\ln\frac{b}{a}$$

例 30 计算：$\displaystyle\int_0^{+\infty} \dfrac{\ln x}{1 + x^2}\mathrm{d}x$.

解： 这题既是无穷积分，也是瑕积分，因 $x = 0$ 是被积函数的瑕点. 可以这样计算：

由于（3.16）式右边两个非正常积分都收敛，所以 $\displaystyle\int_0^{+\infty} \dfrac{\ln x}{1 + x^2}\mathrm{d}x$ 收敛（为什么？），且 $\displaystyle\int_0^1 \dfrac{\ln x}{1 + x^2}\mathrm{d}x = \dfrac{\pi}{8}\ln 2$（令 $x = \tan t$），$\displaystyle\int_1^{+\infty} \dfrac{\ln x}{1 + x^2} = -\dfrac{\pi}{8}\ln 2\left(\text{令 } x = \dfrac{1}{t}\right)$. 故原积分值为 0.

例 31 计算瑕积分 $I_n = \displaystyle\int_0^1 (\ln x)^n \mathrm{d}x$ 的值，其中 n 为自然数.

解：该积分收敛（为什么？）：

$$I_n = \lim_{\varepsilon \to 0+0} \int_{\varepsilon}^{1} (\ln x)^n \, \mathrm{d}x = - \lim_{\varepsilon \to 0+0} \int_{\varepsilon}^{1} (\ln x)^{n-1} \, \mathrm{d}x = \cdots = (-1)^n n!$$

例 32　计算瑕积分 $I_n = \int_0^1 \dfrac{x^n}{\sqrt{1-x}} \mathrm{d}x$ 的值（n 为自然数）.

解：$x = 1$ 是瑕点，且 $\lim\limits_{x \to 1-0} (1-x)^{\frac{1}{2}} \dfrac{x^n}{\sqrt{1-x}} = 1$，故该积分收敛，且多次使用分部积分法：

$$I_n = \frac{2^{2n+1}}{(2n+1)!} (n!)^2$$

例 33　计算 $I = \int_0^1 \dfrac{\arctan x}{x\sqrt{1-x^2}} \mathrm{d}x$.

解：$x = 1$ 是瑕点，$x = 0$ 不是瑕点，由于 $\dfrac{\arctan x}{x} = \int_0^1 \dfrac{\mathrm{d}y}{1+x^2 y^2}$，所以

$$
\begin{aligned}
I &= \int_0^1 \frac{\mathrm{d}x}{\sqrt{1-x^2}} \int_0^1 \frac{\mathrm{d}y}{1+x^2 y^2} \\
&= \int_0^1 \mathrm{d}y \int_0^1 \frac{\mathrm{d}x}{(1+x^2 y^2)\sqrt{1-x^2}} \\
&= \frac{\pi}{2} \int_0^1 \frac{\mathrm{d}y}{\sqrt{1+y^2}} = \frac{\pi}{2} \ln(1+\sqrt{2})
\end{aligned}
$$

例 34　设 $f(x)$ 在 $[0,1]$ 上可积，且在 $x = 1$ 处连续，证明：

$$\lim_{n \to \infty} = n \int_0^1 x^n f(x) \, \mathrm{d}x = f(1)$$

证明：因为

$$n \int_0^1 x^n f(x) \, \mathrm{d}x = n \int_0^{1-\delta} x^n f(x) \, \mathrm{d}x + n \int_{1-\delta}^1 x^n f(x) \, \mathrm{d}x$$

对于 $n \int_0^{1-\delta} x^n f(x) \, \mathrm{d}x$，因为 $f(x)$ 在 $[0,1]$ 上可积，故有界，所以存在 M，使得 $|f(x)| \leqslant M$，因此

$$\left| n \int_0^{1-\delta} x^n f(x) \, \mathrm{d}x \right| \leqslant nM \int_0^{1-\delta} x^n f(x) \, \mathrm{d}x$$

$$< M \frac{n}{n+1} (1-\delta)^{n+1} \xrightarrow{n \to \infty} 0, \quad 0 < \delta < 1$$

$$\left| n \int_{1-\delta}^1 x^n f(x)\,\mathrm{d}x - f(1) \right| = \left| f(\xi) \int_{1-\delta}^1 x^n f(x)\,\mathrm{d}x - f(1) \right|$$

$$= \left| \frac{f(\xi)\left[1-(1-\delta)^{n+1}\right]}{n+1} - f(1) \right|$$

$$\leqslant |f(\xi)-f(1)| + \left| \frac{f(\xi)(1-\delta)^{n+1}}{n+1} \right| + \left| \frac{nf(1)}{n+1} \right| \xrightarrow{n\to\infty} 0$$

这里应用了 $f(x)$ 在 x 处的连续性，即 $\lim\limits_{\xi\to1} f(\xi)=f(1)$.

例 35 已知 $F(x)=\int_0^x t\cdot f(x^2-t^2)\,\mathrm{d}t$，$f(x)$ 连续，$f(0)=0$，$f'(0)=$

1，求 $\lim\limits_{x\to0} \dfrac{F(x)}{x^4}$.

解 由 L′Hospital 法则，由于

$$F(\sqrt{x})=\int_0^{\sqrt{x}} t\cdot f(x-t^2)\,\mathrm{d}t = \frac{1}{2}\int_0^{\sqrt{x}} f(x-t^2)\,\mathrm{d}t^2$$

$$= \frac{1}{2}\int_0^x f(x-t)\,\mathrm{d}t = \frac{1}{2}\int_0^x f(u)\,\mathrm{d}u$$

所以

$$\lim_{x\to0}\frac{F(x)}{x^4}=\lim_{x\to0}\frac{F(\sqrt{x})}{x^2}=\lim_{x\to0}\frac{\frac{1}{2}\int_0^x f(u)\,\mathrm{d}u}{x^2}=\lim_{x\to0}\frac{\frac{1}{2}f(x)}{2x}=\frac{1}{4}$$

例 36 证明：$\lim\limits_{n\to\infty}\int_0^1 \dfrac{x^n}{1+x}\,\mathrm{d}x=0$.

解 因为

$$\lim_{x\to0}\left[3^x+\int_0^{2x}(\cos t)^2\,\mathrm{d}x\right]^{\frac{1}{x}}=\mathrm{e}^{\lim_{x\to0}\frac{1}{x}\ln\left[3^x+\int_0^{2x}(\cos t)^2\,\mathrm{d}x\right]}$$

而

$$\lim_{x\to0}\frac{1}{x}\ln\left[3^x+\int_0^{2x}(\cos t)^2\,\mathrm{d}x\right]=\lim_{x\to0}\frac{3^x\ln3+2(\cos2x)^2}{3^x+\int_0^{2x}(\cos t)^2\,\mathrm{d}x}=\ln3+2$$

所以

$$\lim_{x\to0}\left[3^x+\int_0^{2x}(\cos t)^2\,\mathrm{d}x\right]^{\frac{1}{x}}=\mathrm{e}^{\ln3+2}=3\mathrm{e}^2$$

例 37 设 $f(x)$ 在 $[0,1]$ 上有连续的导数，证明：

$$\int_0^1 |f(x)|\,\mathrm{d}x + \int_0^1 |f'(x)|\,\mathrm{d}x \geqslant |f(0)|$$

证明：因为

$$\int_0^1 f(x)\,\mathrm{d}x = f(\xi) - f(0) + f(0) = \int_0^\xi f'(x)\,\mathrm{d}x + f(0)$$

所以

$$\int_0^1 |f(x)|\,\mathrm{d}x + \int_0^1 |f'(x)|\,\mathrm{d}x \geqslant |f(0)|$$

3.5　广义积分

1. 广义积分的计算

(1) 无穷积分 $\displaystyle\int_0^{+\infty} f(x)\,\mathrm{d}x$ 的计算.

Newton-Leibniz 公式　若 $f(x)$ 在 $[a, +\infty]$ 连续，且 $F(x)$ 为 $f(x)$ 的原函数，则

$$\int_0^{+\infty} f(x)\,\mathrm{d}x = F(x)\,\big|_a^{+\infty} = \lim_{x\to\infty} F(x) - F(a)$$

变量替换法　若 $\varphi(t)$ 在 $[\alpha, \beta]$ 上单调，有连续的导数 $\varphi'(t)$，$\varphi(\alpha) = \alpha$，$\varphi(\beta - 0) = +\infty$，则

$$\int_0^{+\infty} f(x)\,\mathrm{d}x = \int_\alpha^\beta f(\varphi(t))\varphi'(t)\,\mathrm{d}t$$

分部积分法　设 $u = u(x)$，$v = v(x)$ 在 $[a, +\infty)$ 上有连续的导数，则

$$\int_a^{+\infty} u(x)v'(x)\,\mathrm{d}x = \int_a^{+\infty} u(x)\,\mathrm{d}v(x) = u(x)v(x)\,\big|_a^{+\infty} - \int_a^{+\infty} u'(x)v(x)\,\mathrm{d}x$$

(2) 瑕积分 $\displaystyle\int_a^b f(x)\,\mathrm{d}x$ 的计算（$x = a$ 为 $f(x)$ 的瑕点）.

Newton-Leibniz 公式　若 $f(x)$ 在 $(a, b]$ 连续，且 $F(x)$ 为 $f(x)$ 的原函数，则

$$\int_a^b f(x)\,\mathrm{d}x = F(x)\,\big|_a^b = F(b) - \lim_{x\to a^+} F(x)$$

变量替换法 若 $\varphi(t)$ 在 $(\alpha,\beta]$ 上单调，有连续的导数 $\varphi'(t)$，$\varphi(\alpha)=a$，$\varphi(\beta)=b$，则

$$\int_a^b f(x)\,\mathrm{d}x = \int_\alpha^\beta f(\varphi(t))\varphi'(t)\,\mathrm{d}t$$

分部积分法 设 $u=u(x)$，$v=v(x)$ 在 $(a,b]$ 上有连续的导数，则

$$\int_a^b u(x)v'(x)\,\mathrm{d}x = \int_a^b u(x)\mathrm{d}v(x) = u(x)v(x)\Big|_a^b - \int_a^b u'(x)v(x)\,\mathrm{d}x$$

例 38 计算下列无穷积分.

(1) $\displaystyle\int_{-\infty}^{+\infty} \mathrm{e}^x \sin x\,\mathrm{d}x$; (2) $\displaystyle\int_0^{+\infty} \frac{\mathrm{d}x}{\sqrt{1+x^2}}$; (3) $\displaystyle\int_{-\infty}^{+\infty} \frac{\mathrm{d}x}{4x^2+4x+5}$.

解：(1) 因为 $\displaystyle\int \mathrm{e}^x \sin x\,\mathrm{d}x = \mathrm{e}^x\sin x - \int \mathrm{e}^x\cos x\,\mathrm{d}x$

$$= \mathrm{e}^x\sin x - \mathrm{e}^x\cos x - \int \mathrm{e}^x\sin x\,\mathrm{d}x$$

所以 $\displaystyle\int \mathrm{e}^x\sin x\,\mathrm{d}x = \frac{\sin x - \cos x}{2}\mathrm{e}^x + c$

于是 $\displaystyle\int_0^{+\infty} \mathrm{e}^x\sin x\,\mathrm{d}x = \lim_{A\to+\infty}\int_0^A \mathrm{e}^x\sin x\,\mathrm{d}x$

$$= \lim_{A\to+\infty}\frac{\sin x-\cos x}{2}\mathrm{e}^x\Big|_0^A$$

$$= \lim_{A\to+\infty}\frac{\sin A - \cos A}{2}\mathrm{e}^A + \frac{1}{2}$$

因最后的极限不存在，故

$$\int_0^{+\infty} \mathrm{e}^x\sin x\,\mathrm{d}x = \int_0^{+\infty} \mathrm{e}^x\sin x\,\mathrm{d}x + \int_{-\infty}^0 \mathrm{e}^x\sin x\,\mathrm{d}x$$

发散.

(2) 因为

$$\int_{-\infty}^{+\infty}\frac{\mathrm{d}x}{\sqrt{1+x^2}} = \int_0^{\frac{\pi}{2}}\frac{\sec^2\theta\,\mathrm{d}\theta}{\sqrt{1+\tan^2\theta}} = \int_0^{\frac{\pi}{2}}\frac{\sec^2\theta\,\mathrm{d}\theta}{\sec\theta} = \int_0^{\frac{\pi}{2}}\sec\theta\,\mathrm{d}\theta$$

$$= \lim_{A\to\frac{\pi}{2}}\ln|\sec\theta+\tan\theta|\,\Big|_0^A = \lim_{A\to\frac{\pi}{2}}\ln|\sec A + \tan A|$$

因为最后的极限不存在，故 $\displaystyle\int_0^{+\infty}\frac{\mathrm{d}x}{\sqrt{1+x^2}}$ 不收敛.

（3）因为

$$\int_{-\infty}^{+\infty} \frac{\mathrm{d}x}{4x^2 + 4x + 5} = \int_{-\infty}^{+\infty} \frac{\mathrm{d}x}{(2x+1)^2 + 4}$$

$$= \int_{-\frac{1}{2}}^{+\infty} \frac{\mathrm{d}x}{(2x+1)^2 + 4} + \int_{-\infty}^{-\frac{1}{2}} \frac{\mathrm{d}x}{(2x+1)^2 + 4}$$

$$= \int_{0}^{+\infty} \frac{\frac{1}{2}\mathrm{d}t}{t^2 + 4} + \int_{-\infty}^{0} \frac{\frac{1}{2}\mathrm{d}t}{t^2 + 4}$$

$$= \frac{1}{4}\left(\int_{0}^{+\infty} \frac{\mathrm{d}u}{u^2 + 1} + \int_{-\infty}^{0} \frac{\mathrm{d}u}{u^2 + 1} \right)$$

$$= \lim_{A \to +\infty} \frac{1}{4}\left(\arctan u \Big|_{0}^{A} + \arctan u \Big|_{-A}^{0} \right)$$

$$= \frac{1}{4} \lim_{A \to +\infty} \left[\arctan A - \arctan(-A) \right]$$

$$= \frac{1}{4} \lim_{A \to +\infty} 2\arctan A = \frac{1}{4} \cdot 2 \cdot \frac{\pi}{2} = \frac{\pi}{4}$$

所以 $\int_{-\infty}^{+\infty} \dfrac{\mathrm{d}x}{4x^2 + 4x + 5}$ 收敛，其值为 $\dfrac{\pi}{4}$.

例 39　求 $\int_{0}^{+\infty} \dfrac{1}{1 + x^4}\mathrm{d}x$.

解　做变量替换 $t = \dfrac{1}{x}$，则

$$\int_{0}^{+\infty} \frac{1}{1 + x^4}\mathrm{d}x = \int_{0}^{1} \frac{1}{1 + x^4}\mathrm{d}x + \int_{1}^{+\infty} \frac{1}{1 + x^4}\mathrm{d}x$$

$$= \int_{0}^{1} \frac{1}{1 + x^4}\mathrm{d}x + \int_{0}^{1} \frac{t^2}{1 + t^4}\mathrm{d}t$$

$$= \int_{0}^{1} \frac{1 + x^2}{1 + x^4}\mathrm{d}x$$

$$= \int_{0}^{1} \frac{1 + x^2}{(1 + x^2 + \sqrt{2}\,x)(1 + x^2 - \sqrt{2}\,x)}\mathrm{d}x$$

$$= \int_{0}^{1} \frac{1 + x^2}{2(1 + x^2 + \sqrt{2}\,x)}\mathrm{d}x + \int_{0}^{1} \frac{1 + x^2}{2(1 + x^2 - \sqrt{2}\,x)}\mathrm{d}x$$

$$= \int_{0}^{1} \frac{1}{1 + (\sqrt{2}\,x + 1)^2}\mathrm{d}x + \int_{0}^{1} \frac{1}{1 + (\sqrt{2}\,x - 1)^2}\mathrm{d}x$$

$$= \frac{\arctan(\sqrt{2}\,x + 1)}{\sqrt{2}}\Big|_0^1 + \frac{\arctan(\sqrt{2}\,x - 1)}{\sqrt{2}}\Big|_0^1$$

$$= \frac{1}{\sqrt{2}}[\arctan(\sqrt{2}\,x + 1) + \arctan(\sqrt{2}\,x - 1)]$$

$$= \frac{\sqrt{2}}{4}\pi.$$

例 40　　计算下列瑕积分.

(1) $\int_a^b \frac{\mathrm{d}x}{(x - a)^p}$;　　　　(2) $\int_0^2 \frac{\mathrm{d}x}{\sqrt{|x - 1|}}$;　　　　(3) $\int_0^1 \sqrt{\frac{x}{1 - x}}\,\mathrm{d}x$.

解　　(1) 当 $p \geqslant 1$ 时, 有

$$\int_a^b \frac{\mathrm{d}x}{(x - a)^p} = \lim_{u \to a} \int_u^b \frac{1}{x - a}\mathrm{d}x = \lim_{u \to a}\ln|x - a|\,\big|_u^b$$

$$= \lim_{u \to a}(\ln|b - a| - \ln|u - a|)$$

$$= \ln|b - a| - \lim_{u \to a}\ln|u - a|$$

因最后的极限不存在, 故当 $p \geqslant 1$ 时, $\int_a^b \frac{\mathrm{d}x}{(x - a)^p}$ 不收敛.

当 $p < 1$ 时, 有 $\int_a^b \frac{\mathrm{d}x}{(x - a)^p} = \lim_{u \to a} \frac{1}{-p + 1}[(b - a)^{-p+1} - (u - a)^{-p+1}]$

$$= \frac{(b - a)^{-p+1}}{-p + 1};$$

故仅当 $p < 1$ 时, $\int_a^b \frac{\mathrm{d}x}{(x - a)^p}$ 收敛, 其值为 $\frac{(b - a)^{-p+1}}{-p + 1}$.

(2) 因为 $\int_0^2 \frac{\mathrm{d}x}{\sqrt{|x - 1|}} = \int_0^1 \frac{\mathrm{d}x}{\sqrt{1 - x}} + \int_1^2 \frac{\mathrm{d}x}{\sqrt{x - 1}}$

$$= \lim_{u \to 1}\Big[-2(1 - x)^{\frac{1}{2}}\Big|_0^u + 2(x - 1)^{\frac{1}{2}}\Big|_u^2\Big]$$

$$= \lim_{u \to 1}\Big[2 - 2(1 - u)^{\frac{1}{2}} + 2 - 2(u - 1)^{\frac{1}{2}}\Big] = 4$$

故 $\int_0^2 \frac{\mathrm{d}x}{\sqrt{|x - 1|}}$ 收敛, 其值为 4.

(3) 因为　　　　　　$\int_0^1 \sqrt{\frac{x}{1 - x}}\,\mathrm{d}x = \int_0^{+\infty} \frac{2t^2}{(1 + t^2)}\mathrm{d}t$

$$= \lim_{u \to +\infty} 2 \cdot \int_0^u \left(\frac{1}{1+t^2} - \frac{1}{(1+t^2)^2} \right) \mathrm{d}t$$

$$= 2 \lim_{u \to +\infty} \left[\arctan t \Big|_0^u - \frac{1}{2} \left(\arctan x + \frac{1}{t^2+1} \right) \Big|_0^u \right]$$

$$= 2 \lim_{u \to +\infty} \left[\arctan u - \frac{1}{2} \arctan u - \frac{1}{2} \frac{u}{u^2+1} \right]$$

$$= 2 \lim_{u \to +\infty} \left(\frac{1}{2} \arctan u - \frac{1}{2} \frac{u}{u^2+1} \right) = 2 \cdot \frac{1}{2} \cdot \frac{\pi}{2} = \frac{\pi}{2}$$

故 $\int_0^1 \sqrt{\dfrac{x}{1-x}} \mathrm{d}x$ 收敛，其值为 $\dfrac{\pi}{2}$.

例 41　已知积分 $\int_0^{+\infty} \left(\dfrac{\sin x}{x} \right)^2 \mathrm{d}x = \dfrac{\pi}{2}$，计算 $\int_0^{+\infty} \left(\dfrac{\sin x}{x} \right)^2 \mathrm{d}x$

证明： 由分部积分知

$$\int_0^{+\infty} \left(\frac{\sin x}{x} \right)^2 \mathrm{d}x = \int_0^{+\infty} \sin^2 x \, \mathrm{d}(-x^{-1})$$

$$= -\frac{\sin^2 x}{x} \Big|_0^{+\infty} + \int_0^{+\infty} \frac{2 \sin x \cos x}{x} \mathrm{d}x$$

$$= \int_0^{+\infty} \frac{2 \sin 2x}{2x} \mathrm{d}(2x)$$

$$= \int_0^{+\infty} \frac{\sin x}{x} \mathrm{d}x = \frac{\pi}{2}$$

2. 收敛性判别法

(1) 无穷积分 $\int_a^{+\infty} f(x) \mathrm{d}x$ 的收敛性判别法.

Cauchy 收敛准则　无穷积分 $\int_a^{+\infty} f(x) \mathrm{d}x$ 收敛 $\Leftrightarrow \forall \varepsilon > 0$，存在 A，当 A_1，$A_2 > A$ 时，有

$$\left| \int_0^{A_1} f(x) \mathrm{d}x - \int_0^{A_2} f(x) \mathrm{d}x - \right| = \left| \int_{A_1}^{A_2} f(x) \mathrm{d}x \right| < \varepsilon$$

比较判别法　设定义在 $[a, +\infty)$ 上的两个函数 $f(x)$ 和 $g(x)$ 都在任何有限区间 $[a, b]$ 上可积，且满足 $|f(x)| \leqslant g(x)$，$x \in [a, +\infty)$ 则当 $\int_a^{+\infty} g(x) \mathrm{d}x$ 收敛时，$\int_a^{+\infty} |f(x)| \mathrm{d}x$ 必收敛，当 $\int_a^{+\infty} |f(x)| \mathrm{d}x$ 发散时，

$\int_a^{+\infty} g(x)\mathrm{d}x$ 发散.

比较判别法的推论1(极限形式) 若 $f(x)$ 和 $g(x)$ 都在任何 $[a,b]$ 上可积，$g(x) > 0$，且 $\lim\limits_{x \to +\infty} \dfrac{|f(x)|}{g(x)} = c$ 则有：

① 若 $0 < c < +\infty$ 时，$\int_a^{+\infty} |f(x)|\mathrm{d}x$ 与 $\int_a^{+\infty} g(x)\mathrm{d}x$ 同时收敛；

② 当 $c = 0$ 时，若 $\int_a^{+\infty} g(x)\mathrm{d}x$ 收敛，则 $\int_a^{+\infty} |f(x)|\mathrm{d}x$ 也收敛；

③ 当 $c = +\infty$ 时，若 $\int_a^{+\infty} g(x)\mathrm{d}x$ 发散，则 $\int_a^{+\infty} |f(x)|\mathrm{d}x$ 也发散.

比较判别法的推论2 设 $f(x)$ 定义在 $[a, +\infty)(a > 0)$，且在任何有限区间 $[a, b]$ 上可积，则有：

① 若 $|f(x)| \leqslant \dfrac{1}{x^p}$，$p > 1$，$x \in [a, +\infty)$，则 $\int_a^{+\infty} |f(x)|\mathrm{d}x$ 收敛；

② 若 $|f(x)| \geqslant \dfrac{1}{x^p}$，$p > 1$，$x \in [a, +\infty)$，则 $\int_a^{+\infty} |f(x)|\mathrm{d}x$ 发散.

比较判别法的推论3 设 $f(x)$ 定义在 $[a, +\infty)$，在任何有限区间 $[a, b]$ 上可积，且 $\lim\limits_{x \to +\infty} x^p |f(x)| = c$ 则有：

① 当 $p > 1$，$0 \leqslant c < +\infty$ 时，$\int_a^{+\infty} |f(x)|\mathrm{d}x$ 收敛；

② 当 $p \leqslant 1$，$0 < c \leqslant +\infty$ 时，$\int_a^{+\infty} |f(x)|\mathrm{d}x$ 发散；

Dirichlet 判别法 若 $F(A) = \int_a^A f(x)\mathrm{d}x$ 在 $[a, +\infty)$ 上有界，$g(x)$ 在 $[a, +\infty)$ 上当 $x \to +\infty$ 时单调趋于 0，则 $\int_a^{+\infty} f(x)g(x)\mathrm{d}x$ 收敛.

Abel 判别法 若 $\int_a^{+\infty} f(x)\mathrm{d}x$ 收敛，$g(x)$ 在 $[a, +\infty)$ 上单调有界，则 $\int_a^{+\infty} f(x)g(x)\mathrm{d}x$ 收敛.

(2) 瑕积分 $\int_a^b f(x)\mathrm{d}x$ ($x = a$ 为 $f(x)$ 的瑕点) 的收敛性判别法.

Cauchy 收敛准则 无穷积分 $\int_a^b f(x)\mathrm{d}x$ 收敛 $\Leftrightarrow \forall \varepsilon > 0$，存在 δ，当 A_1,

$A_2 > \delta$ 时，有

$$\left| \int_{A_1}^{b} f(x)\mathrm{d}x - \int_{A_2}^{b} f(x)\mathrm{d}x \right| = \left| \int_{A_1}^{A_2} f(x)\mathrm{d}x \right| < \varepsilon$$

比较判别法　设定义在 $(a, b]$ 上的两个函数 $f(x)$ 和 $g(x)$ 瑕点为 $x = a$，在任何 $[c, d] \subset (a, b]$ 上可积，且满足

$$|f(x)| \leqslant g(x), \; x \in (a, b]$$

则当 $\int_{a}^{b} g(x)\mathrm{d}x$ 收敛时，$\int_{a}^{b} |f(x)|\mathrm{d}x$ 必收敛；当 $\int_{a}^{b} |f(x)|\mathrm{d}x$ 发散时，$\int_{a}^{b} g(x)\mathrm{d}x$ 发散.

比较判别法的推论 1（极限形式）　若 $f(x)$ 和 $g(x)$ 都在任何 $[c, d] \subset (a, b]$ 上可积，$g(x) > 0$，且 $\lim\limits_{x \to a^+} \dfrac{|f(x)|}{g(x)} = c$ 则有：

① 当 $0 < c < +\infty$ 时，$\int_{a}^{b} |f(x)|\mathrm{d}x$ 与 $\int_{a}^{b} g(x)\mathrm{d}x$ 同时收敛；

② 当 $c = 0$ 时，若 $\int_{a}^{b} g(x)\mathrm{d}x$ 收敛，则 $\int_{a}^{b} |f(x)|\mathrm{d}x$ 也收敛；

③ 当 $c = +\infty$ 时，若 $\int_{a}^{b} g(x)\mathrm{d}x$ 发散，则 $\int_{a}^{b} |f(x)|\mathrm{d}x$ 也发散.

比较判别法的推论 2　设 $f(x)$ 定义在 $(a, b]$，且在任何有限区间 $[c, d] \subset (a, b]$ 上可积，则有：

① 若 $|f(x)| \leqslant \dfrac{1}{(x-a)^p}$，$0 < p < 1$，$x \in (a, b]$，则 $\int_{a}^{b} |f(x)|\mathrm{d}x$ 收敛；

② 若 $|f(x)| \geqslant \dfrac{1}{(x-a)^p}$，$p \geqslant 1$，$x \in (a, b]$，则 $\int_{a}^{b} |f(x)|\mathrm{d}x$ 发散.

比较判别法的推论 3　设 $f(x)$ 定义在 $(a, b]$，在任何有限区间 $[c, d] \subset (a, b]$ 上可积，且有

$$\lim\limits_{x \to +\infty} (x-a)^p |f(x)| = c$$

则有：

① 当 $0 < p < 1$，$0 < c \leqslant +\infty$ 时，$\int_{a}^{b} |f(x)|\mathrm{d}x$ 收敛；

② 当 $p \geqslant 1$，$0 < c \leqslant +\infty$ 时，$\int_a^b |f(x)| \mathrm{d}x$ 发散.

Dirichlet 判别法　　若 $F(A) = \int_A^b f(x)\mathrm{d}x$ 在 $(a, b]$ 上有界，$g(x)$ 在 $(a, b]$ 上当 $x \to a^+$ 时单调趋于 0，则 $\int_a^b f(x)g(x)\mathrm{d}x$ 收敛.

Abel 判别法　　若 $\int_a^b f(x)\mathrm{d}x$ 收敛，$g(x)$ 在 $(a, b]$ 上单调有界，则 $\int_a^b f(x)g(x)\mathrm{d}x$ 收敛.

例 42　　判断 $\int_0^{+\infty} x^2 \mathrm{e}^{-x} \mathrm{d}x$ 的敛散性.

分析：无穷积分的绝对收敛性.

解：由于 $\lim\limits_{x \to +\infty} x^4 \mathrm{e}^{-x^2} = 0$，所以 $\int_0^{+\infty} x^2 \mathrm{e}^{-x} \mathrm{d}x$ 绝对收敛.

例 43　　设在任意的有穷区间 $[0, A]$ 上 $f(x)$ 正常可积，且 $\lim\limits_{x \to +\infty} f(x) = 0$，证明：$\lim\limits_{t \to +\infty} \dfrac{1}{t} \int_0^t |f(x)| \mathrm{d}x = 0$.

分析：无穷积分的性质与收敛判别.

证明：由于 $\lim\limits_{x \to +\infty} f(x) = 0$，所以对任意的 $\varepsilon > 0$，存在 $A > 0$，使得当 $x > A$ 时，有 $|f(x)| < \dfrac{\varepsilon}{2}$，显然有

$$\lim_{t \to +\infty} \frac{1}{t} \int_0^t |f(x)| \mathrm{d}x = 0$$

同理存在 $B > 0$，当 $t > B$ 时，有

$$\frac{1}{t} \int_0^t |f(x)| \mathrm{d}x \leqslant \frac{\varepsilon}{2} + \frac{t - A}{t} \cdot \frac{\varepsilon}{2} < \varepsilon$$

结论得证.

例 44　　设 $\int_a^{+\infty} f(x)\mathrm{d}x$ 收敛，且 $f(x)$ 在 $[a, +\infty)$ 上一致连续，证明：$\lim\limits_{x \to +\infty} f(x)\mathrm{d}x = 0$.

证明：设当 $x \to +\infty$ 时，$f(x)$ 不趋于 0，则存在 $\varepsilon_0 > 0$，对任意的 $n \in \mathbf{N}$，有 $x_n > n$，使得 $|f(x) > \varepsilon_0|$. 因为 $f(x)$ 一致连续，所以对此 ε_0，存在

$\delta > 0$，使得对任意的 x，$x' \in \mathbf{R}^+$，有

$$|x - x'| < 2\delta \Rightarrow |f(x) - f(x')| < \frac{\varepsilon_0}{2}$$

则对任意的 $x \in [x_n - \delta, x_n + \delta]$，有

$$|f(x)| = |f(x) - f(x_n) + f(x_n)|$$

$$\geqslant |f(x_n)| - |f(x) - f(x_n)| > \varepsilon_0 - \frac{\varepsilon_0}{2} = \frac{\varepsilon_0}{2}$$

从而

$$\left| \int_{x_n - \delta}^{x_n + \delta} f(x) \mathrm{d}x \right| = \int_{x_n - \delta}^{x_n + \delta} |f(x)| \mathrm{d}x > \frac{\varepsilon_0}{2} \cdot 2\delta = \varepsilon_0 \delta > 0$$

由 Cauchy 收敛准则知 $\int_a^{+\infty} f(x)\mathrm{d}x$ 发散，矛盾.

所以 $\lim\limits_{x \to +\infty} f(x)\mathrm{d}x = 0$.

例 45　证明：若 $\int_1^{+\infty} xf(x)\mathrm{d}x$ 收敛，则 $\int_1^{+\infty} f(x)\mathrm{d}x$ 也必收敛.

分析：由于条件中没有指出 $f(x)$ 是否保持定号，也没有说 $\int_1^{+\infty} xf(x)\mathrm{d}x$ 是绝对收敛，因此不能用比较法则错误地做成

$$|f(x)| \leqslant |xf(x)|, \ x \in [1, +\infty)$$

且 $\int_1^{+\infty} |xf(x)|\mathrm{d}x$ 收敛，故 $\int_1^{+\infty} f(x)\mathrm{d}x$ 绝对收敛.

正确的做法是借助 Dirichlet 判别法或 Abel 判别法来证明.

证明：由于

$$f(x) = \frac{1}{x} \cdot xf(x), \ x \in [1, +\infty)$$

而 $\int_1^{+\infty} xf(x)\mathrm{d}x$ 收敛，$\frac{1}{x}$ 在 $[1, +\infty)$ 上单调有界，故由 Abel 判别法证得 $\int_1^{+\infty} xf(x)\mathrm{d}x$ 收敛.

例 46　若 f 在 $[a, +\infty)$ 上可导，且 $\int_a^{+\infty} f(x)\mathrm{d}x$ 与 $\int_a^{+\infty} f'(x)\mathrm{d}x$ 都收敛，则 $\lim\limits_{x \to +\infty} f(x) = 0$.

证明：因为 $\int_a^{+\infty} f'(x)\mathrm{d}x = \lim\limits_{u\to+\infty}\int_a^u f'(x)\mathrm{d}x = \lim\limits_{u\to+\infty}[f(u)-f(a)]$ 收敛，

所以极限 $\lim\limits_{u\to+\infty} f(u)$ 存在，所以 $\lim\limits_{x\to+\infty} f(x)=0$.

例 47 设 $f(x)$ 在 $[a,+\infty)$ 上连续，且 $\int_a^{+\infty} f(x)\mathrm{d}x$ 收敛，证明：存在 $\{x_n\}\subset[a,+\infty)$，满足条件 $\lim\limits_{n\to+\infty} x_n=\infty$，$\lim\limits_{n\to+\infty} f(x_n)=0$.

证明：因为 $\int_a^{+\infty} f(x)\mathrm{d}x$ 收敛，所以对任意的 $\varepsilon>0$，存在 $G>0$，当 x_1，$x_2>G$ 时，有 $\left|\int_{x_1}^{x_2} f(x)\mathrm{d}x\right|<\varepsilon$. 考虑 $\int_n^{n+1} f(x)\mathrm{d}x$，利用积分中值定理有

$$\int_n^{n+1} f(x)\mathrm{d}x = f(\xi),\ \xi\in(n,n+1)$$

令 $\xi=x_n$，易见 $\lim\limits_{n\to+\infty} x_n=\infty$，且当 $n>G$ 时，有

$$\left|\int_n^{n+1} f(x)\mathrm{d}x\right| = |f(x_n)|<\varepsilon$$

所以 $\lim\limits_{x\to+\infty} f(x)=0$.

例 48 设函数 $f(x)$ 在 $[0,+\infty)$ 上连续，积分

$$I(\lambda)=\int_0^{+\infty} t^\lambda f(t)\mathrm{d}t$$

在 $\lambda=a$ 和 $\lambda=b$ 时都收敛，证明：$I(\lambda)$ 关于 λ 在 $[a,b]$ 上一致收敛.

证明：因为

$$I(\lambda)=\int_0^1 t^\lambda f(t)\mathrm{d}t + I(\lambda)=\int_0^{+\infty} t^\lambda f(t)\mathrm{d}t$$

由已知条件可得，$t^{\lambda-a}$ 在 $\lambda\geqslant a$ 时是 t 的单调递增函数，且 $|t^{\lambda-a}|\leqslant 1(0\leqslant t\leqslant 1)$，又因为 $f(t)$ 在 $t>0$ 时连续，所以由 Abel 判别法有

$$\int_0^1 t^\lambda f(t)\mathrm{d}t = \int_0^1 t^{\lambda-a}t^a f(t)\mathrm{d}t$$

对 $\lambda\geqslant a$ 是一致收敛的，同理.

$$\int_0^{+\infty} t^\lambda f(t)\mathrm{d}t = \int_1^{+\infty} t^{\lambda-b}t^b f(t)\mathrm{d}t$$

关于 $\lambda\leqslant b$ 是一致收敛的，故 $I(\lambda)$ 关于 λ 在 $[a,b]$ 上一致收敛.

例 49 如果广义积分 $\int_a^b |f(x)|\mathrm{d}x$，$a$ 为瑕点，且该积分收敛，则

$\int_a^b f(x)\,\mathrm{d}x$ 收敛. 并举例说明该命题的逆命题不成立.

证明: 由 Weierstrass 判别法可知该命题成立, 但逆命题不成立.

例如: $\int_0^1 t^{p-2}\sin\dfrac{1}{t}\,\mathrm{d}t$, 令 $t=\dfrac{1}{x}$, 则有

$$\int_0^1 t^{p-2}\sin\frac{1}{t}\,\mathrm{d}t = \int_1^{+\infty}\frac{\sin x}{x^p}\,\mathrm{d}x$$

而 $\int_1^{+\infty}\dfrac{\sin x}{x^p}\,\mathrm{d}x$ 在 $p>1$ 时绝对收敛. 当 $0<p\leqslant 1$ 时, 因为 $\left|\int_0^a \sin x\,\mathrm{d}x\right|\leqslant$

2 有界, 而 $\dfrac{1}{x^p}$ 单调递减, 且 $\lim\limits_{x\to+\infty}\dfrac{1}{x^p}=0$, 故由 Dirichlet 判别法知 $\int_0^{+\infty}\dfrac{\sin x}{x^p}\,\mathrm{d}x$

在 $p>0$ 时总收敛.

此外, 因为

$$\left|\frac{\sin x}{x^p}\right|\geqslant\left|\frac{\sin^2 x}{x}\right|=\frac{1}{2x}-\frac{\cos 2x}{2x},\ x\in[1,\ +\infty)$$

其中, $\int_0^{+\infty}\dfrac{\cos 2x}{2x}\,\mathrm{d}x$ 由 Dirichlet 判别法知收敛, 但是 $\int_1^{+\infty}\dfrac{1}{2x}\,\mathrm{d}x$ 发散, 所以当

$0<p\leqslant 1$ 时, 该积分不是绝对收敛而是条件收敛.

例 50　判断广义积分的收敛性: $\int_1^{+\infty}\ln\left(1+\dfrac{\sin x}{x^p}\right)\mathrm{d}x$, $p>0$.

证明: 设 $\int_1^{+\infty}\ln\left(1+\dfrac{\sin x}{x^p}\right)\mathrm{d}x = \int_1^{+\infty}\ln\dfrac{\sin x}{x^p}\,\mathrm{d}x + \int_1^{+\infty}\left[\ln\left(1+\dfrac{\sin x}{x^p}\right)-\dfrac{\sin x}{x^p}\right]\mathrm{d}x$

$\triangleq I_1+I_2$ 显然, 当 $p>1$ 时, I_1 绝对收敛; 当 $0<p\leqslant 1$ 时, I_1 条件收敛. 易知

$$\ln\left(1+\frac{\sin x}{x^p}\right)-\frac{\sin x}{x^p}=-\frac{1}{2}\frac{\sin^2 x}{x^2 p}$$

所以当 $p>\dfrac{1}{2}$ 时, I_2 绝对收敛; 当 $p\leqslant\dfrac{1}{2}$ 时, I_2 发散.

综上所述, 当 $p>1$ 时, $\int_0^{+\infty}\ln\left(1+\dfrac{\sin x}{x^p}\right)\mathrm{d}x$ 绝对收敛; 当 $\dfrac{1}{2}<p\leqslant 1$

时, 条件收敛; 当 $0<p\leqslant\dfrac{1}{2}$ 时, 发散.

例 51　设 $\int_a^{+\infty}f(x)\,\mathrm{d}x$ 为条件收敛. 证明:

(1) $\displaystyle\int_a^{+\infty}\big[\,|f(x)|+f(x)\,\big]\mathrm{d}x$ 与 $\displaystyle\int_a^{+\infty}\big[\,|f(x)|-f(x)\,\big]\mathrm{d}x$ 都发散;

(2) $\displaystyle\lim_{x\to+\infty}\frac{\displaystyle\int_a^x\big[\,|f(t)|+f(t)\,\big]\mathrm{d}t}{\displaystyle\int_a^x\big[\,|f(t)|-f(t)\,\big]\mathrm{d}t}=1.$

证明: (1) 用反证法. 若有其一如 $\left(\displaystyle\int_a^{+\infty}\big[\,|f(x)|-f(x)\,\big]\mathrm{d}x\right)$ 收敛,则由收敛的线性性质推得

$$\int_a^{+\infty}|f(x)|\mathrm{d}x=\int_a^{+\infty}\big[\,|f(x)|-f(x)+f(x)\,\big]\mathrm{d}x$$

也收敛. 而这与 $\displaystyle\int_a^{+\infty}f(x)\mathrm{d}x$ 为条件收敛的假设相矛盾,所以这两个无穷积分都是发散的,且

$$\int_a^{+\infty}\big[\,|f(x)|+f(x)\,\big]\mathrm{d}x=+\infty=\int_a^{+\infty}\big[\,|f(x)|-f(x)\,\big]\mathrm{d}x$$

即它们都是无穷大量.

(2) $\quad\dfrac{\displaystyle\int_a^x\big[\,|f(t)|+f(t)\,\big]\mathrm{d}t}{\displaystyle\int_a^x\big[\,|f(t)|-f(t)\,\big]\mathrm{d}t}-1=\dfrac{2\displaystyle\int_a^x f(t)\mathrm{d}t}{\displaystyle\int_a^x\big[\,|f(t)|-f(t)\,\big]\mathrm{d}t}\qquad(\,*\,)$

由假设与(1) 的结论,可知

$$\lim_{x\to+\infty}2\int_a^x f(t)\mathrm{d}t=2\int_a^{+\infty}f(x)\mathrm{d}x$$

为一常数,而

$$\lim_{x\to+\infty}\int_a^x\big[\,|f(t)|+f(t)\,\big]\mathrm{d}t=+\infty$$

所以($*$)式左边,当 $x\to+\infty$ 时的极限为 0,故结论得证.

例 52 设 $f(x)$ 在 $[0,+\infty)$ 上连续,非负,且广义积分 $\displaystyle\int_0^{+\infty}f(x)\mathrm{d}x$ 收敛,证明:

$$\lim_{n\to+\infty}\frac{1}{n}\int_0^n xf(x)\mathrm{d}x=0$$

证明: 因为 $\displaystyle\int_0^{+\infty}f(x)\mathrm{d}x$ 收敛,所以对任意的 ε,存在 $A>0$,有

$$0 < \int_0^A f(x)\mathrm{d}x < \frac{\varepsilon}{2}$$

再将 A 固定，则

$$0 < \frac{1}{n}\int_0^A xf(x)\mathrm{d}x \to 0$$

因而存在 $N > A$，当 $n > N$ 时，有

$$0 < \frac{1}{n}\int_0^A xf(x)\mathrm{d}x < \frac{\varepsilon}{2}$$

于是

$$0 < \frac{1}{n}\int_0^n xf(x)\mathrm{d}x = \frac{1}{n}\left[\int_0^A xf(x)\mathrm{d}x + \int_A^n xf(x)\mathrm{d}x\right]$$

$$\leqslant \frac{1}{n}\left[\int_0^A xf(x)\mathrm{d}x + \int_A^{+\infty} xf(x)\mathrm{d}x\right] < \varepsilon$$

所以 $\lim\limits_{n \to +\infty}\dfrac{1}{n}\int_0^n x + f(x)\mathrm{d}x = 0$.

例 52　讨论 $\displaystyle\int_0^{+\infty}\frac{x^q\arctan x}{1+x^q}\mathrm{d}x\,(q \geqslant 0)$ 的收敛性.

解： 因为

$$\int_0^{+\infty}\frac{x^q\arctan x}{1+x^q}\mathrm{d}x = \int_1^{+\infty}\frac{x^q\arctan x}{1+x^q}\mathrm{d}x + \int_1^0\frac{x^q\arctan x}{1+x^q}\mathrm{d}x \cdot I_1 + I_2$$

由于

$$\lim_{x\to\infty}x^{q-p}\frac{x^p\arctan x}{1+x^q} = \lim_{x\to\infty}\frac{\arctan x}{1+x^{-q}} = \begin{cases}\dfrac{\pi}{2}, & q > 0 \\[2mm] \dfrac{\pi}{4}, & q = 0\end{cases}$$

所以当 $0 \leqslant p < q-1$ 时，I_1 收敛；当 $p \geqslant q-1$ 时，I_1 发散，由于

$$\lim_{x\to 0}x^{-p-1}\frac{x^p\arctan x}{1+x^q} = \lim_{x\to 0}\frac{\arctan x}{x(1+x^q)} = 1$$

所以当 $p > -2$ 时，I_2 收敛；当 $p \leqslant -2$ 时，I_2 发散.

故当 $-2 < p < q-1$ 时，$\displaystyle\int_0^{+\infty}\frac{x^p\arctan x}{1+x^q}\mathrm{d}x$ 收敛；当 $p \leqslant -2$ 或 $p \geqslant q-$

1 时，$\displaystyle\int_0^{+\infty}\frac{x^p\arctan x}{1+x^q}\mathrm{d}x$ 发散.

例 54 讨论 $\int_0^{\frac{\pi}{2}} \dfrac{\mathrm{d}x}{\sin^p x \, \cos^q x} (p > 0, \; q > 0)$ 的收敛性.

解： 设 $\int_0^{\frac{\pi}{2}} \dfrac{\mathrm{d}x}{\sin^p x \, \cos^q x} = \int_0^{\frac{\pi}{4}} \dfrac{\mathrm{d}x}{\sin^p x \, \cos^q x} + \int_{\frac{\pi}{4}}^{\frac{\pi}{2}} \dfrac{\mathrm{d}x}{\sin^p x \, \cos^q x} \triangleq I_1 + I_2$

由于

$$\lim_{x \to 0} \frac{x^p}{\sin^p x \, \cos^q x} = 1$$

所以当 $0 < p < 1$ 时，I_1 收敛；当 $p \geqslant 1$ 时，I_1 发散，同理由于

$$\lim_{x \to 0} \frac{\left(\dfrac{\pi}{2} - x\right)^q}{\sin^p x \, \cos^q x} = 1$$

所以当 $0 < p < 1$ 时，I_2 收敛，；当 $p \geqslant 1$ 时，I_2 发散.

故当 $0 < p < 1$，$0 < q < 1$ 时，$\int_0^{\frac{\pi}{2}} \dfrac{\mathrm{d}x}{\sin^p x \, \cos^q x}$ 收敛，其他情况都发散.

例 55 判断 $\int_0^1 \dfrac{\ln x}{(1-x)^2} \mathrm{d}x$ 的敛散性.

解： 设 $\int_0^1 \dfrac{\ln x}{(1-x)^2} \mathrm{d}x = \int_0^{\frac{1}{2}} \dfrac{\ln x}{(1-x)^2} \mathrm{d}x + \int_{\frac{1}{2}}^1 \dfrac{\ln x}{(1-x)^2} \mathrm{d}x \triangleq I_1 + I_2$

由于

$$\lim_{x \to 0^+} \frac{\ln x}{(1-x)^2} \mathrm{d}x \cdot \frac{1}{\ln x} = 1$$

且

$$\int_0^{\frac{1}{2}} \ln x \, \mathrm{d}x = -\frac{1}{2} \ln 2 - \int_0^{\frac{1}{2}} \mathrm{d}x = -\frac{1}{2} \ln 2 - \frac{1}{2}$$

所以 I_1 收敛，因为

$$\lim_{x \to 1^-} \frac{(1-x)\ln x}{(1-x)^2} = -1$$

所以 I_2 发散，故 $\int_0^1 \dfrac{\ln x}{(1-x)^3} \mathrm{d}x$ 发散.

练习题三

1. 设 $f(x) = \sin x$，$g(x) = \begin{cases} x - \pi, & x \leqslant 0, \\ x + \pi, & x > 0, \end{cases}$ 证明：复合函数 $f(g(x))$ 在 $x = 0$ 连续，但 $g(x)$ 在 $x = 0$ 不连续.

2. 若 $f(x)$ 在 $[a, b]$ 上连续，$a < x_1 < x_2 < x_3 < \cdots < x_n < b$，则在 $[x_1, x_n]$ 上必存在 ζ，使得 $f(\zeta) = \dfrac{1}{n} \sum\limits_{k=1}^{n} f(x_k)$，试证明之.

3. 设 $f(x)$ 在 $[a, b]$ 上连续，且 $f([a, b]) \subset [a, b]$。证明：存在 $x \in [a, b]$，使得 $f(x) = x$。

4. 已知函数 $f(x)$ 在 $[0, +\infty)$ 连续，且 $0 \leqslant f(x) \leqslant x$，$x \in [0, +\infty)$，设 $a_1 \geqslant 0$，$a_n + 1 = f(a_n)$，$n = 1, 2, \cdots$

   证明：(1) $\{a_n\}$ 为收敛数列；(2) 设 $\lim\limits_{n \to \infty} a_n = t$，则 $f(t) = t$.

5. 研究下列函数的连续性：

   $y = \mathrm{sgn}(\sin x)$ \qquad (2) $y = x - x[x]$ \qquad (3) $y = x[x]$

   $y = [x] \sin \pi x$ \qquad (5) $y = x^2 - [x^2]$ \qquad (6) $y = \left[\dfrac{1}{x} \right]$

6. 设函数 $f(x)$ 在 $(-\infty, +\infty)$ 上有定义，且在 $x = 0$，1 两点连续，证明：若对任何 $x \in (-\infty, +\infty)$ 有 $f(x^2) = f(x)$，则 f 为常量函数.

7. 计算：

   (1) $\dfrac{\mathrm{d}}{\mathrm{d}x} \displaystyle\int_0^{x^2} \sqrt{1 + t^2} \, \mathrm{d}t$ \qquad (2) $\dfrac{\mathrm{d}}{\mathrm{d}x} \displaystyle\int_{\sin x}^{\cos x} \cos(\pi t^2) \, \mathrm{d}t$

$$\lim_{x \to +\infty} \frac{\displaystyle\int_0^x (\arctan x)^2 \mathrm{d}x}{\sqrt{1+x^2}} \qquad\qquad (4)\ \lim_{x \to 0+0} \frac{\displaystyle\int_0^{\sin x} \sqrt{\tan x}\,\mathrm{d}x}{\displaystyle\int_0^{\tan x} \sqrt{\sin x}\,\mathrm{d}x}$$

8. 计算下列积分：

$$(1) I_n = \int_0^1 (1-x^2)^n \mathrm{d}x \quad (2) I_n = \int_0^1 \frac{x^n}{\sqrt{1-x^2}} \mathrm{d}x \quad (3) I_n = \int_0^1 x^m (\ln x)^n \mathrm{d}x$$

$$(4) 2^{2n} \frac{(n!)^2}{(2n+1)!} \qquad (5) \frac{(2k-1)!!}{(2k)!!} \frac{\pi}{2} \qquad (6) \frac{(-1)^n n!}{(m+1)!}$$

9. 计算下列定积分：

$$(1) \int_0^3 \mathrm{sgn}(x-x^3)\mathrm{d}x\ ;$$

$$(2) \int_0^2 [\mathrm{e}^x]\mathrm{d}x\ ;$$

$$(3) \int_0^6 [x]\sin\frac{\pi x}{6}\mathrm{d}x\ ;$$

$$(4) \int_0^1 \mathrm{sgn}[\sin(\ln x)]\mathrm{d}x\ ;$$

10. 证明：设 $f(x)$ 在 $[a,b]$ 上连续，且对 $[a,b]$ 上任一连续函数 $g(x)$，均有 $\int_a^b f(x)g(x)\mathrm{d}x = 0$，则 $f(x) \equiv 0$，$x \in [a,b]$.

11. 证明：设 $f(x)$ 在 $[a,b]$ 上连续，且 $\int_a^b f(x)\mathrm{d}x = \int_a^b xf(x)\mathrm{d}x = 0$，则在 (a,b) 内至少存在两点 x_1，x_2，使得 $f(x_1) = f(x_2) = 0$.

12. 设 $h(t)$ 是 $[a,b]$ 上的正值连续函数，证明：

$$\int_a^b h(t)\mathrm{d}t \cdot \int_a^b \frac{1}{h(t)}\mathrm{d}t \geqslant (b-a)^2$$

13. 讨论 $f(x)$，$|f(x)|$，$f^2(x)$ 三者间可积性的关系.

14. 证明：

$(1) f(x) = \sin\dfrac{\pi}{x}$ 在 $(0,1)$ 上非一致连续；

$(2) f(x) = x + \sin x$ 在 $(-\infty, +\infty)$ 内一致连续；

(3) 若函数 $f(x)$ 在 $[0,1)$ 上连续，且 $\lim\limits_{x \to +\infty} f(x)$ 存在，则 $f(x)$ 在 $[a,$

∞）上一致连续.

15. 设函数 $f(x)$ 在 $[0，1)$ 上连续，且 $f(x)<1$，证明：$2x-\int_0^x f(t)\mathrm{d}t=1$ 在 $[0，1)$ 上只有一个解.

16. 证明不等式：

(1) $\dfrac{1}{2}\left(1-\dfrac{1}{e}\right)<\int_a^{+\infty} e^{-x^2}\mathrm{d}x<1+\dfrac{1}{2e}$ 　　(2) $\dfrac{\pi}{2\sqrt{2}}<\int_0^1 \dfrac{\mathrm{d}x}{\sqrt{1-x^4}}<\dfrac{\pi}{2}$

17. 证明：若 $\int_0^{+\infty} f(x)\mathrm{d}x$ 收敛，则 $F(x)=\int_a^x f(t)\mathrm{d}t$ 在 $[a，+\infty)$ 上一致连续.

18. 设 $f(x)$ 单调递减，$\lim\limits_{x\to+\infty} f(x)=0$，$f(x)$ 在 $[a，+\infty)$ 上连续，则 $\int_a^{+\infty} f'(x)\sin^2 x\,\mathrm{d}x$ 收敛，试证明之.

19. 证明：若函数 $f(x)$ 在 $x\geqslant 1$ 时连续，且 $\int_1^{+\infty} xf(x)\mathrm{d}x$ 收敛，则 $\int_1^{+\infty} f(x)\mathrm{d}x$ 收敛.

20. 设 $f(x)$ 是 $[a，+\infty)$ 上的连续可微函数，且当 $x\to+\infty$ 时，$f(x)$ 递减趋于零，则当且仅当 $\int_a^{+\infty} f(x)\mathrm{d}x$ 收敛时，$\int_a^{+\infty} xf'(x)\mathrm{d}x$ 也收敛，试证明.

第 4 讲　级　数

　　级数，包括数项级数、函数项级数（主要是幂级数）和傅立叶级数，在数学分析中的地位值得注意，因为这方面的知识对微积分的进一步发展及其在多种实际问题中的应用都是非常重要的，本讲主要讨论三个问题.

4.1　正项级数判别法

　　正项级数 $\sum\limits_{n=1}^{n} u_n$ 收敛 $\Leftrightarrow$ 它的部分和数列 $\{s_n\}$ 有上界.

　　比较判别法　有两个正项级数 $\sum\limits_{n=1}^{n} u_n$ 与 $\sum\limits_{n=1}^{n} v_n$，且存在 $N \in \mathbf{N}_+$，$\forall n \geqslant N$

　　都有 $u_n \leqslant c v_n$，c 是正常数，则有：

　　（1）若级数 $\sum\limits_{n=1}^{n} u_n$ 收敛，则级数 $\sum\limits_{n=1}^{n} v_n$ 也收敛；

　　（2）若级数 $\sum\limits_{n=1}^{n} u_n$ 发散，则级数 $\sum\limits_{n=1}^{n} v_n$ 也发散.

　　比较判别的极限形式　有两个正项级数 $\sum\limits_{n=1}^{n} u_n$ 与 $\sum\limits_{n=1}^{n} v_n (v_n \neq 0)$，若 $\lim\limits_{n \to \infty} \dfrac{u_n}{v_n} = l (0 \leqslant l \leqslant +\infty)$，则：

(1) 若级数 $\sum_{n=1}^{n} v_n$ 收敛，且 $0 \leqslant l \leqslant +\infty$，则级数 $\sum_{n=1}^{n} u_n$ 也收敛；

(2) 若级数 $\sum_{n=1}^{n} v_n$ 发散，且 $0 \leqslant l \leqslant +\infty$，则级数 $\sum_{n=1}^{n} u_n$ 也发散.

比值判别法　有正项级数 $\sum_{n=1}^{n} u_n$，则：

(1) 若存在 $N \in \mathbf{N}_+$，$\forall n \geqslant N$，都有 $\dfrac{u_{n+1}}{u_n} \leqslant q < 1$，则级数收敛；

(2) 若存在 $N \in \mathbf{N}_+$，$\forall n \geqslant N$，都有 $\dfrac{u_{n+1}}{u_n} \geqslant 1$，则级数 $\sum_{n=1}^{n} u_n$ 发散.

比值判别法的极限形式　有正项级数 $\sum_{n=1}^{n} u_n$，且 $\lim\limits_{n \to \infty} \dfrac{u_{n+1}}{u_n} = q$，则：

(1) 当 $q < 1$ 时，级数 $\sum_{n=1}^{n} u_n$ 收敛；

(2) 当 $q > 1$ 时，级数 $\sum_{n=1}^{n} u_n$ 发散.

注：当 $q = 1$ 时，判别法失效，即 $\sum_{n=1}^{n} u_n$ 可能收敛也可能发散.

Cauchy **判别法**　有正项级数 $\sum_{n=1}^{n} u_n$，则有：

(1) 若存在 $N \in \mathbf{N}_+$，$\forall n \geqslant N$，都有 $\sqrt[n]{u_n} \leqslant q < 1$，则级数 $\sum_{n=1}^{n} u_n$ 收敛；

(2) 若存在 $N \in \mathbf{N}_+$，$\forall n \geqslant N$，都有 $\sqrt[n]{u_n} \geqslant 1$，则级数 $\sum_{n=1}^{n} u_n$ 发散.

Cauchy **判别法的极限形式**　有正项级数 $\sum_{n=1}^{n} u_n$，且 $\lim\limits_{x \to \infty} \sqrt[n]{u_n} = q$，则：

(1) 当 $q < 1$ 时，级数 $\sum_{n=1}^{n} u_n$ 收敛；

(2) 当 $q > 1$ 时，级数 $\sum_{n=1}^{n} u_n$ 发散.

注：当 $q = 1$ 时，判别法失效，即 $\sum_{n=1}^{n} u_n$ 可能收敛也可能发散.

积分判别法　设 $f(x)$ 为 $[1, +\infty)$ 上的非负减函数，则正项级数 $\sum_{n=1}^{+\infty} f(n)$ 与反常积分 $\int_{1}^{+\infty} f(x)\mathrm{d}x$ 的敛散性相同.

Gauss 指标判别法　有正项级数 $\sum\limits_{n=1}^{n} u_n$，记 $G = \lim\limits_{n\to\infty}\left[n\ln\left(\dfrac{a_n}{a_{n+1}}\right) - 1\right]\ln n$ 为

数列 $\{u_n\}$ 的 Gauss 指标，则：

（1）当 $G > 1$ 或 $G = +\infty$ 时，级数 $\sum\limits_{n=1}^{n} u_n$ 收敛；

（2）当 $G < 1$ 或 $G = -\infty$ 时，级数 $\sum\limits_{n=1}^{n} u_n$ 发散.

4.2　数项级数敛散性的判定

数项级数敛散性问题比较复杂，除根据定义和 Cauchy 收敛准则外，对于正项级数还可以用收敛原理、比较原理、积分法，等等. 其中，比较原理是基础，通常被用作比较标准的级数有几何级数、P 级别以及由此推导出来的相关级数等，然而不可能建立一种对一切正项级数都有效的比较标准.

对一般级数有交错级数收敛的 Leibniz 法、绝对收敛法、Abel 法与 Dirichlet 法.

诸多方法存在，如何选择，要因题而异，这里谈几点想法供参考（此处不一一举例说明）.

（1）观察通项，视其是否满足收敛的必要条件；

（2）便于求出部分和时，可考虑用定义，当其收敛时，可求出和；

（3）作一般性理论研究时，可考虑用 Cauchy 准则；

（4）对正项级数，可先考虑用比较原理，将通项化为可比较的形式；

（5）对一般项级数，可先考虑是否绝对收敛，有时可将通项化为 $a_n b_n$ 的形式，视其是否满足 Abel 法或 Dirichlet 法中的条件，

（6）可考虑将级数与有关数列沟通.

对函数项级数收敛性的判定，诸多教材文献有许多基本方法，在此不重复.

例 1　若正项级数 $\sum\limits_{n=1}^{n} a_n$ 收敛，证明：$\sum\limits_{n=1}^{n} a_n^2$ 也收敛，但反之不然，试举

例说明.

分析：考查正项级数收敛的必要条件、比较判别法.

证明：因为正项级数为 $\sum\limits_{n=1}^{n} a_n$，所以由正项级数收敛的必要性条件可得 $\lim\limits_{n\to\infty} a_n = 0$，由极限定义得，对任意的 $\varepsilon = 1$，存在 N，当 $n > N$ 时，有 $0 \leqslant a_n^2 < a_n$. 由比较判别法知，$\sum\limits_{n=1}^{n} a_n$ 收敛，则 $\sum\limits_{n=1}^{n} a_n^2$ 收敛，反之不成立. 例如 $\sum\limits_{n=0}^{\infty} \dfrac{1}{n^2}$ 收敛，但 $\sum\limits_{n=0}^{\infty} \dfrac{1}{n}$ 不收敛.

例2 说明级数 $\sum\limits_{n=1}^{\infty} \dfrac{1}{(\ln n)^2}$ 的敛散性.

分析：考查数项级数的收敛性.

解：由于 $\lim\limits_{n\to\infty} \dfrac{1}{(\ln n)^2} = +\infty$，所以当 n 充分大时，有 $\dfrac{1}{(\ln n)^2} \geqslant \dfrac{1}{n}$ 成立，故 $\sum\limits_{n=1}^{\infty} \dfrac{1}{(\ln n)^2}$ 发散.

例3 判断 $\sum\limits_{n=1}^{\infty} \left(\dfrac{1}{\sqrt{n^2+1}} + \cdots + \dfrac{1}{\sqrt{n^2+n}} \right)$ 的敛散性.

分析：考查数项级数的敛散性.

解：因为

$$\dfrac{1}{\sqrt{n^2+1}} + \cdots + \dfrac{1}{\sqrt{n^2+n}} \geqslant \dfrac{n}{\sqrt{n^2+n}}$$

且 $\lim\limits_{n\to\infty} \dfrac{n}{\sqrt{n^2+n}} = 1$，所以发散.

例4 设 $\sum a_n$ 为正项级数，证明：若 $\overline{\lim\limits_{n\to\infty}} \dfrac{a_n}{a_{n+1}} = \overline{r} < 1$，则 $\sum a_n$ 收敛，若 $\varliminf\limits_{n\to\infty} \dfrac{a_n}{a_{n+1}} = \underline{r} > 1$，则 $\sum a_n$ 发散；若 $\overline{r} = 1$ 或者 $\underline{r} = 1$，则 $\sum a_n$ 的敛散性不能判定.

分析：考查正项级数的比较判别法.

证明：若 $\overline{\lim\limits_{n\to\infty}} \dfrac{a_n}{a_{n+1}} = \overline{r}$，则对任意的 ε，存在 N，当 $n > N$ 时，有 $\dfrac{a_n}{a_{n+1}} < \overline{r} + \varepsilon$.

因为 $\bar{r}<1$，ε 任意小，所以可以取充分小的 ε，使得当 $n>N$ 时，有

$$\frac{a_n}{a_{n+1}}<\bar{r}+\varepsilon<1$$

所以由正项级数的比较判别法可得 $\sum a_n$ 收敛. 若 $\lim\limits_{n\to\infty}\dfrac{a_n}{a_{n+1}}=\underline{r}>1$，则对

任意的 ε，存在 N，当 $n>N$ 时，有 $\dfrac{a_n}{a_{n+1}}<\underline{r}-\varepsilon$，所以可以选择充分小的 ε，

使得 $\dfrac{a_n}{a_{n+1}}<\underline{r}-\varepsilon>1$，所以 $\sum a_n$ 发散.

但是当 $\bar{r}=1$ 或者 $\underline{r}=1$ 时，则无法判定其收敛性，如 $\sum\dfrac{1}{n}$.

例 5 设 $\varphi(x)$ 是在 $(-\infty,+\infty)$ 上定义的周期连续函数，周期为 1，且 $\displaystyle\int_0^1\varphi(x)\mathrm{d}x=0$，令 $a_n=\displaystyle\int_0^1\mathrm{e}^x\varphi(nx)\mathrm{d}x$（对任意的自然数 n）. 证明：级数 $\displaystyle\sum_{n=1}^{\infty}a_n^2$ 收敛.

分析： 关键是利用函数的周期性和积分为零变换形式.

证明： 由 $\varphi(x)$ 周期为 1，且 $\displaystyle\int_0^1\varphi(x)\mathrm{d}x=0$ 可得

$$a_n=\int_0^1\mathrm{e}^x\varphi(nx)\mathrm{d}x=\int_0^1\frac{1}{n}\mathrm{e}^{\frac{t}{n}}\varphi(t)\mathrm{d}t=\sum_{k=1}^{n}\int_{k-1}^{k}\frac{1}{n}\mathrm{e}^{\frac{t}{n}}\varphi(t)\mathrm{d}t$$

$$=\sum_{k=1}^{n}\int_0^1\frac{1}{n}\mathrm{e}^{\frac{t+k-1}{n}}\varphi(t+k-1)\mathrm{d}t=\sum_{k=1}^{n}\int_0^1\frac{1}{n}\mathrm{e}^{\frac{t+k-1}{n}}\varphi(t)\mathrm{d}t$$

$$=\sum_{k=1}^{n}\int_0^1\frac{1}{n}(\mathrm{e}^{\frac{t+k-1}{n}}-\mathrm{e}^{\frac{k-1}{n}})\varphi(t)\mathrm{d}t$$

因为 $\varphi(x)$ 是在 $(-\infty,+\infty)$ 上定义的周期连续函数，所以存在 $M>0$，使得

$$|\varphi(x)|\leqslant M,\ x\in(-\infty,+\infty)$$

从而有

$$|a_n|\leqslant M\sum_{k=1}^{n}\int_0^1\frac{1}{n}(\mathrm{e}^{\frac{t+k-1}{n}}-\mathrm{e}^{\frac{k-1}{n}})\varphi(t)\mathrm{d}t=M\frac{(\mathrm{e}-1)\left(\mathrm{e}^{\frac{1}{n}}-1-\frac{1}{n}\right)}{\mathrm{e}^{\frac{1}{n}}-1}$$

又有

$$\lim_{n\to\infty}\frac{n(e-1)\left(e^{\frac{1}{n}}-1-\frac{1}{n}\right)}{e^{\frac{1}{n}}-1}=\lim_{x\to0}\frac{(e-1)(e^x-1-x)}{x(e^x-1)}$$

$$=\lim_{x\to0}\frac{(e-1)(e^x-1)}{(e^x-1)+xe^x}=\lim_{x\to0}\frac{(e-1)e^x}{2e^x+xe^x}=\frac{e-1}{2}$$

故由比较判别法知级数 $\sum\limits_{n=1}^{\infty}a_n^2$ 收敛.

例 6　判断 $\sum\limits_{n=1}^{\infty}\ln\cos\dfrac{1}{n}$ 的收敛性，并给出证明.

分析：关键是利用等价无穷小量.

解：由等价无穷小量知

$$\lim_{x\to0}\frac{-\ln\cos x}{x^2}=\lim_{x\to0}\frac{-\ln(1+\cos x-1)}{x^2}$$

$$=\lim_{x\to0}\frac{1-\cos x}{x^2}=\lim_{x\to0}\frac{2\sin^2\dfrac{x}{2}}{x^2}=\frac{1}{2}$$

所以 $\lim\limits_{x\to0}\dfrac{-\ln\cos\dfrac{1}{n}}{\dfrac{1}{n^2}}=\dfrac{1}{2}$，而 $\sum\limits_{n=1}^{\infty}\dfrac{1}{n^2}$ 收敛，故 $\sum\limits_{n=1}^{\infty}\ln\cos\dfrac{1}{n}$ 收敛.

例 7　证明：$\sum\left[\dfrac{1}{\sqrt{n}}-\sqrt{\ln\left(1+\dfrac{1}{n}\right)}\right]$ 收敛.

分析：正项级数收敛的判别方法.

证明：因为

$$\frac{1}{n+1}<\ln\left(\frac{1}{n+1}\right)<\frac{1}{n}$$

所以

$$\frac{1}{\sqrt{n}}-\sqrt{\ln\left(1+\frac{1}{n}\right)}<\frac{1}{\sqrt{n}}-\frac{1}{\sqrt{n+1}}=\frac{\sqrt{n+1}-\sqrt{n}}{\sqrt{n(n+1)}}$$

$$=\frac{1}{\sqrt{n(n+1)}(\sqrt{n+1}+\sqrt{n})}$$

又因为

$$\lim_{n \to \infty} \frac{n^{3/2}}{\sqrt{n(n+1)}(\sqrt{n+1}+\sqrt{n})} = \lim_{n \to \infty} \frac{n^{3/2}}{\sqrt{1+\frac{1}{n}}(\sqrt{1+\frac{1}{n}}+1)} = \frac{1}{2}$$

而 $\sum \dfrac{1}{n^{3/2}}$ 收敛，故 $\sum \left[\dfrac{1}{\sqrt{n}} - \sqrt{\ln(1+\dfrac{1}{n})} \right]$ 收敛.

例 8 讨论：$\displaystyle\sum_{n=1}^{\infty} \frac{1}{n} \left[e - \left(1+\frac{1}{n}\right)^n \right]^p$，$p \in \mathbf{R}$ 的敛散性.

分析：考查正项级数收敛的积分判别法.

证明：因为 $\left\{\left(1+\dfrac{1}{n}\right)^n\right\}$ 为增数列，而 $\left\{\left(1+\dfrac{1}{n}\right)^{n+1}\right\}$ 为减数列，

所以 $$\left(1+\frac{1}{n}\right)^n < e < \left(1+\frac{1}{n}\right)^{n+1}$$

从而有

$$e - \left(1+\frac{1}{n}\right)^n < \left(1+\frac{1}{n}\right)^{n+1} - \left(1+\frac{1}{n}\right)^n < \left(1+\frac{1}{n}\right)^n \left(1+\frac{1}{n}-1\right) < \frac{e}{n} < \frac{3}{n}$$

所以

$$\frac{1}{n} \left[e - \left(1+\frac{1}{n}\right)^n \right]^p < \frac{3^p}{n^{p+1}}$$

于是，当 $p > 0$ 时，由积分判别法知 $\sum \dfrac{3^p}{n^{p+1}}$ 收敛，故由 Weierstrass 判别

法知 $\displaystyle\sum_{n=1}^{\infty} \dfrac{1}{n} \left[e - \left(1+\dfrac{1}{n}\right)^n \right]^p$ 收敛.

当 $p = 0$ 时，因为 $\sum \dfrac{1}{n}$ 发散，所以 $\displaystyle\sum_{n=1}^{\infty} \dfrac{1}{n} \left[e - \left(1+\dfrac{1}{n}\right)^n \right]^p$ 发散.

当 $p < 0$ 时，$\displaystyle\sum_{n=1}^{\infty} \dfrac{1}{n} \left[e - \left(1+\dfrac{1}{n}\right)^n \right]^p \geqslant \sum \dfrac{1}{n} \dfrac{1}{(2e)^{-p}}$ 发散.

例 9 设 $f(x)$ 在 $[0, +\infty)$ 上连续，其零点为
$$0 = x_0 < x_1 < \cdots < x_n < \cdots, \quad x_n \to +\infty (n \to \infty).$$

证明：$\displaystyle\int_0^{+\infty} f(x)\mathrm{d}x$ 收敛 $\Leftrightarrow \displaystyle\int_0^{+\infty} \sum_{n=1}^{+\infty} \int_{x_n}^{x_{n+1}} f(x)\mathrm{d}x$.

分析：考查正项级数收敛的积分判别法.

证明：必要性，由于

$$\sum_{n=1}^{+\infty} \int_{x_n}^{x_{n+1}} f(x)\mathrm{d}x = \lim_{n\to\infty} \int_{x_n}^{x_{n+1}} f(x)\mathrm{d}x \ , \ \lim_{n\to\infty} x_n = +\infty$$

又因 $\displaystyle\int_0^{+\infty} f(x)\mathrm{d}x$ 收敛 $\Leftrightarrow \displaystyle\sum_{n=1}^{+\infty} \int_{x_n}^{x_{n+1}} f(x)\mathrm{d}x$ 收敛具有充分性. 若

$\displaystyle\sum_{n=1}^{+\infty} \int_{x_n}^{x_{n+1}} f(x)\mathrm{d}x$ 收敛, 则对任意的 ε, 存在 N, 当 $n > N$, $p \in N$ 时, 有

$$\left| \sum_{k=1}^{p-1} \int_{x_{n+k}}^{x_{n+k+1}} f(x)\mathrm{d}x \right| < \varepsilon$$

对任意的两点 $x'' > x' > x_{n+1}$, 令 m, $n > N$ 使得

$$x_{n-1} \leqslant x' < x_n , \ x_{m-1} \leqslant x'' < x_m$$

则由 $f(x)$ 在相邻的零点之间不变号可得

$$\left| \int_{x'}^{x''} f(x)\mathrm{d}x \right| \leqslant \left| \sum_{k=0}^{m-1} \int_{x_{n+k}}^{x_{n+k+1}} f(x)\mathrm{d}x \right| + \left| \int_{x'}^{x_n} f(x)\mathrm{d}x \right| + \left| \int_{x''}^{x_m} f(x)\mathrm{d}x \right|$$

$$< \varepsilon + \left| \int_{x_{n-1}}^{x_n} f(x)\mathrm{d}x \right| + \left| \int_{x_{m-1}}^{x_m} f(x)\mathrm{d}x \right| < 3\varepsilon$$

所以 $\displaystyle\int_0^{+\infty} f(x)\mathrm{d}x$ 收敛.

例 10 设 $\{a_n\}$, $\{b_n\}$ $(n=1, 2, 3, \cdots)$ 满足 $\mathrm{e}^{a_n} = a_n + \mathrm{e}^{b_n}$, 且 $a_n > 0$.
证明: 若数项级数 $\displaystyle\sum_{n=1}^{+\infty} a_n$ 收敛, 则 $\displaystyle\sum \frac{b_n}{a_n}$ 收敛.

分析: 考查数项级数收敛的判别法.

证明: 由 $\mathrm{e}^{a_n} = a_n + \mathrm{e}^{b_n}$, 知 $b_n = \ln(\mathrm{e}^{a_n} - a_n)$, 因为 $\displaystyle\sum_{n=1}^{+\infty} a_n$ 收敛, 所以

$\displaystyle\lim_{n\to\infty} a_n = 0$, 从而由等价无穷小量和 $\mathrm{L}'\mathrm{Hospital}$ 法则可得

$$\lim_{n\to\infty} \frac{b_n}{a_n^2} = \lim_{n\to\infty} \frac{\ln(\mathrm{e}^{a_n} - a_n)}{a_n^2} = \lim_{n\to\infty} \frac{\mathrm{e}^{a_n} - a_n - 1}{a_n^2} = \lim_{n\to\infty} \frac{\mathrm{e}^x - x - 1}{x^2} = \frac{1}{2}$$

于是由比较判别法知 $\displaystyle\sum \frac{b_n}{a_n}$ 收敛.

4.3 任意项级数判别法

函数列的一致收敛 设函数列 $\{f_n(x)\}$ 在区间 I 收敛于极限函数 $f(x)$,

若 $\forall \varepsilon > 0$，$N \in \mathbf{N}_+$，使 $\forall n > N$（通用），对一切 $x \in I$，有

$$|f_n(x) - f(x)| < \varepsilon$$

则称函数列 $\{f_n(x)\}$ 在区间 I 上一致收敛或一致收敛于极限函数 $f(x)$.

函数列的 Cauchy 一致收敛准则　函数列 $\{f_n(x)\}$ 在区间 I 上一致收敛的充要条件：$\forall \varepsilon > 0$，$\exists N \in \mathbf{N}_+$，$\forall n > N$，$\forall p \in \mathbf{N}_+$，$\forall X \in I$，有

$$|f_{n+p}(x) - f_n(x)| < \varepsilon$$

函数列 $\{f_n(x)\}$ 在区间 I 一致收敛于极限函数 $f(x)$ 的充分必要条件是

$$\lim_{n \to \infty} \{\sup_{x \in I} |f_n(x) - f(x)|\} = 0$$

Abel 判别法　若 $\{a_n\}$ 为单调有界数列，且级数 $\displaystyle\sum_{n=1}^{\infty} b_n$ 收敛，则级数 $\displaystyle\sum_{n=1}^{\infty} a_n b_n$ 收敛.

Abel 判别法　设 $\displaystyle\sum_{n=1}^{\infty} u_n(x) v_n(x)$ 满足下列两个条件：

（1）函数列对每个 $x \in I$，$\{u_n(x)\}$ 是单调的，且在区间 I 一致有界；

（2）函数项级数 $\displaystyle\sum_{n=1}^{\infty} v_n(x)$ 在区间 I 一致收敛.

则函数项级数 $\displaystyle\sum_{n=1}^{\infty} u_n(x) v_n(x)$ 在区间 I 一致收敛.

Leibniz 判别法　若交错级数 $\displaystyle\sum_{n=1}^{\infty} (-1)^{n+1} u_n$ $(u_n > 0, \ n = 1, \ 2, \ 3, \ \cdots)$ 满足下述两个条件：

（1）数列 $\{u_n\}$ 单调递减；

（2）$\displaystyle\lim_{n \to \infty} u_n = 0$.

则级数 $\displaystyle\sum_{n=1}^{\infty} (-1)^{n+1} u_n$ 收敛.

绝对收敛　若级数 $\displaystyle\sum_{n=1}^{\infty} u_n$ 各项绝对值所组成的级数 $\displaystyle\sum_{n=1}^{\infty} |u_n|$ 收敛，则称原级数 $\displaystyle\sum_{n=1}^{\infty} u_n$ 为绝对收敛.

条件收敛　若级数 $\displaystyle\sum_{n=1}^{\infty} u_n$ 收敛，而级数 $\displaystyle\sum_{n=1}^{\infty} |u_n|$ 发散，则称原级数 $\displaystyle\sum_{n=1}^{\infty} u_n$

为条件收敛.

注：绝对收敛的级数一定收敛.

Cauchy 定理　级数 $\sum\limits_{n=1}^{\infty} u_n = a$，$\sum\limits_{n=1}^{\infty} v_n = b$ 绝对收敛，则所有乘积 $u_i v_j$ 按任意顺序排列所得到的级数 $\sum\limits_{n=1}^{\infty} u_n v_n$ 也绝对收敛，且和等于 ab.

Dirichlet 判别法　若 $\{a_n\}$ 为单调递减数列，且 $\lim\limits_{n \to \infty} a_n = 0$，$\sum\limits_{n=1}^{\infty} b_n$ 的部分和数列有界，则级数 $\sum\limits_{n=1}^{\infty} a_n b_n$ 收敛.

例 11　判断 $\sum\limits_{n=1}^{\infty} (-1)^n \dfrac{(\ln n)^2}{(\ln 3)^n}$ 的敛散性.

分析：考查级数的绝对收敛性.

解：因为

$$\lim_{n \to \infty} \frac{n^2 (\ln n)^2}{(\ln 3)^n} = \lim_{n \to \infty} \frac{n^2 (\ln n)^2}{e^{n \ln n \ln 3}} = 0$$

所以 $\sum\limits_{n=1}^{\infty} (-1)^n \dfrac{(\ln n)^2}{(\ln 3)^n}$ 绝对收敛.

例 12　判断 $\sum\limits_{n=1}^{\infty} (-1)^n \dfrac{\sin \dfrac{1}{\sqrt{n}}}{\sqrt{n+1}}$ 的敛散性.

分析：考查级数的绝对收敛性.

解：因为

$$\lim_{n \to \infty} \frac{\sin \dfrac{1}{\sqrt{n}}}{\sqrt{n+1}} = \lim_{n \to \infty} \frac{1}{\sqrt{n(n+1)}} = 0$$

且 $\dfrac{\sin \dfrac{1}{\sqrt{n}}}{\sqrt{n+1}}$ 单调递减，所以 $\sum\limits_{n=1}^{\infty} (-1)^n \dfrac{\sin \dfrac{1}{\sqrt{n}}}{\sqrt{n+1}}$ 收敛. 又因为

$$\lim_{n \to \infty} \frac{n \sin \dfrac{1}{\sqrt{n}}}{\sqrt{n+1}} = \lim_{n \to \infty} \frac{n}{\sqrt{n(n+1)}} = 1$$

所以 $\displaystyle\sum_{n=1}^{\infty} \dfrac{\sin\dfrac{1}{\sqrt{n}}}{\sqrt{n+1}}$ 不收敛，故 $\displaystyle\sum_{n=1}^{\infty}(-1)^n \dfrac{\sin\dfrac{1}{\sqrt{n}}}{\sqrt{n+1}}$ 条件收敛.

例 13 证明 $\displaystyle\sum_{n=1}^{\infty}(-1)^n(\sqrt[n]{n}-1)$ 条件收敛.

分析：考查交错级数绝对收敛与条件收敛的判别方法.

证明：因为 $\sqrt[n]{n}-1>0$，故该级数为交错级数，令

$$y=x^{\frac{1}{x}}, \quad y'=\dfrac{x^{\frac{1}{x}}}{x^2}(1-\ln x)$$

故当 $x>\mathrm{e}$ 时，y 单调递减. 所以当 $n>3$ 时，$\{\sqrt[n]{n}-1\}$ 单调递减，且 $\displaystyle\lim_{n\to\infty}(\sqrt[n]{n}-1)=0$. 由 Leibniz 判别法知

$$\sum_{n=1}^{\infty}(-1)^n(\sqrt[n]{n}-1)$$

收敛. 但是

$$\lim_{x\to\infty}\dfrac{x^{\frac{1}{x}}-1}{\dfrac{1}{x}}=\lim_{n\to\infty}\dfrac{\dfrac{1}{x^2}x^{\frac{1}{x}}(1-\ln x)}{-\dfrac{1}{x^2}}=+\infty$$

而 $\displaystyle\sum\dfrac{1}{n}$ 发散，故 $\displaystyle\sum_{n=1}^{\infty}(\sqrt[n]{n}-1)$ 发散，所以该级数条件收敛.

例 14 设 $0<\delta<\pi$，证明 $\displaystyle\sum_{n=1}^{\infty}\dfrac{x\sin(nx)}{n}$ 在 $[\delta,\pi]$ 上的一致收敛.

分析：考查函数项级数一致收敛的判别方法.

证明：因为

$$2\sin\dfrac{x}{2}\sum_{k=1}^{n}kx=\cos\dfrac{x}{2}-\cos\left(\dfrac{1}{2}+n\right)x$$

所以

$$\left|\sum_{k=1}^{n}\sin ks\right|=\left|\dfrac{\cos\dfrac{x}{2}-\cos\left(\dfrac{1}{2}+n\right)x}{2\sin\dfrac{x}{2}}\right|\leqslant\dfrac{1}{\sin\dfrac{x}{2}}\leqslant\dfrac{1}{\sin\dfrac{\delta}{2}}$$

即当 $x\in[\delta,\pi]$ 时，$\displaystyle\sum_{k=1}^{n}\sin ks$ 部分和一致有界，而 $\left\{\dfrac{1}{n}\right\}$ 单调递减，且一

致趋于 0.

所以又由 Dirichlet 判别法可得 $\sum\limits_{n=1}^{\infty}\dfrac{x\sin(nx)}{n}$ 在 $[\delta,\ \pi]$ 一致收敛.

例 15　对任意的 $\delta>0$，证明：级数 $\sum\limits_{n=1}^{\infty}\dfrac{1}{x^n}$ 在 $(1,\ 1+\delta)$ 上不一致收敛.

分析： 考查函数项级数一致收敛.

证明： 令

$$S_n(x)=\sum_{k=0}^{M}\frac{1}{x^k}=\frac{x-x^{-n}}{x-1}$$

则

$$S(x)=\lim_{n\to\infty}s(x)=\lim_{n\to\infty}\frac{x-x^{-n}}{x-1}=\frac{x}{x-1},\ \text{于是}$$

$$\lim_{n\to\infty}\sup_{x\in(1,\ 1+\delta)}\big|S_n(x)-S(x)\big|=\lim_{n\to\infty}\sup_{x\in(1,\ 1+\delta)}\frac{1}{(x-1)x^n}=+\infty$$

所以级数 $\sum\limits_{n=1}^{\infty}\dfrac{1}{x^n}$ 在 $(1,\ 1+\delta)$ 上不一致收敛.

例 16　设 $f_n(x)=n^{\alpha}x(1-x^2)^n$，讨论 $\{f_n(x)\}$ 在 $[0,\ 1]$ 上的一致性.

分析： 考查函数列的一致收敛性.

解： 易知

$$f(x)=\lim_{n\to\infty}f_n(x)=\lim_{n\to\infty}n^{\alpha}x(1-x^2)^n=0$$

当 $\alpha<0$ 时，由于对任意的 $x\in[0,\ 1]$，有

$$\big|f_n(x)\big|=\big|n^{\alpha}x(1-x^2)^n\big|\leqslant n^{\alpha}$$

又因 $\lim\limits_{n\to\infty}n^{\alpha}=0$，所以 $\{f_n(x)\}$ 在 $[0,\ 1]$ 上一致收敛于 0.

当 $\alpha\geqslant0$ 时，因为

$$f'_n(x)=n^{\alpha}(1-x^2)^{n-1}[1-(2n+1)x^2]$$

当 $x=\dfrac{1}{\sqrt{2n+1}}$ 时为 $f_n(x)$ 在 $[0,\ 1]$ 上的极大值点，所以有

$$\lim_{n\to\infty}\sup_{x\in[0,\ 1]}\big|f_n(x)-0\big|=\lim_{n\to\infty}n^{\alpha}(1-x^2)^n$$

$$=\lim_{n\to\infty}n^{\alpha}\frac{1}{\sqrt{2n+1}}\left(1-\frac{1}{1+2n}\right)^n$$

$$= \begin{cases} 0, & 0 \leqslant \alpha \leqslant \dfrac{1}{2}, \\ +\infty, & \alpha > \dfrac{1}{2}, \\ \dfrac{1}{\sqrt{2e}}, & \alpha = \dfrac{1}{2} \end{cases}$$

所以，当 $\alpha < \dfrac{1}{2}$ 时，$\{f_n(x)\}$ 在 $[0, 1]$ 一致收敛于 0；当 $\alpha \geqslant \dfrac{1}{2}$ 时，$\{f_n(x)\}$ 在 $[0, 1]$ 不一致收敛.

例 17　设 $a \geqslant 0$，证明 $\displaystyle\sum_{n=1}^{\infty} a_n \cos x$ 在 $[0, \pi]$ 中一致收敛的充要条件是 $\displaystyle\sum_{n=1}^{\infty} a_n$ 收敛.

分析：考查函数项级数与数项级数一致收敛的判定方法.

证明：

必要性：$\displaystyle\sum_{n=1}^{\infty} a_n$ 收敛，证 $\displaystyle\sum_{n=1}^{\infty} a_n \cos x$ 在 $[0, \pi]$ 中一致收敛，是因为 $|a_n \cos x| \leqslant |a_n| = a_n$ 所以由 Weierstranss 判别法可知 $\displaystyle\sum_{n=1}^{\infty} a_n \cos x$ 在 $[0, \pi]$ 中一致收敛.

充分性：$\displaystyle\sum_{n=1}^{\infty} a_n \cos x$ 一致收敛，证 $\displaystyle\sum_{n=1}^{\infty} a_n$ 一致收敛，令 $x = 0$，则 $\displaystyle\sum_{n=1}^{\infty} a_n \cos x = \displaystyle\sum_{n=1}^{\infty} a_n$ 也收敛.

例 18　求函数项级数 $\displaystyle\sum_{n=1}^{\infty} \ln\left(1 + \dfrac{2|x|}{x^2 + n^3}\right)$ 的收敛性，并证明该级数在收敛域是一致的.

分析：用 Weierstranss 判别法判断函数项级数的一致收敛性.

解：因为

$$0 \leqslant \ln\left(1 + \dfrac{2|x|}{x^2 + n^3}\right) \leqslant \dfrac{2|x|}{x^2 + n^3} \leqslant n^{-\frac{3}{2}}$$

同时，$\displaystyle\sum_{n=1}^{\infty} n^{-\frac{3}{2}}$ 收敛，故由 Weierstranss 判别法知 $\displaystyle\sum_{n=1}^{\infty} \ln\left(1 + \dfrac{2|x|}{x^2 + n^3}\right)$ 在

$(-\infty, +\infty)$ 上是一致收敛的。

例 19 $\displaystyle\sum_{n=1}^{\infty} x^n(1-x^2)$ 在 $[0, 1]$ 上不一致收敛.

分析：考查函数项级数的一致收敛.

证明：令

$$S_n(x) = \sum_{k=1}^{n} x^k(1-x^2) = x(1+x)(1-x^n)$$

则

$$S(x) = \lim_{n\to\infty} S_n(x) = \lim_{n\to\infty}(1+x)(1-x^n) = \begin{cases} x(1+x), & 0 \leqslant x < 1 \\ 0, & x = 1 \end{cases}$$

易知 $S_n \in [0, 1]$，且 $x^n(1-x^2)$ 在 $x \in [0, 1]$ 上连续，但是 $S(x)$ 在 $x=1$ 不连续，所以由一致收敛函数项级数的性质知 $\displaystyle\sum_{n=1}^{\infty} x^n(1-x^2)$ 在 $[0, 1]$ 上不一致收敛.

例 20　证明：$\displaystyle\sum_{n=1}^{\infty} \frac{(-1)^{n-1}}{n+x^2}$ 在 $x \in (-\infty, +\infty)$ 上一致收敛，但对任意 $x \in (-\infty, +\infty)$ 并非绝对收敛.

分析：考查函数项级数的一致收敛判别法.

证明：因为 $|S_n| = \left| \displaystyle\sum_{n=1}^{\infty} (-1)^{n-1} \right| \leqslant 1$ 有界，同时 $\left\{ \dfrac{1}{n+x^2} \right\}$ 关于 n 一致单调递减，且 $\displaystyle\lim_{n\to\infty} \frac{1}{n+x^2} = 0$.

由 Dirichlet 判别法可知，$\displaystyle\sum_{n=1}^{\infty} \frac{(-1)^{n-1}}{n+x^2}$ 在 $x \in (-\infty, +\infty)$ 上一致收敛。但是对于

$$\sum_{n=1}^{\infty} \left| \frac{(-1)^{n-1}}{n+x^2} \right| = \sum_{n=1}^{\infty} \frac{1}{n+x^2}$$

当 $x = 0$ 时，$\displaystyle\sum_{n=1}^{\infty} \left| \frac{(-1)^{n-1}}{n+x^2} \right| = \sum_{n=1}^{\infty} \frac{1}{n}$ 发散，所以 $\displaystyle\sum_{n=1}^{\infty} \frac{(-1)^{n-1}}{n+x^2}$ 并非绝对收敛.

例 21　证明 $\displaystyle\sum_{n=1}^{\infty} \left(1 + \frac{1}{2} + \cdots + \frac{1}{n}\right) \frac{\sin nx}{n}$.

数学分析选讲

分析： 考查函数项级数一致收敛.

证明： 当 $x = k\pi (k \in \mathbf{Z})$ 时，显然收敛，当 $x \neq k\pi (k \in \mathbf{Z})$ 时，由积化和差公式得

$$\left| \sum_{k=1}^{n} \sin k\pi \right| = \left| \frac{\sin \frac{x}{2}}{\sin \frac{x}{2}} \sum_{k=1}^{n} \sin k\pi \right|$$

$$= \left| \frac{\sum_{k=1}^{n} \left[\cos\left(k - \frac{1}{2}\right)x - \cos\left(k + \frac{1}{2}\right)x \right]}{2\sin \frac{x}{2}} \right|$$

$$= \frac{\cos \frac{x}{2} - \cos\left(n + \frac{1}{2}\right)x}{2\sin \frac{x}{2}} \leqslant \left| \frac{1}{2\sin \frac{x}{2}} \right|$$

易知 $\left\{ \left(1 + \frac{1}{2} + \cdots + \frac{1}{n}\right) \frac{1}{n} \right\}$ 单调递减趋于 0，故由 Dirichlet 法知

$$\sum_{n=1}^{\infty} \left(1 + \frac{1}{2} + \cdots + \frac{1}{n}\right) \frac{\sin nx}{n}$$

收敛.

例 22 设 $f(x)$ 在 $[0, 1]$ 上连续，且 $\sum_{n=1}^{\infty} [f(x)]^n$ 在 $[0, 1]$ 上处收敛，证明该级数在 $[0, 1]$ 上绝对且一致收敛.

分析： 考查函数项级数的一致收敛与绝对收敛.

证明： 对任意的 $x \in [0, 1]$，因为 $\sum_{n=1}^{\infty} [f(x)]^n$ 收敛，所以 $\lim_{n \to \infty} [f(x)]^n = 0$，从而 $|f(x)| < 1$. 由于 $f(x)$ 在 $[0, 1]$ 上连续，所以 $|f(x)|$ 在 $[0, 1]$ 上连续，由连续函数在闭区间的性质可知，存在 $x_0 \in [0, 1]$，使 $f(x_0)$ 为 $f(x)$ 在 $[0, 1]$ 上的最大值，从而存在 $x_0 \in [0, 1]$，使得当 $x \in [0, 1]$ 时，有

$$|f(x)| \leqslant |f(x_0)| < 1$$

从而 $|[f(x)]^n| \leqslant |[f(x_0)]^n|$. 由于 $\sum_{n=1}^{\infty} [f(x_0)]^n$ 收敛，故该级数在

[0，1] 上绝对且一致收敛.

例 23　设 $f_n(x)$ 在 $[a，b]$ 上有定义，有 $\delta \in (0，1]$ 使得下式成立

$$|f_n(x) - f_n(y)| \leqslant |x - y|^{\delta}，n \in \mathbf{N}，x，y \in [a，b]$$

且逐点有 $f_n(x) \to f(x)$，$n \to \infty$，证明：$f_n(x)$ 在 $[a，b]$ 上一致收敛.

分析： 考查函数列的一致收敛与绝对收敛.

证明： 作 $[a，b]$ 的一个分割 $T = \{a_0，a，\cdots，a_k\}$，使得 $a = a_0 < a_1 < \cdots < a_k = b$，有

$$0 < a_{i+1} - a_i < \left(\frac{\varepsilon}{3}\right)^{\frac{1}{\delta}}，i = 0，1，2，\cdots，k-1$$

现在设 $x \in [a，b]$，则存在 $0 \leqslant i \leqslant k-1$，使得 $x \in [a_i，a_{i+1}]$。由于 $\{f_n(a_i)\}$ 收敛，从而存在 $N \in \mathbf{N}$，$n，m \in \mathbf{N}$，$m \geqslant n > N$，使得

$$|f_m(a_i) - f_n(a_i)| < \frac{\varepsilon}{3}，i = 0，1，\cdots，k$$

所以对任意的 $n，m \in \mathbf{N}$，且 $m \geqslant n > N$，$x \in [a，b]$ 有

$$|f_m(x) - f_n(x)| \leqslant |f_m(x) - f_n(x) - [f_m(a_i) - f_n(a_i)]|$$
$$+ |f_m(a_i) - f_n(a_i)|$$

$$\leqslant |f_m(x) - f_m(a_i)| + |f_n(x) - f_n(a_i)| + \frac{\varepsilon}{3}$$

$$\leqslant 2|x - a_i|^{\delta} + \frac{\varepsilon}{3} < \varepsilon$$

于是由 Cauchy 收敛准则，则知 $f_n(x)$ 在 $[a，b]$ 上一致收敛.

例 24　函数 $g(x) \in [0，1]$，$g(1) = 0$，且 $g(1)' = 0$（$g(1)'$ 可理解为左倒数），证明：$\sum\limits_{n=0}^{\infty} x^n g(x)$ 在 $[0，1]$ 上一致收敛.

分析： 考查函数项级数的一致收敛性，关键是分成两部分分别进行估计.

证明： 因为

$$\lim_{x \to 1^-} \frac{g(x)}{x-1} = \lim_{x \to 1^-} \frac{g(x) - g(1)}{x-1} = g'(1) = 0$$

所以对任意的 $\varepsilon > 0$，存在 $\delta > 0$ 使得当 $x \in (1-\delta，1]$ 时，有 $|g(x)| \leqslant \dfrac{\varepsilon(1-x)}{2}$，从而对任意的 $x \in (1-\delta，1]$，$m，n > 0$，有

$$\left| x^n g(x) + \cdots + x^m g(x) \right| \leqslant \frac{\varepsilon}{2} \sum_{k=n}^{m} x^k (1-x) = \frac{\varepsilon}{2} \left| x^n - x^{m+1} \right| \leqslant \varepsilon$$

由于 $g(x) \in [0,1]$，所以存在 $M > 0$ 使得 $x \in [0,1]$ 时，$\left| g(x) \right| \leqslant M$. 从而当 $x \in (0, 1-\delta]$ 时，有

$$\left| x^n g(x) \right| \leqslant M (1-\delta)^n$$

又因 $\displaystyle\sum_{n=0}^{\infty} M (1-\delta)^n$ 收敛，故由 Weierstrass 判别法知 $\displaystyle\sum_{n=0}^{\infty} x^n g(x)$ 在 $[0, 1-\delta]$ 上一致收敛，于是对于上述的 $\delta > 0$，存在 $N > 0$，使得当 $x \in [0, 1-\delta]$，$m, n > N$ 时，有

$$\left| x^n g(x) + \cdots + x^m g(x) \right| \leqslant \varepsilon$$

结合两部分，当 $x \in [0,1]$，$m, n > N$ 时，有

$$\left| x^n g(x) + \cdots + x^m g(x) \right| \leqslant \varepsilon$$

故 $\displaystyle\sum_{n=0}^{\infty} x^n g(x)$ 在 $[0,1]$ 上一致收敛.

例 25　已知 $a_{2n-1} = \dfrac{1}{n}$，$a_{2n} = \displaystyle\int_n^{n+1} \frac{1}{x} \mathrm{d}x$，证明 $\displaystyle\sum_{n=1}^{\infty} (-1)^n a_n$ 条件收敛.

分析：考查交错级数的条件收敛.

证明：由于

$$a_{2n+1} = \frac{1}{n+1} \leqslant a_{2n} = \int_n^{n+1} \frac{1}{x} \mathrm{d}x \leqslant \frac{1}{n} = a_{2n-1}$$

所以 $\{a_n\}$ 是单调递减数列. 又因 $\displaystyle\lim_{n \to \infty} a_{2n-1} = \lim_{n \to \infty} \frac{1}{n} = 0$. 于是由 Leibniz 判别法知 $\displaystyle\sum_{n=1}^{\infty} (-1)^n a_n$ 收敛. 由于

$$a_{2n-1} = \frac{1}{n}, \quad a_{2n} > \frac{1}{n+1}$$

且 $\displaystyle\sum_{n=1}^{\infty} \frac{1}{n}$ 发散，所以 $\displaystyle\sum_{n=1}^{\infty} a_n$ 发散，故级数 $\displaystyle\sum_{n=1}^{\infty} (-1)^n a_n$ 条件收敛.

例 26　判断级数 $\displaystyle\sum_{n=2}^{+\infty} \frac{\ln\ln n}{\ln n} \sin n$ 的绝对收敛与条件收敛.

分析：考查数项级数的绝对收敛与条件收敛.

解：令 $f(x) = \dfrac{\ln\ln x}{\ln x}$，则 $f(x)' = \dfrac{1 - \ln\ln x}{x\ln^2 x}$，所以当 $x > e^e$ 时，$f'(x)$

< 0. 故当 $n > 27$ 时，$\dfrac{\ln\ln n}{\ln n}$ 单调递减，且由 L'Hospital 法则知

$$\lim_{n \to \infty} \frac{\ln\ln n}{\ln n} = \lim_{x \to +\infty} \frac{\ln x}{x} = \lim_{x \to +\infty} \frac{1}{x} = 0$$

对任意的 n，由积化和差公式得

$$\sum_{k=2}^{n} \sin k = \frac{\sin\dfrac{1}{2}}{\sin\dfrac{1}{2}} \sum_{k=2}^{n} \sin k = \frac{\displaystyle\sum_{k=2}^{n}\left[\cos\left(k - \frac{1}{2}\right) - \cos\left(k + \frac{1}{2}\right)\right]}{2\sin\dfrac{1}{2}}$$

$$= \frac{\cos\dfrac{3}{2} - \cos\left(n + \dfrac{1}{2}\right)}{2\sin\dfrac{1}{2}}$$

所以 $\displaystyle\sum_{k=2}^{n}|\sin k| \leqslant \dfrac{1}{\sin\dfrac{1}{2}}$，从而由 Dirichlet 判别法知 $\displaystyle\sum_{n=2}^{+\infty} \dfrac{\ln\ln n}{\ln n}\sin n$ 收敛.

易知

$$\left|\frac{\ln\ln n}{\ln n}\sin n\right| \geqslant \frac{\ln\ln n}{\ln n}\sin^2 n = \frac{\ln\ln n}{2\ln n}(1 - \cos 2n)$$

类似前面的分析知 $\displaystyle\sum_{n=2}^{+\infty}\dfrac{\ln\ln n}{2\ln n}\cos 2n$ 收敛，由于 $\dfrac{\ln\ln n}{2\ln n} \geqslant \dfrac{1}{2n}$，所以 $\displaystyle\sum_{n=2}^{+\infty}\dfrac{\ln\ln n}{2\ln n}$

发散，从而 $\displaystyle\sum_{n=2}^{+\infty}\left|\dfrac{\ln\ln n}{\ln n}\sin n\right|$ 发散，故 $\displaystyle\sum_{n=2}^{+\infty}\dfrac{\ln\ln n}{\ln n}\sin n$ 条件收敛.

例 27　研究 $\displaystyle\sum_{n=2}^{\infty}\dfrac{\sin nx}{\ln n}$ 的敛散性.

分析：考查函数项级数的敛散性.

解：当 $x = kx\ (k \in \mathbf{Z})$ 时，显然有 $\displaystyle\sum_{n=2}^{\infty}\dfrac{\sin nx}{\ln n}$ 绝对收敛. 当 $x \neq k\pi\ (k \in \mathbf{Z})$

时，因为 $\left|\displaystyle\sum_{n=2}^{\infty}\sin kx\right| \leqslant M$，而 $\left\{\dfrac{1}{\ln n}\right\}$ 单调递减，$\displaystyle\lim_{n \to \infty}\dfrac{1}{\ln n} = 0$，故由 Dirichlet 判

别法可知 $\displaystyle\sum_{n=2}^{\infty}\dfrac{\sin nx}{\ln n}$ 收敛，而

$$\left|\frac{\sin nx}{\ln n}\right| \geqslant \frac{\sin^2 nx}{\ln n} = \frac{1}{2\ln n} - \frac{\cos 2nx}{2\ln n}$$

由于 $\displaystyle\sum_{n=2}^{\infty} \frac{1}{\ln n}$ 发散，所以该级数条件收敛.

例 28　讨论级数 $\displaystyle\sum_{n=1}^{\infty} \frac{1}{n^p}\left(1 - \frac{x\ln n}{n}\right)^n (p > 0)$ 的收敛性.

分析：考查数项级数的收敛性，关键时使用带 Peano 余项的 Taylor 公式.

解：利用带 Peano 余项的 Taylor 公式

$$\ln(1+x) = x - \frac{1}{2}x^2 + o(x^2)，当 x \to 0 时$$

有

$$\left(1 - \frac{x\ln n}{n}\right)^n = e^{n\ln\left(1 - \frac{x\ln n}{n}\right)} = e^{n\left[-\frac{x\ln n}{n} + o\left(\left(\frac{x\ln n}{n}\right)^{\frac{3}{2}}\right)\right]} = n^{-x}e^{o\left(\frac{(x\ln n)^{\frac{3}{2}}}{n^{\frac{1}{2}}}\right)} n^{-x}$$

于是 $\dfrac{1}{n^p}\left(1 - \dfrac{x\ln n}{n}\right)^n \to n^{-(p+x)}$，所以当 $x > 1 - p$ 时收敛，当 $x \leqslant 1 - p$ 时发散.

例 29　讨论级数 $\displaystyle\sum_{n=1}^{\infty} \left[\frac{\pi}{n} - \sin\left(\frac{\pi}{n}\right)\right]^p$ 的敛散性.

分析：考查数项级数的敛散性，关键是找出等价量.

解：因为

$$\lim_{x \to 0} \frac{x - \sin x}{x^3} = \lim_{x \to 0} \frac{1 - \cos x}{3x^2} = \lim_{x \to 0} \frac{\sin x}{6x} = \frac{1}{6}$$

所以

$$\lim_{n \to \infty} \frac{\left(\dfrac{\pi}{n} - \sin\dfrac{\pi}{n}\right)^p}{\left(\dfrac{\pi}{n}\right)^{3p}} = \lim_{n \to \infty} \left(\frac{\dfrac{\pi}{n} - \sin\left(\dfrac{\pi}{n}\right)}{\left(\dfrac{\pi}{n}\right)^3}\right)^p = \frac{1}{6^p}$$

故 当 $p > \dfrac{1}{3}$ 时，$\displaystyle\sum_{n=1}^{\infty}\left[\frac{\pi}{n} - \sin\left(\frac{\pi}{n}\right)\right]^p$ 收敛；当 $p \leqslant \dfrac{1}{3}$ 时，$\displaystyle\sum_{n=1}^{\infty}\left[\frac{\pi}{n} - \sin\left(\frac{\pi}{n}\right)\right]^p$ 发散.

例 30　证明：若 $\displaystyle\sum_{n=1}^{\infty} a_n$ 绝对收敛，则 $\displaystyle\sum_{n=1}^{\infty} a_n(a_1 + a_2 + \cdots + a_n)$ 必绝对

收敛.

分析：考查数项级数的绝对收敛性.

证明：记 $S_n = \sum\limits_{k=1}^{n} a_k$，因为 $\sum\limits_{n=1}^{\infty} a_n$ 绝对收敛，所以存在 $M > 0$ 使得

$$|a_1 + a_2 + \cdots + a_n| < M，n > 0$$

从而

$$|a_n (a_1 + a_2 + \cdots + a_n)| < M|a_n|，n > 0$$

由于 $\sum\limits_{n=1}^{\infty} a_n$ 绝对收敛，故由比较判别法知 $\sum\limits_{n=1}^{\infty} a_n (a_1 + a_2 + \cdots + a_n)$ 也必绝对收敛.

例 31   设 $x_{n+1} = \dfrac{k + x_n}{1 + x_n}$，$k > 1$，$x_1 \geqslant 0$.

(1) 证明：级数 $\sum\limits_{n=0}^{\infty} (x_{n+1} - x_n)$ 绝对收敛；

(2) 求级数 $\sum\limits_{n=0}^{\infty} (x_{n+1} - x_n)$ 之和.

分析：先证明奇数项数列和偶数项数列分别收敛，由此说明原数列收敛，再用比较判别法证明级数绝对收敛.

证明：不妨设 $x_1 \geqslant \sqrt{k}$（$x_1 \leqslant \sqrt{k}$ 的情况完全类似），由于

$$x_{n+1} - \sqrt{k} = \frac{1 - \sqrt{k}}{1 + x_n}(x_n - \sqrt{k})$$

故知

$$x_{2n+1} \geqslant \sqrt{k}，x_{2n} \leqslant \sqrt{k}$$

又因

$$x_{n+2} - x_n = \frac{k + x_n + 1}{1 + x_{n+1}} - x_n = \frac{2k + (k+1)x_n}{k + 1 + 2x_n} - x_n = \frac{2(k - x_n^2)}{k + 1 + 2x_n}$$

由此即知 $\{x_{2n+1}\}$ 单调递减有下界，记极限值为 a；$\{x_{2n}\}$ 单调递增有上界，记极限值为 b. 在题设中的等式令 $n \to \infty$，则有

$$\begin{cases} a = \dfrac{k + b}{1 + b} \\[2mm] b = \dfrac{k + a}{1 + a} \end{cases}$$

解此方程组得 $a=b=\sqrt{k}$，所以 $\lim\limits_{n\to\infty}x_n=\sqrt{k}$．又因为

$$x_{n+1}-x_n=\frac{1-k}{(1+x_n)(1+x_{n-1})}(x_n-x_{n-1})$$

所以

$$\lim_{n\to\infty}\frac{|x_{n+1}-x_n|}{|x_n-x_{n-1}|}=\lim_{n\to\infty}\frac{k-1}{(1+x_n)(1+x_{n-1})}=\frac{\sqrt{k}-1}{\sqrt{k}-1}<1$$

则级数 $\sum\limits_{n=0}^{\infty}(x_{n+1}-x_n)$ 绝对收敛，且 $\sum\limits_{n=0}^{\infty}(x_{n+1}-x_n)=\sqrt{k}$．

例 32 设 f 在 $x=0$ 的某个领域内有定义，$f''(0)$ 存在，证明 $\sum\limits_{n=1}^{\infty}f\left(\frac{1}{n}\right)$ 绝对收敛的充分必要条件是 $f(0)=f'(0)=0$．

分析： 考查数项级数的绝对收敛性．

证明： 充分性．由于 $f''(0)$ 存在，所以由 L'Hospital 法则知

$$\lim_{x\to0}\frac{f(x)}{x^2}=\lim_{x\to0}\frac{f'(x)}{2x}=\lim_{x\to0}\frac{f'(x)-f(0)}{2x}=\frac{1}{2}f''(0)$$

从而

$$\lim_{x\to0}n^2f\left(\frac{1}{n}\right)=\frac{1}{2}f''(0)$$

故 $\sum\limits_{n=1}^{\infty}f\left(\frac{1}{n}\right)$ 绝对收敛．

必要性： 由 $\sum\limits_{n=1}^{\infty}f\left(\frac{1}{n}\right)$ 绝对收敛知，$\lim\limits_{n\to\infty}f\left(\frac{1}{n}\right)=0$，又由于 f 在 $x=0$ 处连续，故有 $f(0)=0$，由导数的定义知

$$f'(0)=\lim_{x\to0}\frac{f(x)-f(0)}{x}=\lim_{x\to0}\frac{f(x)}{x}$$

从而有

$$\lim_{x\to0}nf\left(\frac{1}{n}\right)=f'(0)$$

所以当 $\sum\limits_{n=1}^{\infty}f\left(\frac{1}{n}\right)$ 绝对收敛时，$f'(0)$ 只能等于 0．

例 33 设 $\sum\limits_{n=1}^{\infty}a_n$ 收敛，$\lim\limits_{n\to\infty}na_n=0$，证明：$\sum\limits_{n=1}^{\infty}n(a_n-a_{n+1})=\sum\limits_{n=1}^{\infty}a_n$．

分析：要熟练运用 Abel 变换.

证明：令

$$S_n = \sum_{k=1}^{n} a_k, \ T_n = \sum_{k=1}^{n} k(a_k - a_{k+1}) = \sum_{n=1}^{\infty} a_n$$

由 Abel 变换知

$$T_n = \sum_{k=1}^{n} a_k - na_{k+1} = S_n - na_{k+1}$$

由于 $\lim\limits_{n \to \infty} na_n = 0$，所以

$$\lim_{n \to \infty} na_{n+1} = \lim_{n \to \infty} \frac{n}{n+1}(n+1)a_{n+1} = 0$$

故有 $\sum\limits_{n=1}^{\infty} n(a_n - a_{n+1}) = \sum\limits_{n=1}^{\infty} a_n$.

例 34　设级数 $\sum\limits_{n=1}^{\infty} a_n$ 收敛，$\sum\limits_{n=1}^{\infty} (b_{n+1} - b_n)$ 绝对收敛，证明：级数 $\sum\limits_{n=1}^{\infty} a_n b_n$ 也收敛.

分析：考查数项级数的收敛性.

证明：令 $S_{n+i} = \sum\limits_{k=n+1}^{n+i} a_k$，由 Cauchy 收敛准则可得，对任意的 $\varepsilon > 0$，存在 $N > 0$，当 $n > N$ 时，对任意的 $p \in \mathbf{N}$，总有 $S_{n+p} < \varepsilon$，从而

$$\left| \sum_{k=n+1}^{n+p} a_k b_k \right| = |a_{n+1}b_{n+1} + a_{n+2}b_{n+2} + \cdots + a_{n+p}b_{n+p}|$$

$$= |S_{n+1}b_{n+1} + (S_{n+2} - S_{n+1})b_{n+2} + \cdots + (S_{n+p} - S_{n+p-1})b_{n+p}|$$

$$= |S_{n+1}(b_{n+1} - b_{n+2}) + \cdots + S_{n+p-1}(b_{n+p-1} - b_{n+p}) + S_{n+p}b_{n+p}|$$

$$\leqslant |S_{n+1}||b_{n+1} - b_{n+2}| + \cdots + |S_{n+p-1}||b_{n+p-1} - b_{n+p}|$$

$$+ |S_{n+p}||b_{n+p}| \leqslant \varepsilon \left(\sum_{k=n+1}^{n+p} |b_{k+1} - b_k| + |b_{k+p}| \right)$$

由于 $\sum\limits_{n=1}^{\infty} (b_{n+1} - b_n)$ 绝对收敛，故易知存在 $M > 0$，使得对任意的 $n > M$，$p \in \mathbf{N}$，有 $\sum\limits_{k=n+1}^{n+p} |b_{k+1} - b_k| + |b_{k+p}| < M$. 所以当 $n > N$ 时，对任意的 $p \in \mathbf{N}$，有 $\left| \sum\limits_{k=n+1}^{n+p} a_k b_k \right| < M\varepsilon$，故由 Cauchy 收敛准则可知 $\sum\limits_{n=1}^{\infty} a_n b_n$ 收敛.

例 35 设 $f(x) = \sum\limits_{n=1}^{+\infty} n?^{-nx}$，$x \in (0,+\infty)$，证明：$f(x)$ 在 $(0,+\infty)$ 内连续，求 $\int_{\ln 2}^{\ln 3} f(x)\mathrm{d}x$.

证明： 因为对任意的 δ，当 $x > \delta$ 时，$|n?^{-nx}| \leqslant |n?^{-n\delta}|$，而 $\sum\limits_{n=1}^{+\infty} n?^{-nx}$ 收敛，故 $f(x)$ 一致收敛，因为 $n?^{-nx}$ 在 $(0,+\infty)$ 上连续，则 $f(x)$ 在 $(0,+\infty)$ 上连续，所以可积.

即积分号与求和号可交换. 因此有

$$\int_{\ln 2}^{\ln 3} f(x)\mathrm{d}x = \int_{\ln 2}^{\ln 3} \sum_{n=1}^{+\infty} n?^{-nx}\mathrm{d}x = \sum_{n=1}^{+\infty}\int_{2}^{\ln 3} n?^{-nx}\mathrm{d}x = \sum_{n=1}^{+\infty}\left(\frac{1}{2^n}-\frac{1}{3^n}\right)$$

$$= \sum_{n=1}^{+\infty}\frac{1}{2^n} - \sum_{n=1}^{+\infty}\frac{1}{3^n} = \frac{\frac{1}{2}}{1-\frac{1}{2}} - \frac{\frac{1}{3}}{1-\frac{1}{3}} = \frac{1}{3}$$

例 36 设 $f_n(x)$ 是 $[0,1]$ 上连续函数，且在 $[0,1]$ 一致收敛于 $f(x)$. 证明：$\lim\limits_{n\to\infty}\int_0^{1-\frac{1}{n}} f_n(x)\mathrm{d}x = \int_0^1 f(x)\mathrm{d}x$.

分析： 考查一致收敛函数性质的应用.

证明： 因为 $f_n(x)$ 是 $[0,1]$ 上连续函数，且在 $[0,1]$ 一致收敛于 $f(x)$，所以 $f(x)$ 在 $[0,1]$ 上连续，从而

$$\lim\limits_{n\to\infty}\int_0^{1-\frac{1}{n}} f_n(x)\mathrm{d}x = \int_0^1 f(x)\mathrm{d}x$$

故本题等价于证明

$$\lim\limits_{n\to\infty}\int_0^{1-\frac{1}{n}} [f_n(x) - f(x)]\mathrm{d}x = 0$$

因为 $f_n(x)$ 在 $[0,1]$ 上一致收敛于 $f(x)$，所以对任意的 $\varepsilon > 0$，存在 $N > 0$，使得

$$|f_n(x) - f(x)| < \varepsilon,\ n > N,\ x \in [0,1]$$

从而对任意的 $n > N$ 有

$$\left|\int_0^{1-\frac{1}{n}} [f_n(x) - f(x)]\mathrm{d}x\right| \leqslant \int_0^{1-\frac{1}{n}} [f_n(x) - f(x)]\mathrm{d}x$$

$$\leqslant \int_0^1 [f_n(x) - f(x)]\mathrm{d}x < \varepsilon$$

即

$$\lim_{n\to\infty} \int_0^{1-\frac{1}{n}} [f_n(x) - f(x)]\mathrm{d}x = 0$$

4.4　幂级数

Abel 第一定理

(1) 若幂级数 $\sum_{n=0}^{\infty} a_n x^n$ 在 $x_0 \neq 0$ 处收敛，则幂级数 $\sum_{n=0}^{\infty} a_n x^n$ 在任意的 $|x| < |x_0|$ 处都绝对收敛.

(2) 若幂级数 $\sum_{n=0}^{\infty} a_n x^n$ 在 x_1 处发散，则幂级数 $\sum_{n=0}^{\infty} a_n x^n$ 在任意的 $|x| > |x_1|$ 处都发散.

收敛半径　对于幂级数 $\sum_{n=0}^{\infty} a_n x^n$，若

$$\lim_{n\to\infty} \frac{|a_{n+1}|}{|a_n|} = l \,(\text{或} \lim_{n\to\infty} \sqrt[n]{|a_n|})$$

则 $\sum_{n=0}^{\infty} a_n x^n$ 的收敛半径为

$$r = \begin{cases} \dfrac{1}{l}, & 0 < l < +\infty, \\ +\infty, & l = 0, \\ 0, & l = +\infty \end{cases}$$

幂级数和函数的性质

(1) 若幂级数 $\sum_{n=0}^{\infty} a_n x^n$ 的收敛半径 $r > 0$，则幂级数在任意区间 $[-a, a] \subset (-r, r)$ 都一致收敛.

(2) 幂级数 $\sum_{n=0}^{\infty} a_n x^n$ 与 $\sum_{n=0}^{\infty} (a_n x^n)' = \sum_{n=0}^{\infty} n a_n x^{n-1}$ 的收敛半径相同.

（3）幂级数 $\displaystyle\sum_{n=0}^{\infty} a_n x^n$ 与 $\displaystyle\sum_{n=0}^{\infty} \int_0^x a_n t^n \, dt = \sum_{n=0}^{\infty} \frac{a_n}{n+1} x^{n+1}$ 的收敛半径相同.

（4）若幂级数 $\displaystyle\sum_{n=0}^{\infty} a_n x^n$ 的收敛半径 $r > 0$，则幂级数的和函数在 $(-r, r)$ 连续.

（5）若幂级数 $\displaystyle\sum_{n=0}^{\infty} a_n x^n$ 的收敛半径 $r > 0$，则幂级数的和函数在 $(-r, r)$ 内闭可积，且 $\displaystyle\int_0^x S(t) \, dt = \sum_{n=0}^{\infty} \int_0^x a_n t^n \, dt = \sum_{n=0}^{\infty} \frac{a_n}{n+1} x^{n+1}$.

（6）若幂级数 $\displaystyle\sum_{n=0}^{\infty} a_n x^n$ 的收敛半径 $r > 0$，则幂级数的和函数在 $(-r, r)$ 内任意次可微，且 $\displaystyle S'(x) = \sum_{n=0}^{\infty} (a_n x^n)' = \sum_{n=0}^{\infty} n a_n x^{n-1}$.

幂级数的展开 Taylor 公式　若函数 $f(x)$ 在点 x_0 的某邻域内存在直至 $(n+1)$ 阶的连续导数，则称

$$f(x) = f(x_0) + f'(x_0)(x-x_0) + \frac{f''(x_0)}{2!}(x-x_0)^2 + \cdots$$
$$+ \frac{f^{(n)}(x_0)}{n!} \cdot (x-x_0)^n + R_n(x)$$

为 f 在 x_0 的 Taylor 公式，其中，$R_n(x) = \dfrac{f^{(n+1)}(\xi)}{(n+1)!}(x-x_0)^{n+1}$ 称为 Lagrange 型余项，ξ 在 x 与 x_0 之间.

Taylor 级数　如果函数 $f(x)$ 在 $x = x_0$ 处存在任意阶导数，这时称

$$f(x_0) + f'(x_0)(x-x_0) + \frac{f''(x_0)}{2!}(x-x_0)^2 + \cdots + \frac{f^{(n)}(x_0)}{n!}(x-x_0)^n + \cdots$$

为函数 $f(x)$ 在 x_0 的 Taylor 级数.

Maclaurin 级数　如果函数 $f(x)$ 在 $x = 0$ 处存在任意阶导数，这时称

$$f(0) + f'(0)x + \frac{f''(0)}{2!}x^2 + \cdots + \frac{f^{(n)}(0)}{n!}x^n + \cdots$$

为函数 $f(x)$ 在 x_0 的 Maclaurin 级数.

注：设 $f(x)$ 在点 x_0 处具有任意阶导数，那么 $f(x)$ 在区间 $(x_0 - r, x_0 + r)$ 内等于它的 Taylor 级数的和函数的充分条件是对一切满足不等式

$|x - x_0| < r$ 的 x，有

$$\lim_{n \to \infty} R_n(x) = 0$$

这里，$R_n(x)$ 是 $f(x)$ 在 x_0 的余项.

初等函数的幂级数展开

$$l^x = 1 + \frac{1}{1!}x + \frac{1}{2!}x^2 + \cdots + \frac{1}{n!}x^n + \cdots, \ x \in (-\infty, +\infty)$$

$$\sin x = x - \frac{x^3}{3!} + \frac{x^5}{5!} + \cdots + (-1)^{n+1}\frac{x^{2n-1}}{(2n-1)!} + \cdots, \ x \in (-\infty, +\infty)$$

$$\cos x = 1 - \frac{x^2}{2!} + \frac{x^4}{4!} + \cdots + (-1)^n\frac{x^{2n}}{(2n)!} + \cdots, \ x \in (-\infty, +\infty)$$

$$\ln(x+1) = x - \frac{x^2}{2} + \frac{x^3}{3} + \frac{x^4}{4} + \cdots + (-1)^{n-1}\frac{x^n}{n} + \cdots, \ x \in (-1, 1]$$

$$(1+x)^\alpha = 1 + \alpha x + \frac{\alpha(\alpha-1)}{2!}x^2 + \cdots + \frac{\alpha(\alpha-1)\cdots(\alpha-n+1)}{n!}x^n + \cdots$$

当 $\alpha \leqslant -1$ 时，收敛域为 $(-1, 1)$；当 $-1 < \alpha < 0$ 时，收敛域为 $(-1, 1]$；当 $\alpha > 0$ 时，收敛域为 $[-1, 1]$.

注：可以通过变量代换、四则运算或逐项求导、逐项求积等方法，间接地求得函数的幂级数展开式.

例 37　设 $\displaystyle\sum_{n=1}^{\infty} a_n \left(\frac{x-1}{2}\right)^n$ 在 $x = -2$ 处条件收敛，求其收敛半径.

分析：考查幂级数收敛半径及收敛性.

解：当 $x = -2$ 时，原幂级数 $\displaystyle\sum_{n=1}^{\infty} a_n \left(\frac{3}{2}\right)^n (-1)^n$ 条件收敛，所以 $\displaystyle\sum_{n=1}^{\infty} a_n \left(\frac{3}{2}\right)^n$ 不收敛，即当 $x = 4$ 时不收敛. 故其收敛半径为 $\dfrac{4+2}{2} = 3$.

例 38　求幂级数 $\displaystyle\sum_{n=1}^{\infty} \frac{\ln(n+1)}{n^{\alpha + \frac{1}{n}}} x^n \ (\alpha > 0)$ 的收敛域.

分析：考查幂级数的收敛域.

解：因为

$$\lim_{n \to \infty} \sqrt[n]{\frac{\ln(n+1)}{n^{\alpha+\frac{1}{n}}}} = \lim_{n \to \infty} \frac{\sqrt[n]{\ln(n+1)}}{\sqrt[n]{n^{\alpha+\frac{1}{n}}}} = 1$$

所以收敛半径 $R=1$. 当 $\alpha>1$ 时，由于

$$\lim_{n\to\infty} n^{\frac{1+\alpha}{2}}\frac{\ln(n+1)}{n^{\alpha+\frac{1}{n}}}=\lim_{n\to\infty}\frac{\ln(n+1)}{n^{\frac{\alpha-1}{2}+\frac{1}{n}}}=0$$

所以 $\sum_{n=1}^{\infty}\frac{\ln(n+1)}{n^{\alpha+\frac{1}{n}}}$ 收敛，故收敛域为 $[-1,1]$. 当 $\alpha\leqslant1$ 时，有

$$\lim_{n\to\infty} n\frac{\ln(n+1)}{n^{\alpha+\frac{1}{n}}}=\lim_{n\to\infty}\frac{\ln(n+1)}{n^{\alpha-1+\frac{1}{n}}}=+\infty$$

所以 $\sum_{n=1}^{\infty}\frac{\ln(n+1)}{n^{\alpha+\frac{1}{n}}}$ 发散. 由于当 n 充分大时，$\left\{\frac{\ln(n+1)}{n^{\alpha+\frac{1}{n}}}\right\}$ 单调递减趋于 0，所以 $\sum_{n=1}^{\infty}\frac{\ln(n+1)}{n^{\alpha+\frac{1}{n}}}(-1)^n$ 收敛，故收敛域为 $(-1,1]$. 综合起来，当 $\alpha>1$ 时，收敛域为 $[-1,1]$；当 $\alpha\leqslant1$ 时，收敛域为 $[-1,1]$.

例 39 确定由幂级数 $\sum_{n=1}^{\infty}\frac{n^3 x^n}{n^4+16}$ 收敛点全体构成的收敛域.

分析：考查幂级数的收敛域.

解：由于 $\lim_{n\to\infty}\sqrt[n]{\frac{n^3}{n^4+16}}=1$，所以收敛半径为 1. 显然 $\sum_{n=1}^{\infty}\frac{n^3}{n^4+16}$ 发散，

易知 $\lim_{n\to\infty}\frac{n^3}{n^4+16}=0$. 由于

$$\left(\frac{x^3}{x^4+16}\right)'=\frac{x^2(48-x^4)}{(x^4+16)^2}$$

所以当 $n>3$ 时，$\left\{\frac{n^3}{n^4+16}\right\}$ 是单调递减趋于 0 的数列，从而 $\sum_{n=1}^{\infty}\frac{n^3(-1)}{n^4+16}$ 收敛. 故 $\sum_{n=1}^{\infty}\frac{n^3 x^n}{n^4+16}$ 的收敛域为 $[-1,1)$.

例 40 求 $\sum_{n=1}^{\infty}(\sqrt{n-1}-\sqrt{n})x^n$ 的收敛域.

分析：求幂级数的收敛域.

解：因为

$$\lim_{n\to\infty}\left|\frac{a_{n+1}}{a_n}\right|=\lim_{n\to\infty}\left|\frac{\sqrt{n}-\sqrt{n+1}}{\sqrt{n-1}-\sqrt{n}}\right|=1$$

当 $x = 1$ 时，有

$$S_n = \sum_{k=1}^{\infty} \sqrt{k-1} - \sqrt{k} = -\sqrt{n}$$

不趋于 0，所以当 $x = 1$ 时该级数发散. 当 $x = -1$ 时，有

$$\sum_{n=1}^{\infty} (\sqrt{n-1} - \sqrt{n})(-1)^n = \sum_{n=1}^{\infty} \frac{(-1)^{n+1}}{\sqrt{n-1} + \sqrt{n}}$$

为交错数集，所以收敛，故 $\sum_{n=1}^{\infty} (\sqrt{n-1} - \sqrt{n}) x^n$ 的收敛域为 $[-1, 1)$.

例 41　设 $f(x)$ 在 $[0, 1]$ 上二阶可导且满足 $f''(0) > 0$ 和 $\lim\limits_{x \to 0+} \dfrac{f(x)}{x} = 0$，

令 $a_n = f\left(\dfrac{1}{n}\right)$，求 $\sum\limits_{n=1}^{\infty} a_n x^n$ 的收敛域.

分析：求幂级数的收敛域与收敛半径.

解：因为 $\lim\limits_{x \to 0+} \dfrac{f(x)}{x} = 0$，所以

$$f(0) = \lim_{x \to 0+} f(x) = \lim_{x \to 0+} \frac{f(x)}{x} x = 0$$

从而

$$f'(0) = \lim_{x \to 0+} \frac{f(x) - f(0)}{x} = \lim_{x \to 0+} \frac{f(x)}{x} = 0$$

于是由 L'Hospital 法则知

$$\lim_{n \to \infty} n^2 a_n = \lim_{n \to \infty} n^2 f\left(\frac{1}{n}\right) = \lim_{n \to \infty} \frac{f(x)}{x^2} = \lim_{n \to \infty} \frac{f'(x)}{2x}$$

$$= \lim_{x \to 0} \frac{f'(x) - f'(0)}{2x} = \frac{1}{2} f''(0)$$

所以 $\sum\limits_{n=1}^{\infty} a_n$ 收敛，且当 n 充分大时，有

$$\frac{1}{4n^2} f''(0) \leqslant a_n \leqslant \frac{1}{n^2} f''(0)$$

成立，从而易知 $\lim\limits_{n \to \infty} \sqrt[n]{a_n} = 1$，所以 $\sum\limits_{n=1}^{\infty} a_n x^n$ 的收敛半径为 1，故 $\sum\limits_{n=1}^{\infty} a_n x^n$ 的收敛域为 $[-1, 1]$.

4.5　幂级数的应用

幂级数是一类最简单的函数项级数，它的许多重要性质都是根据一般函数项级数的理论推导出的，因此了解、掌握函数项级数一致收敛性的概念以及一致收敛函数项级数的重要性质（连续性、逐项求积、逐项求导），才能有效地讨论幂级数.

1. 关于函数列、函数项级数的讨论

例 42　讨论下列函数列在所定义区间上的一致收敛性及其极限函数的连续性、可积性和可微性.

(1) $f_n(x) = x e^{-nx^2}$，$n = 1, 2, \cdots$，$x \in [-l, l]$；

(2) $f_n(x) = \dfrac{nx}{nx+1}$，$n = 1, 2, \cdots$，其中 $x \in [0, +\infty)$.

解：(1) $f_n(x) \to 0 (n \to \infty)$，$x \in [-l, l]$. 因为对于 $x \in [-l, l]$，都有 $|x e^{-nx^2}| \leqslant \dfrac{|x|}{1+nx^2} \leqslant \dfrac{|x|}{2\sqrt{n}\,|x|} = \dfrac{1}{2\sqrt{n}}$，因而 $\lim\limits_{n \to \infty} \sup\limits_{-l \leqslant x \leqslant l} |f_n(x) - 0| = 0$.

故 $f_n(x) \rightrightarrows 0 (n \to \infty)$，$x \in [-l, l]$.

根据以上结果，函数列 $f_n(x) = x e^{-nx^2}$，$n = 1, 2, \cdots$，$x \in [-l, l]$ 的极限函数 $f(x) = 0$ 在 $[-l, l]$ 上连续，因而可积，也可微，并且有

$$\lim_{n \to \infty} \int_{-l}^{l} x e^{-nx^2} \, \mathrm{d}x = \int_{-l}^{l} \lim_{n \to \infty} x e^{-nx^2} \, \mathrm{d}x = 0.$$ 但是，由于 $f_n'(x) = e^{-nx^2}(1 - 2nx^2)$，

其极限函数为 $g(x) = \begin{cases} 1, & x = 0, \\ 0, & x \neq 0 \end{cases}$ 在 $[-l, l]$ 上不连续，故 $\{f_n'(x)\}$ 在 $[-l,$

$l]$ 上不一致收敛，且不成立 $\dfrac{\mathrm{d}}{\mathrm{d}x}(\lim\limits_{n \to \infty} f_n(x)) = \lim\limits_{n \to \infty} \dfrac{\mathrm{d}}{\mathrm{d}x} f_n(x)$.

(2) $\{f_n(x)\}$ 的极限函数为 $f(x) = \begin{cases} 0, & x = 0, \\ 1, & x \neq 0 \end{cases}$ 在 $[0, +\infty)$ 上不连续，因而函数列 $\{f_n(x)\}$ 在 $[0, +\infty)$ 上不一致收敛，其极限函数在 $[0, +\infty)$ 上

不可积，但在$(0，+\infty)$内可微.

例 43　设$f(x)=\int_0^{+\infty}\dfrac{t}{2+t^x}\mathrm{d}t$. 令$f_n(x)=\sum\limits_{i=1}^{n-1}\dfrac{1}{n}f\left(x+\dfrac{i}{n}\right)$，$(n=1$，$2，\cdots)$，试证：$\{f_n(x)\}$在$[3，A]$上一致收敛（其中，$A>3$）.

证明： 在$[3，A]$上有$\left|\dfrac{t}{2+t^x}\right|\leqslant\dfrac{t}{2+t^3}(t\geqslant1)$，所以$\int_0^{+\infty}\dfrac{t}{2+t^x}\mathrm{d}t=\int_0^1\dfrac{t}{2+t^x}\mathrm{d}t+\int_1^{+\infty}\dfrac{t}{2+t^x}\mathrm{d}t$在$[3，A]$上一致收敛于$f(x)$. 又因为$\dfrac{t}{2+t^x}$连续，从而$f(x)$在$[3，A]$上连续，故$f(x)$在$[3，A]$上一致连续. 显然有$f_n(x)\to\int_0^1f(t+x)\mathrm{d}t(n\to\infty)$，$x\in[3，A]$. 又$\forall\varepsilon>0$，$\exists N>0$，对$x'，x''\in[3，A]$，只要$|x'-x''|<\dfrac{1}{N}$，就有$|f(x')-f(x'')|<\varepsilon$，所以当$n>N$及$\forall x\in[3，A]$时，都有

$$\left|f_n(x)-\int_0^1f(x+t)\mathrm{d}t\right|=\left|\sum_{i=0}^{n-1}\frac{1}{n}f\left(x+\frac{i}{n}\right)-\sum_{i=0}^{n-1}\int_{\frac{i}{n}}^{\frac{i+1}{n}}f(x+t)\mathrm{d}t\right|$$

$$=\left|\sum_{i=0}^{n-1}\left[\frac{1}{n}f\left(x+\frac{i}{n}\right)-\frac{1}{n}f(\xi_i+x)\right]\right|$$

$$\leqslant\sum_{i=0}^{n-1}\frac{1}{n}\left|f\left(x+\frac{i}{n}\right)-f(x+\xi_i)\right|<\varepsilon$$

（因为$n>N$，$\xi_i\in\left[\dfrac{i}{n}，\dfrac{i+1}{n}\right]$，所以$\left|\left(x+\dfrac{i}{n}\right)-(x+\xi_i)\right|=\left|\xi_i-\dfrac{i}{n}\right|\leqslant\dfrac{1}{n}\leqslant\dfrac{1}{N}$）

从而$f_n(x)\rightrightarrows\int_0^1f(x+t)\mathrm{d}t(n\to\infty)$，$x\in[3，A]$.

例 44　设函数在$[a，b]$区间上有连续的导函数$f'(x)$及$a<\beta<b$. 对每一个自然数$n\geqslant\dfrac{1}{b-\beta}$定义函数$f_n(x)=n\left[f\left(x+\dfrac{1}{n}\right)-f(x)\right]$，$a\leqslant x\leqslant\beta$. 证明：

$$f_n(x)\rightrightarrows f'(x)(n\to\infty)，x\in[a，\beta]$$

证明： 由函数$f_n(x)$的定义及微分中值定理，我们有

$$f_n(x) = f'(\xi), \quad x < \xi < x + \frac{1}{n}, \quad x \in [a, \beta]$$

故 $f_n(x) \to f'(x)(n \to \infty)$, $x \in [a, \beta]$.

又因为 $f'(x)$ 在 $[a, \beta]$ 上一致连续，所以 $\forall \varepsilon > 0$，必 $\exists \delta > 0$，对 $[a, \beta]$ 上任意两点 x_1, x_2，只要 $|x_1 - x_2| < \delta$，都有 $|f(x_1) - f(x_2)| < \varepsilon$，从而

$$|f_n(x) - f'(x)| = |f'(\xi) - f'(x)| = \left| f'\left(x + \frac{\lambda}{n}\right) - f'(x) \right|$$

其中，$0 < \lambda < 1$，所以当 $n > \frac{1}{\delta}$ 时，即可使 $|f_n(x) - f'(x)| < \varepsilon$ 对一切 $x \in [a, \beta]$ 都成立，因此 $f_n(x) \rightrightarrows f'(x)(n \to \infty)$, $x \in [a, \beta]$.

例 45　计算积分 $\int_0^x S(t)\mathrm{d}t$，其中：

$(1) S(x) = \sum_{n=1}^{\infty} \frac{x^{n-1}}{n^2}$, $x \in [-1, 1]$;

$(2) S(x) = \sum_{n=1}^{\infty} \frac{\cos nx}{n\sqrt{n}}$, $x \in (-\infty, +\infty)$.

解：因为 $\left| \frac{x^{n-1}}{n^2} \right| \leqslant \frac{1}{n^2}$, $x \in [-1, 1]$ 和 $\left| \frac{\cos nx}{n\sqrt{n}} \right| \leqslant \frac{1}{n^{\frac{3}{2}}}$, $x \in (-\infty, +\infty)$，所以级数 $\sum_{n=1}^{\infty} \frac{x^{n-1}}{n^2}$ 与 $\sum_{n=1}^{\infty} \frac{\cos nx}{n\sqrt{n}}$ 分别在所示区间上都一致收敛于它们的和函数，因此：

$(1) \int_0^x S(t)\mathrm{d}t = \sum_{n=1}^{\infty} \int_0^x \frac{t^{n-1}}{n^2}\mathrm{d}t = \sum_{n=1}^{\infty} \frac{x^n}{n^3}$;

$(2) \int_0^x S(t)\mathrm{d}t = \sum_{n=1}^{\infty} \int_0^x \frac{\cos nt}{n\sqrt{n}}\mathrm{d}t = \sum_{n=1}^{\infty} \frac{\sin nx}{n^2\sqrt{n}}$.

例 46　讨论函数项级数 $\sum_{n=1}^{\infty} (-1)^{n-1} \frac{1}{\cos^2 x + n}$ 在 $(-\infty, +\infty)$ 上的一致收敛性和绝对收敛性.

解：$\forall x \in (-\infty, +\infty)$，$\sum_{n=1}^{\infty} (-1)^{n-1} \frac{1}{\cos^2 x + n}$ 是 Leibniz 型级数，由条件知，在 $(-\infty, +\infty)$ 上级数收敛，由于

$$\left| R_n(x) \right| = \left| \sum_{k=n+1}^{\infty} (-1)^{k-1} \frac{1}{\cos^2 x + k} \right| \leqslant \frac{1}{\cos^2 x + n + 1}$$

$$\leqslant \frac{1}{n+1}, \ x \in (-\infty, \ +\infty)$$

所以 $\lim\limits_{n\to\infty} \sup\limits_{x\in(-\infty,\ +\infty)} |R_n(x)| = 0$，故级数在 $(-\infty, \ +\infty)$ 上一致收敛，因

为 $\lim\limits_{n\to\infty} \dfrac{\left| (-1)^{n-1} \dfrac{1}{\cos^2 x + n} \right|}{\dfrac{1}{n}} = 1$，所以原级数非绝对收敛.

例 47　设函数 $f(x) = \sum\limits_{n=1}^{\infty} \dfrac{1}{2^n} \tan \dfrac{x}{2^n}$，证明：$f(x)$ 在 $\left[\dfrac{\pi}{6}, \ \dfrac{\pi}{2} \right]$ 上连续，并

计算 $\int_{\frac{\pi}{6}}^{\frac{\pi}{2}} f(x) \mathrm{d}x$.

证明：因为 $\dfrac{1}{2^n} \tan \dfrac{x}{2^n}$ 在 $\left[\dfrac{\pi}{6}, \ \dfrac{\pi}{2} \right]$ 上连续，且 $\left| \dfrac{1}{2^n} \tan \dfrac{x}{2^n} \right| \leqslant \dfrac{1}{2^n} \tan \left(\dfrac{1}{2^n} \cdot \dfrac{\pi}{2} \right) \leqslant$

$\dfrac{1}{2^n} \tan \dfrac{\pi}{4} = \dfrac{1}{2^n} (n = 1, \ 2, \ \cdots)$，而级数 $\sum \dfrac{1}{2^n}$ 收敛，由 $M =$ 判别法（优级数判别

法）知，级数 $\sum\limits_{n=1}^{\infty} \dfrac{1}{2^n} \tan \dfrac{x}{2^n}$ 在 $\left[\dfrac{\pi}{6}, \ \dfrac{\pi}{2} \right]$ 上一致收敛，因此 $f(x)$ 在 $\left[\dfrac{\pi}{6}, \ \dfrac{\pi}{2} \right]$ 上连

续. 又因为 $\dfrac{1}{2^n} \tan \dfrac{x}{2^n}$ 在 $\left[\dfrac{\pi}{6}, \ \dfrac{\pi}{2} \right]$ 上连续，$n = 1, \ 2, \ \cdots$，所以 $\int_{\frac{\pi}{6}}^{\frac{\pi}{2}} f(x) \mathrm{d}x =$

$$\sum_{n=1}^{\infty} \int_{\frac{\pi}{6}}^{\frac{\pi}{2}} \frac{1}{2^n} \tan \frac{x}{2^n} \mathrm{d}x = -\sum_{n=1}^{\infty} \left[\ln\cos \frac{x}{2^n} \right]_{\frac{\pi}{6}}^{\frac{\pi}{2}} = \sum_{n=1}^{\infty} \ln \frac{\cos \dfrac{\pi}{2^n \cdot 6}}{\cos \dfrac{\pi}{2^n \cdot 2}} = \ln \frac{3}{2}.$$

2. 幂级数的性质及初等函数的幂级数展开式

幂级数的诸多性质中，内闭一致收敛性十分重要，即若幂级数 $\sum\limits_{n=0}^{\infty} a_n x^n$ 的

收敛半径 $R > 0$，则在它收敛区间 $(-R, \ R)$ 内任一闭区间 $[a, \ b]$（$[a, \ b] \subset$

$(-R, \ R)$）上，该级数一致收敛. 对几个重要的初等函数的 Maclaurin 级数展

开式要熟知：

(1)$e^x = \sum\limits_{n=0}^{\infty} \dfrac{x_n}{n!}(0! = 1)$，$x \in \mathbf{R}$；

(2)$\sin x = \sum\limits_{n=1}^{\infty} (-1)^{n+1} \dfrac{x^{2n-1}}{(2n-1)!}$，$x \in \mathbf{R}$；

(3)$\cos x = \sum\limits_{n=0}^{\infty} (-1)^n \dfrac{x^{2n}}{(2n)!}$，$x \in \mathbf{R}$；

(4)$\ln(1+x) = \sum\limits_{n=0}^{\infty} (-1)^{n-1} \dfrac{x^n}{n}$，$x \in (-1, 1]$；

(5)$(1+x)^a = 1 + \sum\limits_{n=1}^{\infty} \dfrac{a(a-1)(a-2)\cdots(a-n+1)}{n!} x^n$，其收敛区间

为 $\begin{cases} x \in (-1, 1), \ a \leqslant -1, \\ x \in (-1, 1], \ -1 < a < 0, \\ x \in [-1, 1], \ a > 0. \end{cases}$

还要注意，函数 $f(x)$ 在 x_0 处的 Taylor 级数与函数 $f(x)$ 在 x_0 处的某领域内可以展开的 Taylor 级数是有区别的.

余项对确定函数能否展开为幂级数极为重要，当 $x_0 = 0$ 时，三种类型的余项如下：

$$R_n(x) = \frac{1}{n!} \int_0^x f^{(n+1)}(t)(x-t)^n dt \text{（积分型余项）；}$$

$$R_n(x) = \frac{1}{(n+1)!} f^{(n+1)}(\xi) x^{n+1} (0 \leqslant \xi \leqslant x) \text{（拉格朗日型余项）；}$$

$$R_n(x) = \frac{1}{n!} f^{(n+1)}(\theta x)(1-\theta)^n x^{n+1} (0 \leqslant \theta \leqslant 1) \text{（Cauchy 型余项）.}$$

例 48　设函数 $f(x)$ 在区间 (a, b) 内的各阶导数一致有界（即存在正数 M，对一切 $x \in (a, b)$，有 $|f^{(n)}(x)| \leqslant M$，$n = 1, 2, \cdots$). 证明：对 (a, b) 内任一点 x 与 x_0，有

$$f(x) = \sum_{n=0}^{\infty} \frac{f^{(n)}(x_0)}{n!} (x-x_0)^n$$

证明：由于 $f(x)$ 在 x_0 处的 Taylor 公式的拉格朗日型余项 $R_n(x)$，对 (a, b) 内任一点 x 与 x_0，满足

$$|R_n(x)| = \frac{1}{(n+1)!} |f^{(n+1)}(\xi)| |x-x_0|^{n+1}$$

$$\leqslant \frac{M}{(n+1)!}\,(b-a)^{n+1} \to 0(n \to \infty)$$

故结论成立.

例 49　确定下列幂级数收敛域，并求其和函数：

(1) $\displaystyle\sum_{n=1}^{\infty} n^2 x^{n-1}$ 　　　　　　　　(2) $\displaystyle\sum_{n=1}^{\infty} \frac{2n+1}{2^{n+1}} x^{2n}$

(3) $\displaystyle\sum_{n=1}^{\infty} n\,(x-1)^{n-1}$ 　　　　　　(4) $\displaystyle\sum_{n=1}^{\infty} (-1)^{n-1} \frac{x^{n+1}}{(2n)^2-1}$

解：(1) 因为 $\sqrt[n-1]{n^2} \to 1(n \to \infty)$，所以幂级数 $\displaystyle\sum_{n=1}^{\infty} n^2 x^{n-1}$ 的收敛半径为

1，由于级数 $\displaystyle\sum_{n=1}^{\infty} n^2$ 和 $\displaystyle\sum_{n=1}^{\infty} (-1)^{n-1} n^2$ 发散，故幂级数 $\displaystyle\sum_{n=1}^{\infty} n^2 x^{n-1}$ 的收敛域为

$|x| < 1$. 设 $s(x) = \displaystyle\sum_{n=1}^{\infty} n^2 x^{n-1}$，于是对于 $(-1，1)$ 内的任意一点 $x \neq 0$，有

$$\int_0^x S(t)\mathrm{d}t = \sum_{n=1}^{\infty} \int_0^x n^2 t^{n-1}\mathrm{d}t = \sum_{n=1}^{\infty} n x^n = x \sum_{n=1}^{\infty} n x^{n-1} = x\left(\frac{1}{1-x}\right)' = \frac{x}{(1-x)^2}$$

因此 $S(x) = \dfrac{1+x}{(1-x)^3}$, $|x| < 1$.

(2) 因 $\sqrt[n]{\dfrac{2n+1}{2^{n+1}}} \to \dfrac{1}{2}(n \to \infty)$，所以幂级数 $\displaystyle\sum_{n=1}^{\infty} \frac{2n+1}{2^{n+1}} y^n$ 的收敛半径为 2，从

而原幂级数的收敛半径为 $\sqrt{2}$，由于级数 $\displaystyle\sum_{n=1}^{\infty} \frac{2n+1}{2^{n+1}} 2^n$ 发散，所以 $x = \pm\sqrt{2}$ 为原幂

级数的发散点，故原幂级数的收敛域为 $|x| < \sqrt{2}$，因为 $\displaystyle\sum_{n=1}^{\infty} \frac{2n+1}{2^{n+1}} y^n = \sum_{n=1}^{\infty}$

$\dfrac{2}{2^n} y^n + \displaystyle\sum_{n=1}^{\infty} \frac{1}{2^{n+1}} y^n = y \sum_{n=1}^{\infty}\left(\frac{y^n}{2^n}\right)' + \frac{1}{2} \sum_{n=1}^{\infty}\left(\frac{y}{2}\right)^n = y\left(\frac{y}{2-y}\right)' + \frac{1}{2}\,\frac{y}{2-y} =$

$\dfrac{y(6-y)}{2(2-y)^2}$，于是令 $y = x^2$，即得 $S(x) = \displaystyle\sum_{n=1}^{\infty} \frac{2n+1}{2^{n+1}} x^{2n} = \frac{x^2(6-x^2)}{2(2-x^2)^2}$,

$|x| < \sqrt{2}$.

(3) 显然，该幂级数的收敛域为 $(0，2)$，且 $S(x) = \displaystyle\sum_{n=1}^{\infty} n\,(x-1)^{n-1} =$

$\left(\displaystyle\sum_{n=1}^{\infty} (x-1)^{n-1}\right)' = \left(\dfrac{x-1}{2-x}\right)' = \dfrac{1}{(2-x)'}$, $x(0，2)$.

（4）该幂级数的收敛域为 $[-1, 1]$，设 $S(x) = \sum_{n=1}^{\infty} (-1)^{n-1} \dfrac{x^{2n+1}}{(2n)^2 - 1}$，则

$$S'(x) = \sum_{n=1}^{\infty} (-1)^{n-1} \frac{x^{2n}}{2n-1} = x \sum_{n=1}^{\infty} (-1)^{n-1} \frac{x^{2n}-1}{2n-1}$$

又因 $\left(\sum_{n=1}^{\infty} (-1)^{n-1} \dfrac{x^{2n-1}}{2n-1} \right)' = \sum_{n=1}^{\infty} (-1)^{n-1} x^{2n-2} = \dfrac{1}{1+x^2}$，故 $\sum_{n=1}^{\infty} (-1)^{n-1}$

$\dfrac{x^{2n-1}}{2n-1} = \int_0^x \dfrac{\mathrm{d}t}{1+t^2}$，因此，$S'(x) = x \arctan x$，故

$$S(x) = \int_0^x t \cdot \arctan t \, \mathrm{d}t = \frac{1}{2} x^2 \arctan x - \frac{1}{2} \int_0^x \frac{t^2}{1+t^2} \mathrm{d}t$$

$$= x^2 \arctan x - \frac{x}{2} + \frac{1}{2} \arctan x$$

$$= \frac{1}{2}(1+x^2)\arctan x - \frac{x}{2}, \quad |x| \leqslant 1$$

利用幂级数的性质，还可以求得一些级数之和，例如通过

$$\ln \frac{1}{1-x} = x + \frac{x^2}{2} + \frac{x^3}{3} + \cdots + \frac{x^n}{n} + \cdots, \quad x \in [-1, 1)$$

可以求得 $\ln 2 = \sum_{n=1}^{\infty} (-1)^{n-1} \dfrac{1}{n}$，当然级数 $\sum_{n=1}^{\infty} (-1)^{n-1} \dfrac{1}{n}$ 的和也可以通过

$$\ln(1+x) = \int_0^x \frac{\mathrm{d}t}{1+t} = \int_0^x (1-t+t^2-\cdots)\mathrm{d}t = x - \frac{x^2}{2} + \frac{x^3}{3} - \cdots$$

取 $x = 1$ 求得.

例 50　求下列级数的和：

(1) $\sum_{n=1}^{\infty} \dfrac{n}{(n+1)!}$　　　　　　　　(2) $\sum_{n=0}^{\infty} \dfrac{(-1)^n}{3n+1}$

解： (1) $\sum_{n=1}^{\infty} \dfrac{n}{(n+1)!} = \sum_{n=1}^{\infty} \left(\dfrac{1}{n!} - \dfrac{1}{(n+1)!} \right)$，级数 $\sum_{n=1}^{\infty} \dfrac{1}{n!} = \mathrm{e} - 1$，级

数 $\sum_{n=1}^{\infty} \dfrac{1}{(n+1)!} = \mathrm{e} - 2$，故原级数之和为 1.

(2) 级数 $\sum_{n=0}^{\infty} \dfrac{(-1)^n}{3n+1}$ 可视为幂级数 $\sum_{n=0}^{\infty} (-1)^n \dfrac{x^{3n+1}}{3n+1}$ 在 $x=1$ 处的值，该幂

级数的收敛半径可通过上极限求得，其值为 1，在 $x=1$ 处，它是收敛的，从

而其收敛域为$(-1，1]$，记

$$S(x) = \sum_{n=0}^{\infty} (-1)^n \frac{x^{3n+1}}{3n+1}$$

因此　　　　$S'(x) = \sum_{n=0}^{\infty} (-1)^n x^{3n} = \frac{1}{1+x^3}，\ x \in (0，1)$

故在$(0，1)$上，有

$$S(x) = \int_0^x \frac{\mathrm{d}x}{1+t^3} = \frac{1}{6} \ln \frac{1+2x+x^2}{1-x+x^2} + \frac{\sqrt{3}}{3} \left(\arctan \frac{2x-1}{\sqrt{3}} + \arctan \frac{1}{\sqrt{3}} \right)$$

因此$\displaystyle\sum_{n=0}^{\infty} (-1)^n \frac{1}{3n+1} = \lim_{x \to 1-0} S(x) = S(1) = \frac{1}{3} \ln 2 + \frac{\sqrt{3}}{3} \cdot \frac{\pi}{3} =$

$\frac{1}{3} \ln 2 + \frac{\sqrt{3}}{9} \pi.$

例 51　设函数$f(x) = \sum \frac{x^n}{n^2}$定义$[0，1]$，证明它在$(0，1)$内满足下述

方程：

$$f(x) + f(1-x) + \ln x \ln(1-x) = f(1)$$

证明：令$F(x) = f(x) + f(1-x) + \ln x \ln(1-x)，0 < x < 1$，则

$$f'(x) = f'(x) - f'(1-x) + \frac{1}{x} \ln(1-x) - \frac{1}{1-x} \ln x$$

$$= \sum_{n=1}^{\infty} \frac{x^{n-1}}{n} - \sum_{n=1}^{\infty} \frac{(1-x)^{n-1}}{n} - \frac{1}{x} \left(\sum_{n=1}^{\infty} \frac{x^n}{n} \right) + \sum_{n=1}^{\infty} (-1)^{n-1} \frac{(x-1)^n}{n} = 0$$

所以$F(x) = C，x \in (0，1)$，C为常数，由于

$$\lim_{x \to 0+0} \ln x \ln(1-x) = 0，\ \lim_{x \to 0-0} \ln x \ln(1-x) = 0$$

所以可定义：当$x = 0，1$时，$\ln x \ln(1-x) = 0$，从而$F(x)$在$[0，1]$上连续.

因此$C = \lim_{x \to 0+0} F(x) = f(1).$

4.6 Fourier 级数及其应用

1. 定义

设 $f(x)$ 是以 2π 为周期且在 $[-\pi, \pi]$ 上的可积函数，则称 $a_n = \dfrac{1}{\pi}$ $\displaystyle\int_{-\pi}^{\pi} f(x)\cos nx\, \mathrm{d}x$，$n = 0, 1, 2\cdots,$；$b_n = \dfrac{1}{\pi}\displaystyle\int_{-\pi}^{\pi} f(x)\sin nx\, \mathrm{d}x$，$n = 1, 2, \cdots$ 为函数 $f(x)$ 的 Fourier(傅里叶) 级数，称三角函数 $\dfrac{a_0}{2} + \displaystyle\sum_{n=1}^{\infty}(a_n\cos nx + b_n\sin nx)$ 为函数 $f(x)$ 的 Fourier 级数，记作

$$f(x) = \frac{a_n}{2} + \sum_{n=1}^{\infty}(a_n\cos nx + b_n\sin nx)$$

2. 收敛定理

函数 $f(x)$ 的 Fourier 级数收敛定理(或称展开定理)是

$$\frac{f(x+0) + f(x-0)}{2} = \frac{a_0}{2} + \sum_{n=1}^{\infty}(a_n\cos nx + b_n\sin nx),\ x \in (-\pi, \pi)$$

其中，$f(x)$ 以 2π 为周期，且在 $[-\pi, \pi]$ 上按段光滑；a_n，b_n 为 Fourier 系数.

显然，在 $f(x)$ 的连续点 x 上，以 2π 为周期，在 $[-\pi, \pi]$ 上按段光滑的条件不变，必有

$$f(x) = \frac{a_0}{2} + \sum_{n=1}^{\infty}(a_n\cos nx + b_n\sin nx)$$

3. 周期延拓

在讨论函数的 Fourier 级数展开式时，常只给出函数 $f(x)$ 在 $(-\pi, \pi]$ 或 $[-\pi, \pi]$ 上的解析表达式，但应视其为定义在整个数轴上以 2π 为周期的函

数，即在$(-\pi，\pi]$以外部分按函数在$(-\pi，\pi]$上的对应关系作周期延拓. 如果 $f(x)$ 定义在$(-\pi，\pi]$上，那么周期延拓后的函数为

$$f(x)=\begin{cases} f(x)，x \in (-\pi，\pi] \\ f(x-2k\pi)，x \in [(2k-1)\pi，(2k+1)\pi] \end{cases} k=\pm1，\pm2，\cdots$$

函数 $f(x)$ 的 Fourier 级数就是指数函数 $f(x)$ 的 Fourier 级数.

4. 以 $2l(l>0)$ 为周期的函数的 Fourier 级数

做变换：$\dfrac{\pi x}{l}=t$ 即 $x=\dfrac{lt}{\pi}$，便得 $F(x)=f\left(\dfrac{lt}{\pi}\right)$ 是以 2π 为周期的 t 的函数，若 $f(x)$ 在$[-l，l]$上可积，则 $F(t)$ 在$[-\pi，\pi]$上可积. 这里的 $F(t)$ 的 Fourier 级数展开式便是

$$F(t) \sim \dfrac{a_0}{2} + \sum_{n=1}^{\infty}(a_n\cos nt + b_n\sin nt)$$

其中，a_n，b_n 是 $F(t)$ 的 Fourier 系数.

经过变换，即得 $f(x) \sim \dfrac{a_0}{2} + \sum_{n=1}^{\infty}\left(a_n\cos\dfrac{n\pi}{l}x + b_n\sin\dfrac{n\pi}{l}x\right)$ 且

$$a_n = \dfrac{1}{l}\int_{-l}^{l}f(x)\cos\dfrac{n\pi}{l}x\,\mathrm{d}x，n=0，1，2，\cdots$$

$$b_n = \dfrac{1}{l}\int_{-l}^{l}f(x)\sin\dfrac{n\pi}{l}x\,\mathrm{d}x，n=1，2，\cdots$$

5. 奇、偶函数的 Fourier 级数

若 $f(x)$ 是以 $2l$ 为周期的偶函数，或是定义在$[-l，l]$上的偶函数，则

$$f(x) \sim \dfrac{a_0}{2} + a_n\cos\dfrac{n\pi}{l}x$$

若 $f(x)$ 是以 $2l$ 为周期的奇函数，或是定义在$[-l，l]$上的奇函数，则

$$f(x) \sim b_n\sin\dfrac{n\pi}{l}x$$

在实际中，有时需要将定义在$[0，l]$上的函数展开成余弦级数或正弦级数，为此，可将$[0，l]$上的函数作偶式延拓或奇式延拓到$[-l，l]$上，再求

延拓后函数的 Fourier 级数，即可得上面的 $f(x)$ 形式.

6. 贝塞尔(Bessel) 不等式

若函数 $f(x)$ 在 $[-\pi, \pi]$ 上可积，a_n，b_n 为 $f(x)$ 的 Fourier 级数，则

$$\frac{a_0^2}{2} + \sum_{n=1}^{\infty}(a_n^2 + b_n^2) \leqslant \frac{1}{\pi}\int_{-\pi}^{\pi}f^2(x)\mathrm{d}x$$

称为 Bessel 不等式.

例 52　把函数 $f(x) = \begin{cases} -\dfrac{\pi}{4}, & -\pi < x < 0, \\[2mm] \dfrac{\pi}{4}, & 0 < x < \pi \end{cases}$ 展开成 Fourier 级数.

解：将函数 $f(x)$ 按周期 2π 延拓到整个数轴上，由于 $f(x)$ 在 $[-\pi, \pi]$ 上可积，故可展成 Fourier 级数. 由于该函数在 $(-\pi, \pi)$ 上为奇函数，故它的 Fourier 级数只含有正弦函数的项，即

$$f(x) = \sum_{n=1}^{\infty}\frac{1}{2k-1}\sin(2k-1)x, \ x \in (-\pi, \pi)$$

由上式还可以得到一些级数之和：

(1) 取 $x = \dfrac{\pi}{2}$，得到

$$\frac{\pi}{4} = 1 - \frac{1}{3} + \frac{1}{5} - \frac{1}{7} + \cdots + (-1)^{n-1}\frac{1}{2n-1} + \cdots$$

(2) 得

$$\frac{\pi}{12} = \frac{1}{3} - \frac{1}{9} + \frac{1}{15} - \frac{1}{21} + \cdots + (-1)^{n-1}\frac{1}{3(2n-1)} + \cdots$$

将上面两式相加，得

$$\frac{\pi}{3} = 1 + \frac{1}{5} - \frac{1}{7} - \frac{1}{11} + \frac{1}{13} + \frac{1}{17} + \cdots$$

(3) 取 $x = \dfrac{\pi}{3}$，可得

$$\frac{\sqrt{3}}{6}\pi = 1 - \frac{1}{5} + \frac{1}{7} - \frac{1}{11} + \frac{1}{13} - \frac{1}{17} + \cdots$$

例 53　设函数 $f(x)$ 满足条件：$f(x+\pi) = f(x)$，则此函数在 $(-\pi, \pi)$

内的 Fourier 级数具有 $a_{2n-1}=b_{2n-1}=0$ 的特性.

解：事实上，由于

$$a_{2n-1}=\frac{1}{\pi}\int_{-\pi}^{\pi}f(x)\cos(2n-1)x\,\mathrm{d}x$$

$$=\frac{1}{\pi}\left\{\int_{-\pi}^{0}f(x)\cos(2n-1)x\,\mathrm{d}x+\int_{0}^{\pi}f(x)\cos(2n-1)x\,\mathrm{d}x\right\}$$

且

$$\int_{-\pi}^{0}f(x)\cos(2n-1)x\,\mathrm{d}x=-\int_{-\pi}^{0}f(x+\pi)\cos(2n-1)(x+\pi)\mathrm{d}(x+\pi)$$

$$=-\int_{0}^{\pi}f(t)\cos(2n-1)t\,\mathrm{d}t$$

从而 $a_{2n-1}=0$，$n=1,2,\cdots$，作类似的变换，可得 $b_{2n-1}=0$，$n=1$，$2,\cdots$.

例 54　求函数 $f(x)=\dfrac{1}{12}(3x^2-6\pi x+2\pi^2)$，$0<x<2\pi$ 的 Fourier 级数展开式，并由此推出 $\displaystyle\sum_{n=1}^{\infty}\frac{1}{n^2}=\frac{\pi^2}{6}$.

解：
$$a_0=\frac{1}{\pi}\int_{0}^{2\pi}\frac{1}{12}(3x^2-6\pi)$$

$$a_n=\frac{1}{12\pi}\int_{0}^{2\pi}(3x^2-6\pi x+2\pi^2)\cos nx\,\mathrm{d}x=\frac{1}{n^2},\ n=1,2,\cdots$$

$$b_n=0,\ n=1,2,\cdots$$

故 $f(x)=\dfrac{1}{12}(3x^2-6\pi x+2\pi^2)\sim\displaystyle\sum_{n=1}^{\infty}\frac{1}{n^2}\cos nx$.

由于 $f(x)$ 在 $x=0$ 处连续，根据收敛定理，$f(0)=\displaystyle\sum_{n=1}^{\infty}\frac{1}{n^2}$，即 $\displaystyle\sum_{n=1}^{\infty}\frac{1}{n^2}=\frac{\pi^2}{6}$.

注：$\displaystyle\int_{0}^{2\pi}(3x^2-6\pi x+2\pi^2)\cos nx\,\mathrm{d}x\neq\int_{-\pi}^{\pi}(3x^2-6\pi x+2\pi^2)\cos nx\,\mathrm{d}x$.

例 55　将 $[0,\pi]$ 上的函数 $f(x)=x$ 展成余弦级数.

解：对函数 $f(x)$ 作偶式且以 2π 为周期的延拓，于是有

$$f(x) = \begin{cases} x, & 0 \leqslant x \leqslant \pi, \\ -x, & -\pi \leqslant x < 0 \end{cases}$$

它是 $[-\pi, \pi]$ 上按光滑的函数. 计算得到

$$\frac{a_0}{2} = \frac{\pi}{2}, \quad a_n = \frac{2}{n^2 \pi} [(-1)^n - 1], \quad n = 1, 2, \cdots$$

从而在 $[-\pi, \pi]$ 上, $f(x) \sim \dfrac{\pi}{2} - \dfrac{4}{\pi} \left(\cos x + \dfrac{1}{3^2} \cos 3x + \dfrac{1}{5^2} \cos 5x + \cdots \right)$.

若记延拓于整个数轴后的函数为 f^*, 则有

$$f^*(0+0) = f(0+0) = 0 = f(0)$$

$$f^*(0-0) = f(0-0) = 0 = f(0)$$

$$f^*(\pi+0) = f(-\pi-0) = \pi = f(\pi)$$

$$f^*(\pi-0) = f(\pi-0) = \pi = f(\pi)$$

且 $f(x)$ 在 $(0, \pi)$ 上连续, 故在 $[0, \pi]$ 有

$$x = \frac{\pi}{2} - \frac{4}{\pi} \left(\cos x + \frac{1}{3^2} \cos 3x + \frac{1}{5^2} \cos 5x + \cdots \right)$$

注意上式只对 $[0, \pi]$ 上的 x 成立, 而当 $x \in (-\pi, 0)$ 时, $f^*(x) = f(x) = -x$, 且 $\dfrac{1}{2} [f^*(-\pi+0) + f(-\pi-0)] = \dfrac{1}{2} [f(-\pi+0) + f(-\pi-0)] = \pi$.

因此, 当 $x \in [-\pi, 0)$ 时, 有 $-x = \dfrac{\pi}{2} - \dfrac{4}{\pi} \left(\cos x + \dfrac{1}{3^2} \cos 3x + \dfrac{1}{5^2} \cos 5x + \cdots \right)$.

即 $x = -\dfrac{\pi}{2} + \dfrac{4}{\pi} \left(\cos x + \dfrac{1}{3^2} \cos 3x + \dfrac{1}{5^2} \cos 5x + \cdots \right)$.

例 56 在 $(0, 2)$ 内将 $(x) = 1$ 展开成正弦级数.

解: 对 $f(x) = 1$ 作奇式周期延拓, 且 $a_n = 0$, $n = 0, 1, 2, \cdots$, 则有

$$b_n = \frac{2}{2} \int_0^2 \sin \frac{n\pi x}{2} dx = \frac{2}{n\pi} (1 - \cos n\pi), \quad n = 1, 2, \cdots$$

所以当 $x \in (0, 2)$ 时, 由收敛定理, 得

$$1 = \sum_{n=1}^{\infty} \frac{2}{n\pi}(1 - \cos n\pi) \sin \frac{n\pi x}{2}$$

$$= \frac{4}{\pi}\left(\sin \frac{2}{n\pi} + \frac{1}{3}\sin \frac{3}{2}\pi x + \cdots + \frac{1}{2k-1}\sin \frac{2k-1}{2}\pi x + \cdots \right)$$

练习题四

1. 判断下列级数的敛散性(包括收敛性与绝对收敛性):

$(1) \displaystyle\sum_{n=1}^{\infty}\left(1-\cos\frac{1}{n}\right)$

$(2) \displaystyle\sum_{n=1}^{\infty}\frac{1}{n\sqrt[n]{n}}$

$(3) \displaystyle\sum_{n=2}^{\infty}\frac{1}{\ln n^{\ln n}}$

$(4) \displaystyle\sum_{n=1}^{\infty}\frac{(2n-1)!!}{n!}$

$(5) \displaystyle\sum_{n=1}^{\infty}\frac{n}{2n^2-1}$

$(6) \displaystyle\sum_{n=1}^{\infty}(-1)^n\sin\frac{2}{n}$

$(7) \displaystyle\sum_{n=1}^{\infty}(\sqrt[n]{a}-1)(a>1)$

$(8) \displaystyle\sum_{n=1}^{\infty}(-1)^n\frac{\ln n}{n^k}$

$(9) \displaystyle\sum_{n=2}^{\infty}\frac{\sin nx}{\ln n}(0<x<2\pi)$

$(10) \displaystyle\sum_{n=2}^{\infty}\frac{(-1)^n}{[n+(-1)^n]^p}$

2. 设函数 $\displaystyle\sum_{n=1}^{\infty}a_n$ 绝对收敛. 证明:

$(1) \displaystyle\sum_{n=1}^{\infty}\frac{1}{a_n^2}$ 发散

$(2) \displaystyle\sum_{n=1}^{\infty}\left(1+\frac{1}{n}\right)^n a_n$ 绝对收敛

$(3) \displaystyle\sum_{n=1}^{\infty}a_n^2$ 收敛

3. 设 $a_n>0$，$a_n>a_{n+1}(n=1,2,\cdots)$，且 $\lim\limits_{n\to\infty}a_n=0$. 证明级数 $\displaystyle\sum_{n=1}^{\infty}(-1)^{n-1}$ $\dfrac{a_1+a_2+\cdots+a_n}{n}$ 是收敛的.

4. 设 $f(x)$ 为 $\left[\dfrac{1}{2}, 1\right]$ 上的连续函数，证明:

(1) $\{x^n f(x)\}$ 在 $\left[\dfrac{1}{2},\ 1\right]$ 上收敛；

(2) $\{x^n f(x)\}$ 在 $\left[\dfrac{1}{2},\ 1\right]$ 上一致收敛的充要条件是 $f(x)$ 在 $\left[\dfrac{1}{2},\ 1\right]$ 上有

界，且 $f(1)=0$.

5. 研究函数列在所示区间上的一致收敛性：

(1) $f_n(x)=\dfrac{2nx}{1+n^2 x^2}$

$(a)\,0\leqslant x\leqslant 1$，非一致收敛；$(b)\,1<x<\infty$

(2) $f_n(x)=\sqrt{x^2+\dfrac{1}{n^2}}$，$-\infty<x<+\infty$

(3) $f_n(x)=n\left(\sqrt{x+\dfrac{1}{n}}-\sqrt{x}\right)$

(4) $f_n(x)=\dfrac{\sin n\pi}{n}$，$-\infty<x<+\infty$

(5) $f_n(x)=\sin\dfrac{x}{n}$，$-\infty<x<+\infty$

(6) $f_n(x)=\displaystyle\sum_{k=0}^{n-1} f\left(x+\dfrac{k}{n}\right)$，$a\leqslant x\leqslant b$. 其中，$f(x)$ 为 $[a,\ b]$ 上的连续

函数.

6. 设 $S(x)=\displaystyle\sum_{k=0}^{\infty}\dfrac{\cos nx}{n\sqrt{n}}$，$x\in(-\infty,\ +\infty)$. 计算积分 $\displaystyle\int_{o}^{x} S(t)\mathrm{d}t$.

7. 若函数项级数 $\displaystyle\sum_{n=1}^{\infty} u_n(x)$ 在 $[a,\ b]$ 上收敛于函数 $S(x)$，而所有 $u_n(x)$ 都是

$[a,\ b]$ 上的非负连续函数，则函数 $S(x)$ 必在 $[a,\ b]$ 上达到最小值.

8. 证明级数 $\displaystyle\sum_{n=1}^{\infty}\dfrac{n}{1+n^3 x}$ 在 $(0,\ 1)$ 内收敛，但不一致收敛.

9. 求幂级数的收敛半径与收敛域：

(1) $[1,\ (-1,\ 1)]\displaystyle\sum_{n=1}^{\infty}\left(1+\dfrac{1}{2}+\cdots+\dfrac{1}{n}\right)x^n\cdot[1,\ (-1,\ 1)]$

(2) $\displaystyle\sum_{n=1}^{\infty}\left(1+\dfrac{1}{n}\right)^{n^2}x^n\cdot\left[\dfrac{1}{\mathrm{e}},\ \left(-\dfrac{1}{\mathrm{e}},\ \dfrac{1}{\mathrm{e}}\right)\right]$

(3) $\displaystyle\sum_{n=1}^{\infty}\frac{[3+(-1)^n]^n}{n}x^n.\quad\left[\frac{1}{4},\left(-\frac{1}{4},\frac{1}{4}\right)\right]$

10. 求级数的收敛域：

(1) $\displaystyle\sum_{n=1}^{\infty}\frac{(x^2+x+1)^n}{n(n+1)}(-1\leqslant x\leqslant 0)$；

(2) $\displaystyle\sum_{n=0}^{\infty}\frac{1}{2n+1}\left(\frac{1-x}{1+x}\right)^n(-1<x<0)$.

11. 求下列幂级数的收敛半径与和函数：

(1) $\displaystyle\sum_{n=1}^{\infty}\frac{x^n}{n(n+1)}$ 　　　(2) $\displaystyle\sum_{n=1}^{\infty}\frac{x^n}{n(n+1)(n+2)}$

(3) $\displaystyle\sum_{n=1}^{\infty}\frac{n^2+1}{n}x^n$ 　　　(4) $1+\displaystyle\sum_{n=1}^{\infty}\frac{x^{2n}}{2n}$

12. 求下列函数的 Maclaurin 级数展开式

(1) $\displaystyle\int_0^t\frac{\sin t}{t}\mathrm{d}t$ 　　　(2) $\ln(x+\sqrt{1+x^2})$

(3) $(1+x)\mathrm{e}^{-x}$ 　　　(4) $x\arctan x-\ln\sqrt{1+x^2}$

13. 求下列级数的和：

(1) $\displaystyle\sum_{n=1}^{\infty}\frac{n}{2^n}$ 　　　(2) $\displaystyle\sum_{n=1}^{\infty}\frac{n}{2^n}\frac{1}{n\cdot 3^n}\left(\ln\frac{3}{2}\right)$

(3) $\dfrac{1}{2}+\dfrac{3}{4}+\dfrac{5}{8}+\dfrac{7}{16}+\cdots+\dfrac{(2n-1)}{2^n}+\cdots$

14. 在 $[0,\pi]$ 上将函数 $(x)=x(\pi-x)$ 分别展开成余弦级数和正弦级数.

15. 将函数 $f(x)=\begin{cases}0,&-5<x<0\\3,&0\leqslant x<5\end{cases}$ 展开成 Maclaurin 级数.

16. 求函数 $f(x)=|\sin x|$，$-\pi\leqslant x\leqslant\pi$ 的 Maclaurin 级数.

第 5 讲　多元函数微分学

5.1　多元函数的全微分

多元函数的极限与连续

二元函数的极限设　二元实值函数 $f(p)$ 在区域 $D \subset \mathbf{R}^2$ 有定义，P_0 是 D 的聚点，若存在 $A \in \mathbf{R}$，$\forall \varepsilon > 0$，$\forall P \in D$：$0 < \| p - p_0 \| < \delta$ 时都有

$$| f(P) - A | < \varepsilon$$

则称函数 $f(p)$ 在点 P_0 存在有限极限，极限是 A，记作

$$\lim_{P \to P_0} f(P) = A$$

二重极限　当 P，P_0 分别用坐标 (x, y)，(x_0, y_0) 表示时，那么二元函数 $f(x, y)$ 在点 $p_0(x_0, y_0)$ 的极限就是 A，就是（用方形去心邻域）：$\forall \varepsilon > 0$，$\exists \delta > 0$，$\forall (x, y) \in D$：$|x - x_0| < \delta$，$|y - x_0| < \delta$ 且 $(x, y) \neq (x_0, y_0)$ 时，都有 $|f(x, y) - A| < \varepsilon$，也记为

$$\lim_{(x, y) \to (x_0, y_0)} f(x, y) = A$$

这个极限也称为二重极限.

注：二重极限定义中区域 $0 < \| p - p_0 \| < \delta$ 既可以是方形区域：$|x - x_0| < \delta$，$|y - x_0| < \delta$ 且 $(x, y) \neq (x_0, y_0)$，也可以是圆心去心区域：$0 < \sqrt{(x - x_0)^2 + (y - y_0)^2} < \delta$.

累次极限 若当 $x \to a$ 时（y 看成常数），函数 $f(x, y)$ 存在极限，设

$$\lim_{x \to a} f(x, y) = \varphi(y)$$

当 $y \to b$ 时，$\varphi(y)$ 也存在极限，设

$$\lim_{y \to b} \varphi(y) = \lim_{y \to b} \lim_{x \to a} f(x, y) = B$$

则称 B 是函数 $f(a, b)$ 的累次极限. 同样，可定义另一个不同次序的累次极限，即

$$\lim_{x \to a} \lim_{y \to b} f(x, y) = C$$

二重极限与累次极限的关系 假如函数 $f(x, y)$ 在点 (x_0, y_0) 的二重极限 $\lim\limits_{(x, y) \to (x_0, y_0)} f(x, y)$ 与累次极限 $\lim\limits_{x \to x_0} \lim\limits_{y \to y_0} f(x, y)$ 都存在，则它们必相等.

注：二重极限存在不能推出累次极限存在；反之，累次极限也不能推出二重极限存在.

二元函数的连续性 设二元实值函数 $f(p)$ 在区域 $D \subset \mathbf{R}^2$ 有定义，且 $P_0 \in D$，若 $\forall \varepsilon > 0$，$\exists \delta > 0$，$\forall P \in D: 0 < \| p - p_0 \| < \delta$ 或 $p \in U(P_0, \delta)$ 时，都有

$$| f(P) - f(p_0) | < \varepsilon$$

则称函数 $f(p)$ 在点 P_0 连续，记作

$$\lim_{P \to P_0} f(P) = f(p_0)$$

有界闭域上连续函数的性质 有界性、最值性、介质性、一致连续性.

例 1 用定义证明：$\lim\limits_{(x, y) \to (0, +\infty)} \dfrac{x + y}{1 + y} = 1$.

证明： 由于

$$\left| \frac{x + y}{1 + y} - 1 \right| = \left| \frac{x - 1}{1 + y} \right|$$

所以对任意的 $\varepsilon > 0$，取 $\delta = 1$，$A = \dfrac{2}{\varepsilon}$，则当 $x \in (-\delta, \delta)$，$y > A$ 时，有

$$\left| \frac{x + y}{1 + y} - 1 \right| = \left| \frac{x - 1}{1 + y} \right| \leqslant \frac{2}{1 + y} < \varepsilon$$

即 $\lim\limits_{(x, y) \to (0, +\infty)} \dfrac{x + y}{1 + y} = 1$.

例 2　证明：

$$f(x,y)=\begin{cases} x\sin\dfrac{1}{y}+y\sin\dfrac{1}{x}, & xy\neq0 \\[2mm] 0, & x=0,\ y\neq0\ \text{或}\ y=0 \end{cases}$$

$$\lim_{(x,y)\to(0,+\infty)}\frac{x+y}{1+y}=1$$

在 $(0,0)$ 的极限为零.

证明：因为

$$|f(x,y)-0|=\begin{cases} \left(x\sin\dfrac{1}{y}+y\sin\dfrac{1}{x}\right), & x\neq0,\ y\neq0 \\[2mm] 0, & x=0,\ y\neq0\ \text{或}\ x\neq0,\ y=0 \end{cases}$$

所以 $\forall\varepsilon>0$，分为以下两种情况：

(1) 当 $x=0$，$y\neq0$ 或 $x\neq0$，$y=0$ 时，显然，对任意 $\delta>0$，当 $|x|<\delta$ 与 $|y|<\delta$ 时，有 $|f(x,y)-0|=0<\varepsilon$；

(2) x，$y\neq0$ 时，$\exists\delta\leqslant\dfrac{\varepsilon}{2}$，当 $|x|<\delta$，$|y|<\delta$ 时，

$$|f(x,y)-0|=\left|x\sin\frac{1}{y}+y\sin\frac{1}{x}\right|\leqslant|x|+|y|<2\delta<\varepsilon$$

于是 $\forall\varepsilon>0$，$\exists\delta=\dfrac{\varepsilon}{2}$，当 $|x|<\delta$，$|y|<\delta$ 时，有 $|f(x,y)-0|<\delta$，所以 $\lim\limits_{(x,y)\to(0,0)}f(x,y)=0$.

例 3　求极限 $\lim\limits_{(x,y)\to(+\infty,\,0+)}\left(x^2+\dfrac{1}{y^2}\right)e^{-\sqrt{x+\frac{1}{y}}}$.

解：令 $z=\dfrac{1}{y}$ 则由于

$$\lim_{(x,y)\to(+\infty,\,0)}\left(x^2+\frac{1}{y^2}\right)e^{-\sqrt{x+\frac{1}{y}}}=\lim_{(x,z)\to(+\infty,\,+\infty)}(x^2+z^2)e^{-\sqrt{x+z}}$$

$$0\leqslant(x^2+z^2)e^{-\sqrt{x+z}}=\frac{x^2+z^2}{e^{\sqrt{x+z}}}\leqslant\frac{(x+z)^2}{e^{\sqrt{x+z}}}$$

又根据洛必达法则知

$$\lim_{(x,z)\to(+\infty,\,+\infty)}\frac{(x+z)^2}{e^{\sqrt{x+z}}}=\lim_{t\to+\infty}\frac{t^4}{e^t}=0$$

根据夹逼定理，从而

$$\lim_{(x,\,z)\to(+\infty,\,0)}(x^2+z^2)\mathrm{e}^{-\sqrt{x+z}}=0$$

故有

$$\lim_{(x,\,y)\to(+\infty,\,0)}\left(x^2+\frac{1}{y^2}\right)\mathrm{e}^{-\sqrt{x+\frac{1}{y}}}=0.$$

例 4　讨论二元函数 $f(x,\,y)=\dfrac{x^3+y^3}{x^2+y}$ 在 $(0,\,0)$ 处的二重极限与累次极限.

解：沿着 $y=kx^3-x^2\to0$，则

$$\lim_{(x,\,y)\to(0,\,0)}\frac{x^3+y^3}{x^2+y}=\lim_{(x,\,y)\to(0,\,0)}\frac{x^3+x^6\,(kx-1)^3}{kx^3}=\frac{1}{k}$$

所以二重极限不存在.

同时

$$\lim_{y\to0}\lim_{x\to0}\frac{x^3+y^3}{x^2+y}=\lim_{y\to0}\frac{y^3}{y}=\lim_{y\to0}y^2=0$$

$$\lim_{x\to0}\lim_{x\to0}\frac{x^3+y^3}{x^2+y}=\lim_{x\to0}\frac{x^3}{x^2}=\lim_{x\to0}x=0$$

例 5　设 $f(x,\,y)=\begin{cases}\dfrac{xy}{(x^2+y^2)^p},&x^2+y^2\neq0,\\[2mm]0,&x^2+y^2=0,\end{cases}$　$p>0$，试讨论函数

在点 $(0,\,0)$ 处的连续性.

解：当 $0<p<1$ 时，由于 $x^2+y^2\neq0$ 时有

$$\left|\frac{xy}{(x^2+y^2)^p}\right|\leqslant\frac{(x^2+y^2)^{1-p}}{2}$$

又因为 $\displaystyle\lim_{(x,\,y)\to(0,\,0)}\frac{(x^2+y^2)^{1-p}}{2}=0$，所以

$$\lim_{(x,\,y)\to(0,\,0)}f(x,\,y)=\lim_{(x,\,y)\to(0,\,0)}\frac{xy}{(x^2+y^2)^p}=0=f(0,\,0)$$

故 $f(x,\,y)$ 在点 $(0,\,0)$ 处连续.

当 $p\geqslant1$ 时，令 $y=kx$ 则

$$\lim_{(x,\,y)\to(0,\,0)}\frac{xy}{(x^2+y^2)^p}=\lim_{x\to0}\frac{kx^2}{(x^2+k^2x^2)^p}\neq0$$

故 $f(x,\,y)$ 在点 $(0,\,0)$ 处不连续.

例 6　若函数 $f(x, y)$ 在 $\mathbf{R}^2$ 对 x 连续，且存在 $L > 0$，对任意的 y'，y'' 有 $f(x, y)$ 在 $\mathbf{R}^2$ 对 x 连续，且存在 $L > 0$，对任意的 y'，y'' 有

$$|f(x, y') - f(x, y'')| \leqslant L|y' - y''|$$

证明 $f(x, y)$ 在 $\mathbf{R}^2$ 上连续.

证明： 对任意 $(x_0, y_0) \in \mathbf{R}^2$，有

$$|f(x_0 + \Delta x, y_0 + \Delta y) - f(x_0, y_0)|$$
$$\leqslant |f(x_0 + \Delta x, y_0 + \Delta y) - f(x_0 + \Delta x, y_0)|$$
$$+ |f(x_0 + \Delta x, y_0) - f(x_0, y_0)|$$
$$\leqslant L|\Delta y| + |f(x_0 + \Delta x, y_0) - f(x_0, y_0)|$$

因为 $f(x, y_0)$ 关于 x 在点 x_0 处连续，故对任意的 $\varepsilon > 0$，存在 $\delta > 0$，当 $|\Delta x| < \delta_1$ 时有

$$|f(x_0 + \Delta x, y_0) - f(x_0, y_0)| < \frac{\varepsilon}{2}$$

取 $\delta = \min\left\{\dfrac{\varepsilon}{2L}, \delta_1\right\}$，当 $|\Delta x| < \delta$，$|\Delta y| < \delta$ 时，有

$$|f(x_0 + \Delta x, y_0 + \Delta y) - f(x_0, y_0)| < L \cdot \frac{\varepsilon}{2L} + \frac{\varepsilon}{2} = \varepsilon$$

即 $f(x, y)$ 在 (x_0, y_0) 处连续. 由 (x_0, y_0) 的任意性，则 $f(x, y)$ 在 $\mathbf{R}^2$ 上连续.

例 7　设 $f(x, y)$ 定义于闭矩形域 $S = [a, b] \times [c, d]$，若 f 对 y 在 $[c, d]$ 上处处连续，对 x 在 $[a, b]$ 上（且关于 y）为一致连续，证明：f 在 S 上处处连续.

证明： $\forall \varepsilon > 0$，$(x_0, y_0) \in [a, b] \times [c, d]$，因为 f 对 y 在 $[c, d]$ 上处处连续，所以 $\exists \delta_1 > 0$，当 $|y - y_0| < \delta_1$，$y \in [a, b]$ 时

$$(f(x_0, y) - f(x_0, y_0)) < \varepsilon$$

因为 f 对 x 在 $[a, b]$ 上关于 y 一致连续，所以 $\exists \delta_2 > 0$，当 $|x - x_0| < \delta_2$，$x \in [a, b]$ 时，对 $\forall y \in [c, d]$ 有

$$|f(x, y) - f(x_0, y)| < \varepsilon$$

取 $\delta = \min\{\delta_1, \delta_2\}$，当 $|x - x_0| < \delta$，$(x, y) \in [a, b] \times [c, d]$ 时

$$|f(x, y) - f(x_0, y_0)| \leqslant |f(x, y) - f(x_0, y)|$$

$$+\mid f(x_0,\ y)-f(x_0,\ y_0)\mid<2\varepsilon$$

例8 证明：函数 $f(x,\ y)=\begin{cases}\dfrac{2xy}{x^2+y^2},&x^2+y^2\neq0,\\[2mm]0,&x^2+y^2=0\end{cases}$ 分别对每一变

量 x 和 y 是连续的，但非二元连续函数.

证明： 当 $x^2+y^2\neq0$ 时，即除 $(0,\ 0)$ 点外，$f(x,\ y)$ 显然都是连续的.

而 $\lim\limits_{x\to0}f(x,\ y)=\lim\limits_{x\to0}\dfrac{2xy}{x^2+y^2}=0$，$\lim\limits_{y\to0}f(x,\ y)=\lim\limits_{y\to0}\dfrac{2xy}{x^2+y^2}=0$，$f(0,\ y)=$

$f(x,\ 0)=0$，所以 $f(x,\ y)$ 对每一变量 x 和 y 是连续的，又有

$$\lim\limits_{\substack{x\to0\\y\to kx}}\frac{2xy}{x^2+y^2}=\lim\limits_{x\to0}\frac{2k^2x}{x^2+k^2x^2}=\frac{2kx}{1+k^2}$$

所以 $f(x,\ y)$ 在 $(0,\ 0)$ 点无极限，从而不连续.

5.2　关于重极限与累次极限

两者之间的关系

累次极限与重极限是两个不同的概念，它们的存在性没有必然的蕴含关系，下面的情形就说明了这一点.

(1) 两个累次极限均不存在，但二重极限仍存在，例如函数 $f(x,\ y)=(x+y)\left(\sin\dfrac{1}{x}+\sin\dfrac{1}{y}\right)$ 在原点 $(0,\ 0)$ 的情形.

(2) 两个累次极限均存在(相等或不相等)，但二重极限可以不存在. 例如函数 $f(x,\ y)=\dfrac{x^2y^2}{x^2y^2+(x-y)^2}$ 和 $f(x,\ y)=\dfrac{x-y+x^2+y^2}{x+y}$ 在原点 $(0,\ 0)$ 的情形.

(3) 两个累次极限之一不存在，但二重极限却存在. 例如函数 $f(x,\ y)=y\sin\dfrac{1}{x}$ 在原点 $(0,\ 0)$ 的情形，这时 $\lim\limits_{y\to0}\lim\limits_{x\to0}y\sin\dfrac{1}{x}$ 不存在.

但是，若两者分别满足某种条件，则它们之间存在一定的关系.

定理　若 $f(x, y)$ 在点 (x_0, y_0) 存在重极限 $\lim\limits_{(x, y) \to (x_0, y_0)} f(x, y)$ 与累次极限 $\lim\limits_{x \to x_0} \lim\limits_{y \to y_0} f(x, y)$，则它们必相等.

根据合格定理即可得到：

推论 1　若在 (x_0, y_0) 两个累次极限与重极限都存在，则三者相等；

推论 2　若在 (x_0, y_0) 两个累次极限存在但不相等，则在该点的重极限不存在.

推论 1 给出了累次极限次序可以交换的充分条件；推论 2 可被用来证明重极限不存在.

5.3　证明重极限不存在常用的三种方法

方法 1　（即采用推论 2）证明两个累次极限存在但不相等.

例 9　设 $f(x, y) = \dfrac{y^2}{x^2 + y^2}$，则 $\lim\limits_{(x, y) \to (0, 0)} f(x, y)$ 不存在，这是因为

$$\lim_{x \to 0} \lim_{y \to 0} f(x, y) = 0 \text{ 而} \lim_{y \to 0} \lim_{x \to 0} f(x, y) = -1$$

方法 2　选择两条不同的路径，而沿该两条路径的极限不相等.

例 10　$\lim\limits_{(x, y) \to (0, 0)} \dfrac{x^2 y}{x^4 + y^2}$ 不存在，这时因为令 $y = x$，则 $\lim\limits_{(x, y) \to (0, 0)} \dfrac{x^2 y}{x^4 + y^2} = 0$；而令 $y = x^2$，则 $\lim\limits_{(x, y) \to (0, 0)} \dfrac{x^2 y}{x^4 + y^2} = \dfrac{1}{2}$.

方法 3　在函数定义域内取两组点列趋于极限点，而所得的极限不同（该方法属于方法 2 的离散类型）.

例 11　$f(x, y) = \dfrac{x^4 + y^4}{(x^2 - y^2)^2}$，则 $\lim\limits_{(x, y) \to (0, 0)} f(x, y)$ 不存在，这时因为取点列 $\left\{ \left(\dfrac{2}{k}, \dfrac{1}{k} \right) \right\} \to (0, 0)$，$(k \to \infty)$，则

$$\lim_{(x, y) \to (0, 0)} f(x, y) = \lim_{k \to \infty} f\left(\dfrac{2}{k}, \dfrac{1}{k} \right) = 5$$

至于二重极限存在性的证明，除根据定义外，还可利用一元函数中的一些有关结论及夹逼定理等方法.

二重极限的求法举例

例 12　设函数 $f(x, y) = (x^2 + y^2)^{|xy|}$，求 $\lim\limits_{(x, y) \to (0, 0)} f(x, y)$.

解：因为当 $x^2 + y^2 < 1$ 时，$f(x, y) = (|xy|)^{|xy|} \leqslant (x^2 + y^2)^{|xy|} \leqslant (x^2 + y^2)^{-(x^2 + y^2)}$，且 $\lim\limits_{t \to 0+0} t^t = 1$，所以 $\lim\limits_{(x, y) \to (0, 0)} f(x, y) = 1.$

5.4　全微分与偏导数的关系

全微分设二元函数 $z = f(x, y)$ 在 $P_0(x_0, y_0)$ 的全改变量为

$$\Delta z = f(x_0 + \Delta x, y_0 + \Delta y) - f(x_0, y_0)$$

可表为

$$\Delta z = A \Delta x + B \Delta y + o(\rho)$$

其中，$\rho = \sqrt{(\Delta x)^2 + (\Delta y)^2}$；$A$ 与 B 是与 Δx 与 Δy 无关的常数. 则称二元函数 $z = f(x, y)$ 在 $P_0(x_0, y_0)$ 可微，$A \Delta x + B \Delta y$ 称为 $z = f(x, y)$ 在 $P_0(x_0, y_0)$ 的全微分，记为

$$\mathrm{d}z = A \Delta x + B \Delta y$$

可微的必要条件　若二元函数 $z = f(x, y)$ 在 $P_0(x_0, y_0)$ 可微，即 $\Delta z = A \Delta x + B \Delta y + o(\rho)$. 则二元函数 $z = f(x, y)$ 在 $P_0(x_0, y_0)$ 存在两个偏导数，且

$$A = f'_x(x_0, y_0), \ B = f'_y(x_0, y_0)$$

可微的充分条件　若函数 $z = f(x, y)$ 的偏导数在点 $P_0(x_0, y_0)$ 的某领域内存在，且 $f_x(x, y)$ 在点 $P_0(x_0, y_0)$ 处连续，则函数 $z = f(x, y)$ 在点 $P_0(x_0, y_0)$ 处可微.

用全微分定义判断是否可微的步骤：

（1）计算二元函数的全增量 $\Delta z = f(x_0 + \Delta x, y_0 + \Delta y) - f(x_0, y_0)$；

（2）计算两个偏导数 $f'_x(x_0,y_0)$ 与 $f'_y(x_0,y_0)$，以及全增量与全微分之差 $\Delta z - \mathrm{d}z$；

（3）判断极限 $\lim\limits_{\rho \to 0} \dfrac{\Delta z - \mathrm{d}z}{\rho}$ 是否为 0，若为 0，则 $z = f(x,y)$ 在点 $P_0(x_0,y_0)$ 处可微；反之，若不为 0，则不可微.

注：用全微分定义判断二元函数是否可微的难点为分段函数在分点处的可微性.

一阶微分形式不变性　设 $z = f(x,y)$ 是二元可微函数，则

$$\mathrm{d}z = \frac{\partial z}{\partial x}\mathrm{d}x + \frac{\partial z}{\partial y}\mathrm{d}y$$

若 $x = x(u,v)$，$y = y(u,v)$，则

$$\mathrm{d}z = \frac{\partial z}{\partial x}\mathrm{d}x + \frac{\partial z}{\partial y}\mathrm{d}y = \frac{\partial z}{\partial u}\mathrm{d}u + \frac{\partial z}{\partial v}\mathrm{d}v$$

二重极限、连续、偏导数与全微分的关系，如下所示.

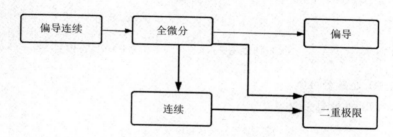

例 13　定义 $f(x,y) = \begin{cases} \dfrac{x^3}{x^2}, & x^2 + y^2 \neq 0, \\[2mm] 0, & x^2 + y^2 = 0 \end{cases}$　证明：$f(x,y)$ 在点 $(0,0)$ 处连续但不可微.

证明：对任意的 $\varepsilon > 0$，存在 δ，当 $0 < \sqrt{x^2 + y^2} < \delta$ 时，有

$$|f(x,y) - f(0,0)| = \left| \frac{x^3}{x^2 + y^2} \right| \leqslant |x| \leqslant \varepsilon.$$

故 $f(x,y)$ 在点 $(0,0)$ 处连续，另外有

$$f_x(0,0) = \lim_{x \to 0} \frac{f(x,0) - f(0,0)}{x} = \lim_{x \to 0} \frac{\dfrac{x^3}{x^2} - 0}{x} = 1$$

$$f_y(0,0)=\lim_{y\to0}\frac{f(0,y)-f(0,0)}{y}=\lim_{y\to0}\frac{0-0}{y}=0$$

函数的全增量

$$\Delta z=f(0+\Delta x,0+\Delta y)-f(0,0)=\frac{(\Delta x)^3}{(\Delta x)^2+(\Delta y)^2}$$

则 $\lim_{\rho\to0}\dfrac{\Delta z-f_x(0,0)\Delta x-f_y(0,0)\Delta y}{\rho}=\lim_{\substack{\Delta x\to0\\\Delta y\to0}}\dfrac{\frac{(\Delta x)^3}{(\Delta x)^2+(\Delta y)^2}-\Delta x}{((\Delta x)^2+(\Delta y)^2)^{\frac12}}=$

$\lim_{\substack{\Delta x\to0\\\Delta y\to0}}\dfrac{-\Delta x(\Delta y)^2}{((\Delta x)^2+(\Delta y)^2)^{\frac32}}$

令 $\Delta y=k\Delta x$ 则上式二重极限不存在，所以 $f(x,y)$ 在点$(0,0)$处连续但不可微.

例 14 二元函数

$$f(x,y)=\begin{cases}x^2+y^2\sin\dfrac{1}{x^2+y^2},&x^2+y^2\neq0,\\[2mm]0,&x^2+y^2=0\end{cases}$$

求(1) $\dfrac{\partial f}{\partial x}$，$\dfrac{\partial f}{\partial y}$；$(2)$ 判断 $\dfrac{\partial f}{\partial x}$，$\dfrac{\partial f}{\partial y}$ 点$(0,0)$处是否连续，$f(x,y)$ 在点$(0,0)$处是否可微.

解：(1) 由偏导定义有

$$f_x(0,0)=\lim_{x\to0}\frac{f(x,0)-f(0,0)}{x}=\lim_{x\to0}(x)^2\sin\frac{1}{x^2}=0$$

$$f_y(0,0)=\lim_{y\to0}\frac{f(0,y)-f(0,0)}{x}=\lim_{y\to0}(y)^2\sin\frac{1}{y^2}=0$$

当 $x^2+y^2\neq0$ 时，有

$$f_x(x,y)=2(x+y)\sin\frac{1}{x^2+y^2}-\frac{2x(x+y)^2}{(x^2+y^2)^2}\cos\frac{1}{x^2+y^2}$$

$$f_y(x,y)=2(x+y)\sin\frac{1}{x^2+y^2}-\frac{2y(x+y)^2}{(x^2+y^2)^2}\cos\frac{1}{x^2+y^2}$$

(2) 因为 $\lim_{(x,y)\to(0,0)}\dfrac{2x(x+y)^2}{(x^2+y^2)^2}$，$\lim_{(x,y)\to(0,0)}\dfrac{2y(x+y)^2}{(x^2+y^2)^2}$ 不存在，所以

$\dfrac{\partial f}{\partial x}$，$\dfrac{\partial f}{\partial y}$ 在点$(0,0)$处不连续，因为

$$\lim_{(x, y) \to (0, 0)} \frac{f(x, y) - f(0, 0) - f_x(0, 0)x - f_y(0, 0)y}{\rho}$$

$$\lim_{(x, y) \to (0, 0)} \frac{(x+y)^2}{\sqrt{x^2+y^2}} \sin\frac{1}{x^2+y^2} = 0$$

所以 $f(x, y)$ 在点 $(0, 0)$ 处可微.

例 15　设函数 $f(x, y) = \sqrt{|xy|}$ ，证明：$f(x, y)$ 在点 $(0, 0)$ 处存在两个偏导数，但是不可微.

证明： 根据偏导数定义有

$$f_x(0, 0) = \lim_{x \to 0} \frac{f(x, 0) - f(0, 0)}{x} = 0$$

$$f_y(0, 0) = \lim_{y \to 0} \frac{f(0, y) - f(0, 0)}{y} = 0$$

所以在点 $(0, 0)$ 处存在两个偏导数，另外有

$$\lim_{(x, y) \to (0, 0)} \frac{f(x, y) - f(0, 0) - f_x(0, 0)x - f_y(0, 0)y}{\rho}$$

$$= \lim_{(x, y) \to (0, 0)} \frac{\sqrt{xy}}{\sqrt{x^2+y^2}}$$

令 $y = kx$ ，则上式极限不存在，故 $f(x, y)$ 在点 $(0, 0)$ 处不可微.

例 16　已知 $z = y^x \sin\left(\dfrac{x}{y}\right)$ ，求 $\mathrm{d}z$.

解： 由偏导公式有

$$\frac{\partial z}{\partial x} = y^x \sin\left(\frac{x}{y}\right) \ln y + y^{x-1} \cos\left(\frac{x}{y}\right)$$

$$\frac{\partial z}{\partial y} = x y^{x-1} \sin\left(\frac{x}{y}\right) + x y^{x-2} \cos\left(\frac{x}{y}\right)$$

所以

$$\mathrm{d}z = \left[y^x \sin\left(\frac{x}{y}\right) \ln y + y^{x-1} \cos\left(\frac{x}{y}\right) \right] \mathrm{d}x + \left[x y^{x-1} \sin\left(\frac{x}{y}\right) - x y^{x-2} \cos\left(\frac{x}{y}\right) \right] \mathrm{d}y$$

例 17　求函数 $z = \mathrm{e}^{xy} \sin(x+y)$.

解： 令 $u = xy$ ，$v = x+y$ ，则 $\mathrm{d}z = z_u \mathrm{d}u + z_v \mathrm{d}v$ ，因而

$$\mathrm{d}z = \mathrm{e}^u \sin v \, \mathrm{d}u + \mathrm{e}^u \cos v \, \mathrm{d}v$$

$$= \mathrm{e}^u \sin v(y\,\mathrm{d}x + x\,\mathrm{d}y) + \mathrm{e}^u \cos v(\mathrm{d}x + \mathrm{d}y)$$

$$= \mathrm{e}^{xy}\{y\sin(x+y) + \cos(x+y)\}\mathrm{d}x + \mathrm{e}^{xy}\{x\sin(x+y) + \cos(x+y)\}\mathrm{d}y$$

于是

$$\frac{\partial z}{\partial x} x = \mathrm{e}^{xy}[y\sin(x+y) + \cos(x+y)]$$

$$\frac{\partial z}{\partial y} x = \mathrm{e}^{xy}[x\sin(x+y) + \cos(x+y)]$$

例 18　设 $f_x(x,y)$ 在点 (x_0,y_0) 处存在，$f_y(x,y)$ 在点 (x_0,y_0) 处连续，证明：$f(x,y)$ 在点 (x_0,y_0) 处可微.

证明： $f(x,y)$ 在点 (x_0,y_0) 处的全增量 Δz 可以表示为

$$\Delta z = f(x_0+\Delta x, y_0+\Delta y) - f(x_0+\Delta x, y_0)$$
$$+ f(x_0+\Delta x, y_0) - f(x_0, y_0)$$

由一元函数的中值定理有

$$f(x_0+\Delta x, y_0+\Delta y) - f(x_0+\Delta x, y_0)$$
$$= f_y(x_0+\Delta x, y_0+\theta\Delta y)\Delta y = f_y(x_0,y_0)\Delta y + \varepsilon\Delta y$$

其中

$$\varepsilon = f_y(x_0+\Delta x, y_0+\theta\Delta y)\Delta y - f_y(x_0,y_0), \quad 0<\theta<1$$

所以

$$f(x_0+\Delta x, y_0) - f(x_0,y_0) = f_x(x_0,y_0)\Delta x - o\Delta x$$

则

$$\Delta z = f_x(x_0,y_0)\Delta x + f_y(x_0,y_0)\Delta y + o(\Delta x) + \varepsilon\Delta y$$

又因为 $f_y(x,y)$ 在点 (x_0,y_0) 处连续，所以

$$\lim_{(\Delta x,\Delta y)\to(0,0)} \varepsilon = \lim_{(\Delta x,\Delta y)\to(0,0)} f_y(x_0+\Delta x, y_0+\theta\Delta y) - f_y(x_0,y_0) = 0$$

从而 $o(\Delta x) + \varepsilon\Delta y$ 为 $o(\sqrt{\Delta x^2 + \Delta y^2})$.

5.5　偏导数与高阶偏导数

偏导数　设二元函数 $z = f(x,y)$ 在区域 $D \subset \mathbf{R}^2$ 有定义，$P_0(x_0,y_0)$

是 D 的内点，若 $y = y_0$（常数），一元函数 $f(x, y_0)$ 在 x_0 处可导，即极限

$$\lim_{\Delta x \to \infty} \frac{f(x_0 + \Delta x, y_0) - f(x_0, y_0)}{\Delta x}, \quad (x_0 + \Delta x, y_0) \in D$$

存在，则称此极限是函数 $z = f(x, y)$ 在 $P_0(x_0, y_0)$ 处关于 x 的偏导数.

复合函数求偏导的链式法则

（1）若二元函数 $z = f(x, y)$ 可微，而 $x = \varphi(t)$，$y = \psi(t)$ 在 t 可导，则复合函数（一元函数）$z = f(\varphi(t), \psi(t))$ 在 t 也可导，且

$$\frac{dz}{dt} = \frac{\partial z}{\partial x} \frac{dx}{dt} + \frac{\partial z}{\partial y} \frac{dy}{dt}$$

（2）若二元函数 $z = f(x, y)$ 可微，而 $x = \varphi(t, s)$，$y = \psi(t, s)$ 在 (t, s) 都存在偏导数，则复合函数 $f(\varphi(t, s), \psi(t, s))$ 在 (t, s) 存在偏导数，且

$$\frac{\partial z}{\partial t} = \frac{\partial z}{\partial x} \frac{\partial x}{\partial t} + \frac{\partial z}{\partial y} \frac{\partial y}{\partial t}, \quad \frac{\partial z}{\partial s} = \frac{\partial z}{\partial x} \frac{\partial x}{\partial s} + \frac{\partial z}{\partial y} \frac{\partial y}{\partial s}$$

（3）其他特殊形式的链式法则，设 $u = f(x, y, z)$，$x = x(s, t)$，$y = y(s, t)$，$z = z(s, t)$ 则

$$\frac{\partial u}{\partial s} = \frac{\partial u}{\partial x} \frac{\partial x}{\partial s} + \frac{\partial u}{\partial y} \frac{\partial y}{\partial s} + \frac{\partial u}{\partial z} \frac{\partial z}{\partial s}$$

$$\frac{\partial u}{\partial t} = \frac{\partial u}{\partial x} \frac{\partial x}{\partial t} + \frac{\partial u}{\partial y} \frac{\partial y}{\partial t} + \frac{\partial u}{\partial z} \frac{\partial z}{\partial t}$$

（4）设 $u = f(x, y, t)$，$x = x(s, t)$，$y = y(s, t)$，则

$$\frac{\partial u}{\partial s} = \frac{\partial u}{\partial x} \frac{\partial x}{\partial s} + \frac{\partial u}{\partial y} \frac{\partial y}{\partial s}$$

$$\frac{\partial u}{\partial t} = \frac{\partial u}{\partial x} \frac{\partial x}{\partial t} + \frac{\partial u}{\partial y} \frac{\partial y}{\partial t} + \frac{\partial u}{\partial t} \frac{\partial t}{\partial t} = \frac{\partial u}{\partial x} \frac{\partial x}{\partial t} + \frac{\partial u}{\partial y} \frac{\partial y}{\partial t} + \frac{\partial t}{\partial t}$$

注：若 $z = f(u, v)$，为了便于书写，通常记

$$f'_1 = \frac{\partial f}{\partial u}, \ f'_2 = \frac{\partial f}{\partial v}, \ f'_{11} = \frac{\partial f}{\partial u^2}, \ f'_{12} = \frac{\partial f^2}{\partial u \partial v}, \ f'_{22} = \frac{\partial f^2}{\partial v^2}$$

高阶偏导　如果 $f(x, y)$ 的两个偏导数 $f_x(x, y)$，$f_y(x, y)$ 都存在，它们就是关于 x，y 的二元函数，还可以讨论它们关于 x，y 的偏导数，如果它们关于 x 的偏导数存在，或者关于 y 的偏导数存在，就称这些偏导数

是二阶偏导数.

二阶混合偏导数的关系　设二元函数的两个混合偏导数 f_{xy}，f_{yx} 在 $(x_0，y_0)$ 连续，则有

$$f_{xy}(x_0，y_0) = f_{yx}(x_0，y_0)$$

注：求高阶偏导数的难点在于分段函数分点处的二阶导数（连续应用偏导数定义）；抽象的复合函数的二阶偏导数（连续应用链式法则）.

例 19　设 $f(x，y) = \begin{cases} xy \dfrac{x^2 - y^2}{x^2 + y^2}，& x^2 + y^2 \neq 0, \\ 0，& x^2 + y^2 = 0 \end{cases}$　证明：$f(x，y)$ 在 $(0，0)$ 处连续，并计算 $f_x(0，0)$，$f_{xy}(0，0)$.

证明： 当 $x^2 + y^2 \neq 0$ 时，有

$$|f(x，y)| = \left| xy \frac{x^2 - y^2}{x^2 + y^2} \right| \leqslant \frac{1}{2}(x^2 + y^2)$$

所以对任意的 $\varepsilon > 0$，$\delta = \sqrt{2\varepsilon}$，则当 $x^2 + y^2 < \delta^2$ 时，有 $|f(x，y)| < \varepsilon$，故 $f(x，y)$ 在 $(0，0)$ 处连续. 即

$$f_x(0，0) = \lim_{x \to 0} \frac{f(x，0) - f(0，0)}{x} = 0$$

当 $x^2 + y^2 \neq 0$ 时，$f_x(x，y) = y \dfrac{x^2 - y^2}{x^2 + y^2} + \dfrac{4x^2 y^3}{(x^2 + y^2)^2}$ 故

$$f_{xy}(0，0) = \lim_{y \to 0} \frac{f_x(0，y) - f_x(0，0)}{y} = -1$$

例 20　设 $f(1，1) = 1$，$f_x(1，1) = a$，$f_y(1，1) = b$，$g(x) = f(x，f(x，f(x，y)))$，求 $g'(1)$.

解： 由复合函数求导的链式法则知

$$g'(1) = f_x(x，f(x，f(x，y))) + f_y(x，f(x，f(x，y)))$$
$$(f_x(x，f(x，y)) + f_y(x，f(x，y))f_x(x，f(x，y))$$

故

$$g'(1) = f_x(1，1) + f_y(1，1)(a + ab) = a(1 + b + b^2)$$

例 21　设 $z = z(u，v)$，$u = x^2 - y^2$，$v = 2xy$，求 $\dfrac{\partial^2 z}{\partial x^2}$.

解：根据复合函数链式法则有

$$\frac{\partial z}{\partial x} = \frac{\partial z}{\partial u}\frac{\partial u}{\partial x} + \frac{\partial z}{\partial v}\frac{\partial v}{\partial x} = 2x\frac{\partial z}{\partial u} + 2y\frac{\partial z}{\partial v}$$

再根据链式法则有

$$\frac{\partial^2 z}{\partial x^2} = \frac{\partial}{\partial x}\left(2x\frac{\partial z}{\partial u} + 2y\frac{\partial z}{\partial v}\right)$$

$$= 2\frac{\partial z}{\partial u} + 2x\left(\frac{\partial^2 z}{\partial u^2}\frac{\partial u}{\partial x} + \frac{\partial^2 z}{\partial u\partial v}\frac{\partial v}{\partial x}\right) + 2y\left(\frac{\partial^2 z}{\partial u\partial v}\frac{\partial u}{\partial x} + \frac{\partial^2 z}{\partial v^2}\frac{\partial v}{\partial x}\right)$$

$$= 2\frac{\partial z}{\partial u} + 2x\left(2x\frac{\partial^2 z}{\partial u^2} + 2y\frac{\partial^2 z}{\partial u\partial v}\right) + 2y\left(2x\frac{\partial^2 z}{\partial u\partial v} + 2y\frac{\partial^2 z}{\partial v^2}\right)$$

$$= 2\frac{\partial z}{\partial u} + 4x^2\frac{\partial^2 z}{\partial u^2} + 8xy\frac{\partial^2 z}{\partial u\partial v} + 4y^2\frac{\partial^2 z}{\partial v^2}.$$

例 22　设 $F(x, y) = \int_{\frac{x}{y}}^{xy}(x - yz)f(z)\mathrm{d}z$，其中，$f(z)$ 为可微函数，求 $F_{xy}(x, y)$.

解：由于

$$F(x, y) = \int_{\frac{x}{y}}^{xy}(x - yz)f(z)\mathrm{d}z = x\int_{\frac{x}{y}}^{xy}f(z)\mathrm{d}z - y\int_{\frac{x}{y}}^{xy}zf(z)\mathrm{d}z$$

所以

$$F_x(x, y) = \int_{\frac{x}{y}}^{xy}f(z)\mathrm{d}z + x\left[yf(xy) - \frac{1}{y}f\left(\frac{x}{y}\right)\right]$$

$$- y\left[xy^2f(xy) - \frac{x}{y^2}f\left(\frac{x}{y}\right)\right]$$

$$= \int_{\frac{x}{y}}^{xy}f(z)\mathrm{d}z + (xy - xy^3)f(xy)$$

再由链式法则有

$$F_{xy}(x, y) = xf(xy) + \frac{x}{y^2}f\left(\frac{x}{y}\right) + (x - 3xy^2)f(xy) + (x^2y - x^2y^3)f'(xy)$$

例 23　变换方程 $\begin{cases} u = x - 2y, \\ v = x + ay, \end{cases}$ 可以把 $6\frac{\partial^2 z}{\partial x^2} + \frac{\partial^2 z}{\partial x\partial y} - \frac{\partial^2 z}{\partial y^2} = 0$ 化简为 $\frac{\partial^2 z}{\partial u\partial v} = 0$，求常数 a.

解：根据链式法则有

$$\frac{\partial z}{\partial x} = \frac{\partial z}{\partial u}\frac{\partial u}{\partial x} + \frac{\partial z}{\partial v}\frac{\partial v}{\partial x} = \frac{\partial z}{\partial u} + \frac{\partial z}{\partial v}$$

$$\frac{\partial z}{\partial y} = \frac{\partial z}{\partial u}\frac{\partial u}{\partial y} + \frac{\partial z}{\partial v}\frac{\partial v}{\partial x} = -2\frac{\partial z}{\partial u} + a\frac{\partial z}{\partial v}$$

所以有

$$\frac{\partial^2 z}{\partial x^2} = \frac{\partial^2 z}{\partial u^2}\frac{\partial u}{\partial x} + \frac{\partial^2 z}{\partial v^2}\frac{\partial v}{\partial x} + \frac{\partial^2 z}{\partial v \partial u}\frac{\partial v}{\partial x} + \frac{\partial^2 z}{\partial v \partial u}\frac{\partial u}{\partial x}$$

$$= \frac{\partial^2 z}{\partial u^2} + \frac{\partial^2 z}{\partial v^2} + 2\frac{\partial^2 z}{\partial v \partial u}\frac{\partial^2 z}{\partial y^2}$$

$$= 4\frac{\partial^2 z}{\partial u^2} + a^2\frac{\partial^2 z}{\partial v^2} - 4a\frac{\partial^2 z}{\partial v \partial u}\frac{\partial^2 z}{\partial x \partial y}$$

$$= \frac{\partial^2 z}{\partial u^2}\frac{\partial u}{\partial y} + \frac{\partial^2 z}{\partial v^2}\frac{\partial v}{\partial y} + \frac{\partial^2 z}{\partial v \partial u}\frac{\partial v}{\partial y} + \frac{\partial^2 z}{\partial v \partial u}\frac{\partial u}{\partial y}$$

$$= -2\frac{\partial^2 z}{\partial u^2} + a\frac{\partial^2 z}{\partial v^2} + (a-2)\frac{\partial^2 z}{\partial v \partial u}$$

代入 $6\dfrac{\partial^2 z}{\partial x^2} + \dfrac{\partial^2 z}{\partial x \partial y} - \dfrac{\partial^2 z}{\partial y^2} = 0$ 可得

$$(6 + a - a^2)\frac{\partial^2 z}{\partial v^2} + (5a + 10)\frac{\partial^2 z}{\partial v \partial u} = 0$$

所以 $6 + a - a^2 = 0$，$5a + 10 \neq 0$，由此解得 $a = 3$.

例 24 设 $\varphi(t)$，$\varphi(t)$ 有二阶连续导数，$u = \varphi\left(\dfrac{x}{y}\right) + x\varphi\left(\dfrac{x}{y}\right)$，证明：

$$x^2\frac{\partial^2 u}{\partial x^2} + 2xy\frac{\partial^2 u}{\partial x \partial y} + y^2\frac{\partial^2 u}{\partial y^2} = 0$$

证明： 因为

$$\frac{\partial u}{\partial x} = -\frac{y}{x^2}\varphi' + \varphi - \frac{y}{x^2}\varphi', \quad \frac{\partial u}{\partial y} = \frac{1}{x^2}\varphi' + \varphi'\left(\frac{y}{x}\right)$$

所以

$$\frac{\partial^2 u}{\partial x^2} = \frac{2y}{x^3}\varphi' + \frac{y^2}{x^4}\varphi'' + \frac{y^2}{x^3}\varphi''$$

$$\frac{\partial^2 u}{\partial x \partial y} = -\frac{1}{x^2}\varphi' - \frac{y}{x^3}\varphi'' - \frac{1}{x}\varphi' - \frac{y}{x^2}\varphi'' + \frac{1}{x}\varphi'$$

$$\frac{\partial^2 u}{\partial y^2} = \frac{1}{x^2}\varphi'' + \frac{1}{x}\varphi'$$

于是有

$$x^2\frac{\partial^2 u}{\partial x^2} + 2xy\frac{\partial^2 u}{\partial x\,\partial y} + y^2\frac{\partial^2 u}{\partial y^2} = 0$$

例 25　设 $u = \begin{vmatrix} 1 & 1 & \cdots & 1 \\ x_1 & x_2 & \cdots & x_n \\ x_1^2 & x_2^2 & \cdots & x_n^2 \\ \vdots & \vdots & & \vdots \\ x_1^{n-1} & x_2^{n-1} & \cdots & x_n^{n-1} \end{vmatrix}$，证明：(1) $\displaystyle\sum_{k=1}^{n}\frac{\partial u}{\partial x_k} = 0$，

(2) $\displaystyle\sum_{k=1}^{n}x_k\frac{\partial u}{\partial x_k} = \frac{n(n-1)}{2}u$.

证明：(1) 设 u 的 (i,j) 元素为 $x_{i,j}$，则 $x_{j+1,i}$ 为 x_i^j 的代数余子式 $(1\leqslant i\leqslant n,\ 0\leqslant j\leqslant n-1)$. 于是，$u = \displaystyle\sum_{j=1}^{n-1}x_i^j x_{j+1,i}$. 从而

$$\frac{\partial u}{\partial x_k} = \sum_{j=1}^{n-1}j x_k^{j-1} x_{j+1,k}\ (k=1,\ 2,\ \cdots,\ n)$$

$$\sum_{k=1}^{n}\frac{\partial u}{\partial x_k} = \sum_{k=1}^{n}\sum_{j=1}^{n-1}j x_k^{j-1} x_{j+1,k} = \sum_{j=1}^{n-1}j\sum_{k=1}^{n}x_k^{j-1} x_{j+1,k}\ (k=1,\ 2,\ \cdots,\ n)$$

因为

$$\sum_{k=1}^{n}x_k^{j-1} x_{j+1,k} = \begin{vmatrix} 1 & 1 & \cdots & 1 \\ x_1 & x_2 & & x_n \\ \vdots & \vdots & & \vdots \\ x_1^{j-1} & x_2^{j-1} & \cdots & x_n^{j-1} \\ x_1^{j-1} & x_2^{j-1} & \cdots & x_n^{j-1} \\ \vdots & \vdots & & \vdots \\ x_1^{n-1} & x_2^{n-1} & \cdots & x_n^{n-1} \end{vmatrix} = 0$$

对一切的 $j=1,\ 2,\ \cdots,\ n-1$ 都成立，所以 $\displaystyle\sum_{k=1}^{n}\frac{\partial u}{\partial x_k} = 0$.

（2）利用关于齐次函数的欧拉定理有

$$F(tx_1, \cdots, tx_n) = t^n F(x_1, \cdots, x_n) \Leftrightarrow \sum_{k=1}^{n} x_k F x_k = nF$$

易见 u 是 $1 + 2 + \cdots + (n-1) = \dfrac{n(n-1)}{2}$ 次齐次函数，所以

$$\sum_{k=1}^{n} x_k \frac{\partial u}{\partial x_k} = \frac{n(n-1)}{2} u$$

5.6　方向导数与梯度

方向导数　在过点 $P(x_0, y_0, z_0)$ 的射线 l 上任取一点 $P'(x_0 + \Delta x, y_0 + \Delta y, z_0 + \Delta z)$，设 $\rho = \| P - P' \|$. 若极限

$$\lim_{\rho \to 0+} \frac{f(P') - f(P)}{\rho}$$

存在，则称此极限为函数 $f(x, y, z)$ 在点 P 沿方向 l 的方向导数，记为 $\dfrac{\partial f}{\partial l} \big| P$ 或 $f_l(P)$，$f_l(x_0, y_0, z_0)$.

方向导数的计算　若函数 $f(x, y, z)$ 在点 $P(x_0, y_0, z_0)$ 可微，则 f 在点 P 处沿任意方向 l 的方向导数都存在，且

$$\frac{\partial f}{\partial l} = \frac{\partial f}{\partial x}\cos\alpha + \frac{\partial f}{\partial y}\cos\beta + \frac{\partial f}{\partial z}\cos\gamma$$

其中，$\cos\alpha$、$\cos\beta$ 和 $\cos\gamma$ 为 l 的方向余弦.

梯度　$\text{grad} = \left(\dfrac{\partial f}{\partial x}, \dfrac{\partial f}{\partial y}, \dfrac{\partial f}{\partial z} \right).$

例26　设在 xOy 面上各点的温度 T 与点的位置关系为 $T = 4x^2 + 9y^2$，点 $P(9, 4)$，求：（1）$\text{grad}\, T \big|_P$；（2）在点 $P(9, 4)$ 沿极角 120° 方向的温度变化率；（3）在什么方向上，点 $P(9, 4)$ 处的变化率取得最大值、最小值和零，并求出此最大值和最小值.

解：（1）$\text{grad}\, T \big|_P = (8x, 18y) \big|_P = (72, 72)$.

（2）方向余弦为 $l=(\cos\theta,\ \sin\theta)=\left(-\dfrac{1}{2},\ \dfrac{\sqrt{3}}{2}\right)$，则 $\left.\dfrac{\partial T}{\partial l}\right|_P=\mathrm{grad}\,T\,|_P=36(\sqrt{3}-1)$.

（3）设方向余弦为 $l=(\cos\theta,\ \sin\theta)$，$\dfrac{\partial T}{\partial l}=72\sqrt{2}\sin\left(\theta+\dfrac{\pi}{4}\right)$.

所以当 $\theta=\dfrac{\pi}{4}$ 时，有最大值 $72\sqrt{2}$；当 $\theta=\dfrac{5\pi}{4}$ 时，有最小值 $-72\sqrt{2}$，当 $\theta=\dfrac{3\pi}{4}$ 或 $\theta=\dfrac{7\pi}{4}$ 时，变化率为零.

例 27　设函数 $u=\ln\left(\dfrac{1}{r}\right)$，其中 $r=\sqrt{(x-a)^2+(y-b)^2+(z-c)^2}$，求 u 的梯度，并指出在空间哪些点上等式 $|\mathrm{grad}\,u|=1$ 成立.

解：求原函数的三个偏导数，有

$$u_x=\frac{\mathrm{d}u}{\mathrm{d}x}r_x=\frac{-r}{r^2}\frac{x-a}{\sqrt{(x-a)^2+(y-b)^2+(z-c)^2}}=\frac{a-x}{r^2}$$

$$u_y=\frac{b-y}{r^2},\quad u_z=\frac{c-z}{r^2}$$

因此

$$\mathrm{grad}\,u=\left(\frac{a-x}{r^2},\ \frac{b-y}{r^2},\ \frac{c-z}{r^2}\right)=-\frac{1}{r^2}(x-a,\ y-b,\ z-c)$$

由 $|\mathrm{grad}\,u|=\dfrac{1}{r}\Rightarrow r=1$. 故使 $|\mathrm{grad}\,u|=1$ 的点是满足方程 $(x-a)^2+(y-b)^2+(z-c)^2=1$ 的点，即在空间以 $(a,\ b,\ c)$ 为心、以 1 为半径的球面上都有 $|\mathrm{grad}\,u|=1$.

例 28　设 $f(x,\ y)$ 可微，l 是 $\mathbf{R}^2$ 上的一个确定向量，倘若处处有 $f_l(x,\ y)\equiv0$，试问此函数 f 有何特征？

解：设 l 的方向余弦为 $(\cos\alpha,\ \cos\beta)$，则

$$f_l(x,\ y)=f_x\cos\alpha+f_y\cos\beta$$

又因 $f_l(x,\ y)\equiv0$，所以

$$f_x\cos\alpha+f_y\cos\beta=0\Rightarrow(f_x,\ f_y)(\cos\alpha,\ \cos\beta)=0$$

说明函数 f 在点 $(x,\ y)$ 的梯度向量与向量 l 垂直.

5.7　多元函数的极值

极值的必要条件　若 p_0 为函数 $f(p)$ 的极值点，则当偏导数存在时，必有

$$f_x(p_0) = f_y(p_0) = 0$$

注：极值点的嫌疑点为稳定点及偏导数不存在的点.

求极值的步骤：

（1）计算偏导数 f_x，f_y；

（2）求出嫌疑点 p_0；

（3）用判别法判断 p_0 是否为极值点.

极值的充分条件（判别法）　设二元函数有稳定 $f(x，y)$ 点 $p_0(x_0，y_0)$，且在点 $p_0(x_0，y_0)$ 的某领域内有二阶连续偏导数. 令

$$A = f_{xx}(P_0)，B = f_{xy}(P_0)，C = f_{yy}(P_0)，\Delta = B^2 - AC$$

（1）若 $\Delta < 0$，则 $P_0(x_0，y_0)$ 是 $f(x，y)$ 的极值点：

①$A > 0$ 或 $C > 0$，$P_0(x_0，y_0)$ 是极小值点；

②$A < 0$ 或 $C > 0$，$P_0(x_0，y_0)$ 是极大值点.

（2）若 $\Delta > 0$，则 $P_0(x_0，y_0)$ 不是 $f(x，y)$ 的极值点.

注：$\Delta = 0$ 时，判别法失效.

例 29　求函数 $z = e^{2x}(x + y^2 + 2y)$ 的极值点.

解：解方程

$$\begin{cases} z_x = e^{2x}(2x + 2y^2 + 4y + 1) = 0 \\ z_x = e^{2x}(2y + 2) = 0 \end{cases}$$

得其稳定于 $\left(\dfrac{1}{2}，-1\right)$，由于

$$A = z_{xx}\left(\frac{1}{2}，-1\right) = 2e，B = z_{xy}\left(\frac{1}{2}，-1\right) = 0$$

$$C = z_{yy}\left(\frac{1}{2}，-1\right) = 2e，AC - B^2 = 4e^2 > 0$$

所以 $\left(\dfrac{1}{2},\ -1\right)$ 为极小值点.

例 30　求下列函数在指定范围内的最大值与最小值：

(1) $z = x^2 - y^2$，$\{(x,\ y) \mid x^2 + y^2 \leqslant 4\}$

(2) $z = \sin x + \sin y - \sin(x + y)$，$\{(x,\ y) \mid x \geqslant 0;\ y \geqslant 0,\ x + y \leqslant 2\pi\}$.

解：(1) 先求函数在开区域内的可疑极值点.

由 $\begin{cases} z_x = 2x = 0, \\ z_y = -2y = 0 \end{cases}$ 得稳定点 $(0,\ 0)$，再求边界 $x^2 + y^2 = 4$ 上的可疑极值

点，由 $\begin{cases} z = x^2 - y^2, \\ x^2 + y^2 = 4 \end{cases}$ 得 $z = 2x^2 - 4$ 或 $z = 4 - 2y^2$，由 $\dfrac{\mathrm{d}z}{\mathrm{d}x} = 4x = 0$ 得 $x = 0$，

此时 $y = \pm 2$；由 $\dfrac{\mathrm{d}z}{\mathrm{d}y} = 4y = 0$ 得 $y = 0$，此时 $x = \pm 2$，所以边界上的稳定点为

$(0,\ 2)$，$(0,\ -2)$，$(2,\ 0)$，$(-2,\ 0)$，又因 $z(0,\ 0) = 0$，$z(0,\ 2) = z(0,$ $-2) = -4$，$z(2,\ 0) = z(-2,\ 0) = 4$，所以函数在 $(2,\ 0)$，$(-2,\ 0)$ 取最大值 4，在点 $(0,\ 2)$，$(0,\ -2)$ 取最小值 -4.

(2) 解方程组

$$\begin{cases} z_x = \cos x - \cos(x + y) = 0 \\ z_y = \cos y - \cos(x + y) = 0 \end{cases}$$

得 $\cos x = \cos y$，因此稳定点在 $x = y$ 或 $x + y = 2\pi$ 上.

在区域内部，将 $x = y$ 代入上式方程组得

$$\cos x - \cos 2x = -2\sin \frac{3}{2}x \sin\left(-\frac{x}{2}\right) = 0$$

于是区域内部仅 $\left(\dfrac{2\pi}{3},\ \dfrac{2\pi}{3}\right)$ 为稳定点，$z\left(\dfrac{2\pi}{3},\ \dfrac{2\pi}{3}\right) = \dfrac{3\sqrt{3}}{2}$，在边界 $x = 0$，$0 \leqslant y \leqslant 2\pi$；$y = 0$，$0 \leqslant x \leqslant 2\pi$；$x + y = 2\pi$ 上，函数值均为零，所以函数在点 $\left(\dfrac{2\pi}{3},\ \dfrac{2\pi}{3}\right)$ 取得最大值 $\dfrac{3\sqrt{2}}{2}$，在边界上取得最小值 0.

例 31　在区间 $[1,\ 3]$ 上用线性函数 $a + bx$ 近似代替 $f(x) = x^2$，试选 a，b 使得 $\displaystyle\int_1^3 (a + bx - x^2)^2 \,\mathrm{d}x$ 取最小值.

解：作辅助函数

$$F(a，b)=\int_1^3(a+bx-x^2)^2\mathrm{d}x=2a^2+\frac{26}{3}b^2+\frac{242}{5}+8ab-\frac{52}{3}a-4ab$$

由 $F_a=4\left(a+2b-\frac{13}{3}\right)=0$，$F_b=4\left(\frac{13}{3}b+2a-10\right)=0$ 得 $a=-\frac{11}{3}$，$b=$

4，且有 $\begin{vmatrix}F_{ab}&F_{ab}\\F_{ab}&F_{ab}\end{vmatrix}_{(-\frac{11}{3}，4)}=\frac{13}{3}-4>0$，所以 $\int_1^3(a+bx-x^2)^2\mathrm{d}x$ 取最

小值.

例 32　设 $f(x，y)$ 在 $x\geqslant0$，$y\geqslant0$ 上连续，在 $x>0$，$y>0$ 内可微，存在唯一的点 $(x_0，y_0)$，使得 $f'_x(x_0，y_0)=f'_y(x_0，y_0)=0$，$f(x_0，y_0)>0$，$f(x，0)=f(0，y)=0(x\geqslant0，y\geqslant0)$，$\lim\limits_{x^2+y^2\to+\infty}f(x，y)=0$. 证明：$f(x_0，y_0)$ 是 $f(x，y)$ 在 $x\geqslant0$，$y\geqslant0$ 上的最大值.

证明：若 $(x_0，y_0)$ 不是 $f(x，y)$ 的最大值点，则一定存在 $(\xi，\eta)$，使得 $f(\xi，\eta)>f(x_0，y_0)$. 因为 $(\xi，\eta)$ 为有限点，则 $f_x(\xi，\eta)=f_y(\xi，\eta)=0$，这与 $(x_0，y_0)$ 的唯一性矛盾，所以不存在比 $f(x_0，y_0)$ 更大的值，则 $f(x_0，y_0)$ 是 $f(x，y)$ 在 $x\geqslant0$，$y\geqslant0$ 上的最大值.

隐函数组定理　若四元函数 $F_1(x，y，u，v)$ 与 $F_2(x，y，u，v)$ 在点 $P(x_0，y_0，u_0，v_0)$ 的领域 G 满足下列条件：

（1）四元函数 $F_1(x，y，u，v)$ 与 $F_2(x，y，u，v)$ 的所有偏导数在 G 连续；

（2）$\begin{cases}F_1(x_0，y_0，u_0，v_0)=0，\\F_2(x_0，y_0，u_0，v_0)=0；\end{cases}$

（3）函数行列式 $z_{1，2}=2\pm\sqrt{3}J=\begin{vmatrix}\dfrac{\partial F_1}{\partial u}&\dfrac{\partial F_1}{\partial v}\\\dfrac{\partial F_2}{\partial u}&\dfrac{\partial F_2}{\partial v}\end{vmatrix}\neq0.$

则存在点 $Q(x_0，y_0)$ 的领域 V，在 V 存在唯一一组有连续偏导数的函数组

$$\begin{cases}u=u(x，y)\\v=v(x，y)\end{cases}$$

使

$$\begin{cases} F_1(x,\ y,\ u(x,\ y),\ v(x,\ y))=0 \\ F_2(x,\ y,\ u(x,\ y),\ v(x,\ y))=0 \end{cases}$$

且

$$\begin{cases} u_0=u(x_0,\ y_0) \\ v_0=v(x_0,\ y_0) \end{cases}$$

注：隐函数组所确定的隐函数求偏导数公式为

$$\frac{\partial u}{\partial x}=-\frac{1}{J}\frac{\partial(F_1,\ F_2)}{\partial(x,\ v)},\quad \frac{\partial v}{\partial x}=-\frac{1}{J}\frac{\partial(F_1,\ F_2)}{\partial(u,\ x)}$$

$$\frac{\partial u}{\partial y}=-\frac{1}{J}\frac{\partial(F_1,\ F_2)}{\partial(y,\ v)},\quad \frac{\partial u}{\partial y}=-\frac{1}{J}\frac{\partial(F_1,\ F_2)}{\partial(u,\ y)}$$

注：除用隐函数求偏导数公式外，还可以直接对方程组求偏导数，将其转化为关于 $\dfrac{\partial u}{\partial x}$，$\dfrac{\partial v}{\partial x}\left(\text{或}\dfrac{\partial u}{\partial y},\ \dfrac{\partial u}{\partial y}\right)$ 的二元一次方程组求解.

例 33　若 $z=z(x,\ y)$ 由方程 $xy+yz+zx=1$ 确定，求 $\dfrac{\partial^2 z}{\partial x^2}$.

解：对方程 $xy+yz+zx=1$ 两边同时对 x 求导可得

$$y+y\frac{\partial z}{\partial x}+x\frac{\partial z}{\partial x}+z=0$$

上式两边再对 x 求导可得

$$y\frac{\partial^2 z}{\partial x^2}+\frac{\partial z}{\partial x}+x\frac{\partial^2 z}{\partial x^2}+\frac{\partial z}{\partial x}=0$$

将 $\dfrac{\partial z}{\partial x}=\dfrac{-(z+y)}{x+y}$ 代入上式可得 $\dfrac{\partial^2 z}{\partial x^2}=\dfrac{2(z+y)}{(x+y)^2}$.

例 34　已知方程 $x^2+y-\cos(xy)=0$.

(1) 研究它什么时候可以在点 $(0,\ 1)$ 附近确定函数 $y=y(x)$，且 $y(0)=1$；

(2) 讨论 $y=y(x)$ 在点 $(0,\ 1)$ 附近的可微性，单调性.

解：(1) 令 $F(x,\ y)=x^2+y-\cos(xy)$，则 $F(x,\ y)$ 在 $(0,\ 1)$ 的领域内连续，$F(0,\ 1)=0$.

(2) 因为 $F_y(x,\ y)=1+x\sin(xy)$ 在点 $(0,\ 1)$ 的领域内连续，$F_y(0,\ 1)$

$=1 \neq 0$，故由于隐函数存在定理可得 $F(x，y)=0$ 在点 $(0，1)$ 附近确定函数 $y=y(x)$.

（3）又因为 $F_x(x，y)=2x+y\sin(xy)$ 在点 $(0，1)$ 的领域内连续，求得

$$y'=\frac{F_x(x，y)}{F_y(x，y)}=\frac{2x+y\sin(xy)}{1+x\sin(xy)}<0$$

即 $y=y(x)$ 在点 $(0，1)$ 的领域内单调递减.

例 35： 设 $z=z(x，y)$ 由方程 $e^{-xy}-2z+e^z=0$ 确定，求 $\dfrac{\partial^2 z}{\partial x^2}$.

解： 对 x 求偏导得

$$-ye^{-xy}-2\frac{\partial z}{\partial x}+e^z\frac{\partial z}{\partial x}=0$$

则 $\dfrac{\partial z}{\partial x}=\dfrac{ye^{-xy}}{e^z-2}$，从而

$$\frac{\partial^2 z}{\partial x^2}=\frac{\partial}{\partial x}\left(\frac{ye^{-xy}}{e^z-2}\right)=\frac{-y^2 e^{-xy}\left[(e^z-2)^2+e^{z-xy}\right]}{(e^z-2)^3}$$

例 36 设 f 为可微函数，$u=f(x^2+y^2+z^2)$，并有方程 $3x+2y^2+z^3=6xyz$，试对以下两种情形分别计算 $\dfrac{\partial u}{\partial x}$ 在点 $P_0(1，1，1)$ 处的值.

（1）由方程确定了隐函数 $z=z(x，y)$；

（2）由方程确定了隐函数 $y=y(z，x)$.

解：（1）方程 $3x+2y^2+z^3=6xyz$ 两侧对 x 求偏导有

$$3+3z^2\frac{\partial z}{\partial x}=6\left(yz+xy\frac{\partial z}{\partial x}\right)$$

则 $\left.\dfrac{\partial z}{\partial x}\right|_{P_0}=-1$，又有

$$\frac{\partial u}{\partial x}=\left(2x+2z\frac{\partial z}{\partial x}\right)f'(x^2+y^2+z^2)$$

所以 $\left.\dfrac{\partial u}{\partial x}\right|_{P_0}=0$.

（2）方程 $3x+2y^2+z^3=6xyz$ 两侧对 x 求偏导数有

$$3+4y\frac{\partial y}{\partial x}=6\left(yz+xz\frac{\partial y}{\partial x}\right)$$

则 $\dfrac{\partial y}{\partial x}\Big|_{P_0} = -\dfrac{3}{2}$，又有

$$\frac{\partial u}{\partial x} = \left(2x + 2y\,\frac{\partial y}{\partial x}\right) f'(x^2 + y^2 + z^2)$$

所以 $\dfrac{\partial u}{\partial x}\Big|_{P_0} = -f'(3)$.

例 37　设 $u = u(x, y), v = v(x, y)$ 满足方程 $\begin{cases} xu - yv = 0, \\ yu + xv = 1, \end{cases}$ 求 $\dfrac{\partial u}{\partial x}, \dfrac{\partial u}{\partial y}.$

解：对方程组关于 x 求导得

$$\begin{cases} u + xu_x - yv_x = 0 \\ yu_x + v + xv_x = 0 \end{cases}$$

解上式二元一次方程组可得 $\dfrac{\partial u}{\partial x} = \dfrac{xv - yv}{x^2 + y^2}.$

同理，对于方程组关于 y 求导得

$$\begin{cases} xu_y - v - yv_y = 0 \\ u + yu_y + xv_y = 0 \end{cases}$$

解上式二元一次方程组可得 $\dfrac{\partial u}{\partial y} = \dfrac{xv + yu}{x^2 + x^2}.$

例 38　设 f 是一元函数，试问应对 f 提出什么条件，方程 $2f(xy) = f(x) + f(y)$ 在点 $(1, 1)$ 的领域内就能确定出唯一的 y 为 x 的函数.

解：设

$$F(x, y) = f(x) + f(y) - 2f(xy)$$

则

$$F_x = f'(x) - 2yf'(xy), \ F_y = f'(y) - 2xf'(xy)$$

且

$$F(1, 1) = f(1) + f(1) - 2f(1) = 0$$

$$F_y(1, 1) = f'(1) - 2f'(1) = -f'(1)$$

因此，当 $f'(x)$ 在 $x = 1$ 的某领域内连续，且 $f'(1) \neq 0$ 时，方程 $2f(xy)$

$= f(x) + f(y)$ 就能唯一确定 y 为 x 的函数.

例 39 设 $F(x_1, x_2, x_3, x_4) = x_2^2 + x_4^2 - 2x_1 x_3$，$G(x_1, x_2, x_3, x_4) = x_1^3 + x_2^3 - x_3^3 + x_4^3$.

证明：方程 $\begin{cases} F = 0, \\ G = 0 \end{cases}$ 在点 $P(1, -1, 1, 1)$ 满足隐函数存在定理的条件，并求出以 x_2，x_4 为自变量的隐函数的一阶偏导.

证明： (1) $\begin{cases} F(1, -1, 1, 1) = 0, \\ G(1, -1, 1, 1) = 0; \end{cases}$

(2) F，G 在点 $P(1, -1, 1, 1)$ 的领域内连续；

(3) $J = \dfrac{\partial(F, G)}{\partial(x, y)} = \begin{vmatrix} -2x_3 & -2x_1 \\ 3x_1^2 & -3x_3^2 \end{vmatrix}\bigg|_P = 12$；

(4) 在 $P(1, -1, 1, 1)$ 的某领域 F_{x_1}，F_{x_2}，F_{x_3}，F_{x_4}，G_{x_1}，G_{x_2}，G_{x_3}，G_{x_4} 均存在，所以方程 $F = G = 0$ 满足隐函数存在定理的条件，故存在两个隐函数 $x_1 = x_1(x_2, x_4)$，$x_3 = x_3(x_2, x_4)$.

对方程组 $\begin{cases} F(x_1, x_2, x_3, x_4) = 0 \\ G(x_1, x_2, x_3, x_4) = 0 \end{cases}$，关于 x_2 和 x_4 的偏导数可得

$$\begin{cases} 2x_2 - 2x_1 \dfrac{\partial x_3}{\partial x_2} - 2x_3 \dfrac{\partial x_1}{\partial x_2} = 0 \\[2mm] 3x_1^2 \dfrac{\partial x_1}{\partial x_2} + 3x_2^2 - 3x_3^2 \dfrac{\partial x_3}{\partial x_2} = 0 \end{cases}$$

$$\begin{cases} 2x_2 - 2x_1 \dfrac{\partial x_3}{\partial x_2} - 2x_3 \dfrac{\partial x_1}{\partial x_2} = 0 \\[2mm] 3x_1^2 \dfrac{\partial x_1}{\partial x_2} + 3x_2^2 - 3x_3^2 \dfrac{\partial x_3}{\partial x_2} = 0 \end{cases}$$

解得

$$\frac{\partial x_1}{\partial x_2} = \frac{\begin{vmatrix} -2x_2 & 2x_1 \\ -3x_2^2 & -3x_3^2 \end{vmatrix}}{\begin{vmatrix} 2x_3 & 2x_1 \\ 3x_1^2 & -3x_3^2 \end{vmatrix}} = \frac{x_2(x_3^2 - x_1 x_2)}{x_3^3 + x_1^3}$$

$$\frac{\partial x_3}{\partial x_2} = \frac{\begin{vmatrix} 2x_3 & -2x_2 \\ 3x_1^2 & -3x_2^2 \end{vmatrix}}{\begin{vmatrix} 2x_3 & 2x_1 \\ 3x_1^2 & -3x_3^2 \end{vmatrix}} = \frac{x_2(x_2x_3 + x_1^2)}{x_3^3 + x_1^3}$$

$$\frac{\partial x_1}{\partial x_4} = \frac{\begin{vmatrix} 2x_2 & 2x_1 \\ -3x_4^2 & -3x_3^2 \end{vmatrix}}{\begin{vmatrix} 2x_3 & 2x_1 \\ 3x_1^2 & -3x_3^2 \end{vmatrix}} = \frac{x_4(x_3^2 - x_1x_4)}{x_3^3 + x_1^3}$$

$$\frac{\partial x_3}{\partial x_4} = \frac{\begin{vmatrix} 2x_3 & 2x_4 \\ 3x_1^2 & -3x_4^2 \end{vmatrix}}{\begin{vmatrix} 2x_3 & 2x_1 \\ 3x_1^2 & -3x_3^2 \end{vmatrix}} = \frac{x_4(x_4x_3 + x_1^2)}{x_3^3 + x_1^3}$$

1. 条件极值

（1）函数 $z = f(x, y)$ 在约束条件 $\varphi(x, y) = 0$ 下的条件极值点应是方程组

$$\begin{cases} f_x(x, y) + \lambda\varphi_x(x, y) = 0 \\ f_y(x, y) + \lambda\varphi_y(x, y) = 0 \\ \varphi(x, y) = 0 \end{cases}$$

的解.

（2）Lagrange 乘子法求解条件极值问题的步骤：

① 确定目标函数与约束条件；

② 建立无约束的 Lagrange 目标函数

$$L(x_1, x_2, \cdots, x_n, \lambda_1, \lambda_2, \cdots, \lambda_m) = f + \sum_{k=1}^{m} \lambda_k \varphi_k$$

其中，λ_i 的个数即为条件组的个数；

③ 求 Lagrange 目标函数的稳定点

$$\frac{\partial L}{\partial x_i} = 0, \quad \frac{\partial L}{\partial \lambda_j} = 0 (i = 1, 2, \cdots, n, j = 1, 2, \cdots, m)$$

稳定点可能为极值点；

④ 判断稳定点是否为极值点.

例 40 求旋转抛物面 $x^2+y^2+z=0$ 到平面 $4x+2y+z=6$ 的最短距离.

解: 取抛物线上任意一点 (x,y,z) 到平面 $4x+2y+z=6$ 的最短距离

$$d=\frac{|4x+2y+z-6|}{\sqrt{21}}$$

令

$$F(x,y,z,\lambda)=\frac{1}{\sqrt{21}}(4x+2y+z-6)+\lambda(x^2+y^2+z)$$

有

$$F_x(x,y,z,\lambda)=\frac{4}{\sqrt{21}}+2\lambda x=0,\ F_y(x,y,z,\lambda)=\frac{2}{\sqrt{21}}+2\lambda y=0$$

$$F_z(x,y,z,\lambda)=\frac{1}{\sqrt{21}}+\gamma=0,\ F_\lambda(x,y,z,\lambda)=x^2+y^2+z=0$$

解得 $x=2$,$y=1$,$z=-5$,$\lambda=-\frac{1}{\sqrt{21}}$.

例 41 求 $(0,0,0)$ 到抛物线 $z=x^2+y^2$ 与平面 $x+y+z=1$ 的最长，最短距离.

解: 令

$$L(x,y,z,\lambda_1,\lambda_2)=x^2+y^2+z^2+\lambda_1(x^2+y^2-z)+\lambda_2(x+y+z-1)$$

有

$$\begin{cases} L_x=2x+2\lambda_1 x+\lambda_2=0 \\ L_y=2y+2\lambda_1 y+\lambda_2=0 \\ L_z=2z-\lambda_1+\lambda_2=0 \\ L_{\lambda_1}=x^2+y^2-z=0 \\ L_{\lambda_2}=x+y+z-1=0 \end{cases}$$

解得 $x_{1,2}=\frac{-1\pm\sqrt{3}}{2}$,$y_{1,2}=\frac{-1\pm\sqrt{3}}{2}$,$z_{1,2}=2\mp\sqrt{3}$，则最长距离为 $9+5\sqrt{3}$，最短距离为 $9-5\sqrt{3}$.

例 42 利用 Lagrange 乘数法，求目标函数 $f(x,y,z)=x^m y^n z^p$ 在约束

条件为 $x+y+z=1$ 限制下的最大值(其中,x,y,z,m,n,p 均为大于零的实数).

解:应用 Lagrange 乘数法,令

$$L(x,y,z,\lambda)=x^m y^n z^p+\lambda(x+y+z-1)$$

对 L 求一阶偏导数,并令它们都等于 0,则有

$$\begin{cases} L_x=mx^{m-1}y^n z^p+\lambda=0 \\ L_y=nx^m y^{n-1}z^p+\lambda=0 \\ L_z=px^m y^n z^{p-1}+\lambda=0 \\ L_\lambda=x+y+z-1=0 \end{cases}$$

当 x,y,z 都不为 0 时,求得该方程组的解为

$$x=\frac{m}{m+n+p},\ y=\frac{n}{m+n+p},\ z=\frac{p}{m+n+p}$$

所以最大值为 $\dfrac{m^m n^n p^p}{(m+n+p)^{m+n+p}}$.

例 43　求 $f(x,y,z)=x^4+y^4+z^4$ 在条件 $xyz=1$ 下的极值.

解:应用 Lagrange 乘数法,令

$$L(x,y,z,\lambda)=x^4+y^4+z^4+\lambda(xyz-1)$$

所以有

$$\begin{cases} L_x(x,y,z)=4x^3+\lambda yz=0 \\ L_y(x,y,z)=4y^3+\lambda xz=0 \\ L_z(x,y,z)=4z^3+\lambda xy=0 \\ L_\lambda(x,y,z)=xyz-1=0 \end{cases}$$

解得 $x=y=z=1$,所以极值为 $f(1,1,1)=3$.

例 44　求出椭球 $\dfrac{x^2}{a^2}+\dfrac{y^2}{b^2}+\dfrac{z^2}{c^2}=1$ 在第一卦限中的切平面与三个坐标面所成四面体的最小体积.

解:由几何学知,最小体积存在,椭球面上任一点 (x,y,z) 处的切平面方程为

$$\frac{2x}{a^2}(X-x)+\frac{2y}{b^2}(Y-y)+\frac{2z}{c^2}(Z-z)=0$$

切平面在坐标轴上的截距分别为 $\dfrac{a^2}{x}$，$\dfrac{b^2}{y}$，$\dfrac{c^2}{z}$，则椭球面在第一卦限部分

上任一点处的切平面与三个坐标面围成的四面体体积为 $V=\dfrac{a^2b^2c^2}{6xyz}$. 故本题是

求函数 $V=\dfrac{a^2b^2c^2}{6xyz}$ 在条件 $\dfrac{x^2}{a^2}+\dfrac{y^2}{b^2}+\dfrac{z^2}{c^2}=1(x>0，y>0，z>0)$ 下的最小值.

设　　　$L(x，y，z，\lambda)=\dfrac{a^2b^2c^2}{6xyz}+\lambda\left(\dfrac{x^2}{a^2}+\dfrac{y^2}{b^2}+\dfrac{z^2}{c^2}-1\right)$

$$
\begin{cases}
L_x=-\dfrac{a^2b^2c^2}{6x^2yz}+\dfrac{2\lambda x}{a^2}=0\\[2mm]
L_y=-\dfrac{a^2b^2c^2}{6xy^2z}+\dfrac{2\lambda y}{b^2}=0\\[2mm]
L_z=-\dfrac{a^2b^2c^2}{6xyz^2}+\dfrac{2\lambda x}{c^2}=0\\[2mm]
L_\lambda=\dfrac{x^2}{a^2}+\dfrac{y^2}{b^2}+\dfrac{z^2}{c^2}-1=0
\end{cases}
$$

解得 $x=\dfrac{a}{\sqrt{3}}$，$y=\dfrac{b}{\sqrt{3}}$，$z=\dfrac{c}{\sqrt{3}}$.

故 $V_{最小}=V\left(\dfrac{a}{\sqrt{3}}，\dfrac{b}{\sqrt{3}}，\dfrac{c}{\sqrt{3}}\right)=\dfrac{\sqrt{3}}{2}abc$.

2. 几何方面的应用

空间曲线的切线与法平面

(1) 设空间曲线 C 的参数方程为

$$
\begin{cases}
x=x(t)\\
y=y(t)\quad a\leqslant t\leqslant b\\
z=z(t)
\end{cases}
$$

其在任一点 $P_0(x_0，y_0，z_0)$ 的切线方程为

$$
\dfrac{x-x_0}{x'(t_0)}=\dfrac{y-y_0}{y'(t_0)}=\dfrac{z-z_0}{z'(t_0)}
$$

法平面方程为

$$
x'(t_0)(x-x_0)+y'(t_0)(y-y_0)+z'(t_0)(z-z_0)
$$

（2）设空间曲线 C 的参数方程为

$$\begin{cases} F(x, y, z)=0 \\ G(x, y, z)=0 \end{cases}$$

其在任意一点 $p_0(x_0, y_0, z_0)$ 的切线方程为

$$\frac{x-x_0}{\left.\frac{\partial(F, G)}{\partial(y, z)}\right|_{p_0}}=\frac{y-y_0}{\left.\frac{\partial(F, G)}{\partial(z, x)}\right|_{p_0}}=\frac{z-z_0}{\left.\frac{\partial(F, G)}{\partial(x, y)}\right|_{p_0}}$$

法平面方程为

$$\left.\frac{\partial(F, G)}{\partial(y, z)}\right|_{p_0(x-x_0)}+\left.\frac{\partial(F, G)}{\partial(z, x)}\right|_{p_0(y-y_0)}+\left.\frac{\partial(F, G)}{\partial(x, y)}\right|_{p_0(z-z_0)}=0$$

曲面的切平面与法线.

（1）设空间曲面为 $F(x, y, z)=0$，其在任一点 $p_0(x_0, y_0, z_0)$ 的切平面方程为

$$(F_x)p_0(x-x_0)+(F_y)p_0(y-y_0)+(F_z)p_0(z-z_0)=0$$

法线方程为

$$\frac{x-x_0}{(F_x)p_0}=\frac{y-y_0}{(F_y)p_0}=\frac{z-z_0}{(F_z)p_0}$$

（2）设空间曲面为 $z=f(x-x_0)$，其在任一点 $p_0(x_0, y_0)$ 的切面方程为

$$(f_x)p_0(x-x_0)+(f_y)p_0(y-y_0)-(z-z_0)=0$$

法线方程为

$$\frac{x-x_0}{(f_x)p_0}=\frac{y-y_0}{(f_y)p_0}=\frac{z-z_0}{-1}$$

（3）设空间曲面为 $\begin{cases} x=x(u, v) \\ y=y(u, v) \\ z=z(u, v) \end{cases}$ 在任一点 $p_0(u_0, v_0)$ 的切平面方程为

$$\left.\frac{\partial(y, z)}{\partial(u, v)}\right|_{p_0}(x-x_0)+\left.\frac{\partial(z, x)}{\partial(u, v)}\right|_{p_0}(y-y_0)+\left.\frac{\partial(z, y)}{\partial(u, v)}\right|_{p_0}(z-z_0)=0$$

法线方程为

$$\frac{x-x_0}{\left.\frac{\partial(y, z)}{\partial(u, v)}\right|_{p_0}}=\frac{y-y_0}{\left.\frac{\partial(z, x)}{\partial(u, v)}\right|_{p_0}}=\frac{z-z_0}{\left.\frac{\partial(z, y)}{\partial(u, v)}\right|_{p_0}}$$

例 45　求曲线 $x^y = x^2 y$ 在 $(1,1)$ 处的切线方程.

解： 设 $F(x, y) = x^y - x^2 y$ 于是有

$$F_x = y x^{y-1} - 2xy, \quad F_y = x^y \ln x - x^2$$

故 $F_x(1,1) = -1$，$F_y(1,1) = -1$，从而有

$$y'(1) = -\frac{F_x(1,1)}{F_y(1,1)} = -1$$

故曲线在点 $(1,1)$ 处的切线方程为 $y - 1 = -(x-1)$.

例 46　求两柱面 $x^2 + y^2 = R^2$，$x^2 + z^2 = R^2$ 的交线在点 $p_0 \left(\dfrac{R}{\sqrt{2}}, \dfrac{R}{\sqrt{2}}, \dfrac{R}{\sqrt{2}} \right)$ 处的切线方程.

解： 令

$$\begin{cases} F(x, y, z) = x^2 + y^2 - R^2 \\ G(x, y, z) = x^2 + z^2 - R^2 \end{cases}$$

则由公式可得

$$\frac{\partial(F, G)}{\partial(y, z)}\bigg|_{p_0} = 2R^2, \quad \frac{\partial(F, G)}{\partial(z, x)}\bigg|_{p_0} = -2R^2, \quad \frac{\partial(F, G)}{\partial(x, y)}\bigg|_{p_0} = -2R^2$$

所以切线方程为 $\dfrac{x - \dfrac{R}{\sqrt{2}}}{2R^2} = \dfrac{y - \dfrac{R}{\sqrt{2}}}{2R^2} = \dfrac{z - \dfrac{R}{\sqrt{2}}}{-2R^2}$.

例 47　已知曲面 $z = 4 - x^2 - y^2$ 在点 P 处的切平面平行于平面 $2x + 2y + z + 1 = 0$，求点 P 的坐标及该点的法线方程.

解： 令 $F(x, y, z) = 4 - x^2 - z$，则 $F_x = -2x$，$F_y = -2y$，$F_z = -1$.

设点 P 的坐标为 (x_0, y_0, z_0)，因为经过该点的切平面平行于平面 $2x + 2y + z - 1 = 0$，所以有

$$\frac{-2x_0}{2} = \frac{-2y_0}{2} = -1$$

从而得 $x_0 = 1$，$y_0 = 1$，$z_0 = 2$，所以过点 P 的法线方程为 $\dfrac{x-1}{-2} = \dfrac{y-1}{-2} = \dfrac{z-2}{-1}$.

例 48　求曲面 $4x^2 + 2y^2 + 3z^2 = 6$ 在点 $(1,1,1)$ 处的切平面方程.

解：令

$$F(x,\ y,\ z) = 4x^2 + 2y^2 + 3z^2 - 6$$

则 $F_x(x,\ y,\ z) = 2x$，$F_y(x,\ y,\ z) = 4y$，$F_z(x,\ y,\ z) = 6z$

故 $F_x(1,\ 1,\ 1) = 2$，$F_y(1,\ 1,\ 1) = 4$，$F_z(1,\ 1,\ 1) = 6$，所以切平面方程为

$$x - 1 + 2(y-1) + 3(z-1) = 0$$

即 $x + 2y + 3z = 6$.

例 49　证明：曲面 $\sqrt{x} + \sqrt{y} + \sqrt{z} = \sqrt{a}$ $(a > 0)$ 上任意点处的切平面在各坐标轴上的截距之和等于 a.

证明：令 $F(x,\ y,\ z) = \sqrt{x} + \sqrt{y} + \sqrt{z} - \sqrt{a}$，则

$$F_x = \frac{1}{2\sqrt{x}},\ F_y = \frac{1}{2\sqrt{y}},\ F_x = \frac{1}{2\sqrt{z}}$$

取该曲线上任意点 $(x_0,\ y_0,\ z_0)$，所以经过该点的切平面方程为

$$\frac{1}{\sqrt{x_0}}(x - x_0) + \frac{1}{\sqrt{y_0}}(y - y_0) + \frac{1}{\sqrt{z_0}}(z - z_0) = 0$$

则该切平面在三个坐标轴上的截距分别为 $\sqrt{x_0}\,a$，$\sqrt{y_0}\,a$，$\sqrt{z_0}\,a$，其和为

$$a(\sqrt{x_0} + \sqrt{y_0} + \sqrt{z_0}) = a$$

练习题五

1. 求下列极限（包括非正常极限）：

(1) $\lim\limits_{(x,\,y)\to(0,\,0)} \dfrac{x^2 y^2}{x^2 + y^2}$;

(2) $\lim\limits_{(x,\,y)\to(0,\,0)} \dfrac{x^2 + y^2}{\sqrt{1 + x^2 + y^2} - 1}$;

(3) $\lim\limits_{(x,\,y)\to(0,\,0)} \dfrac{1}{2x - y}$;

(4) $\lim\limits_{(x,\,y)\to(0,\,0)} \dfrac{\sin(x^3 + y^3)}{x^2 + y^2}$.

2. 讨论下列函数在原点的重极限与累次极限：

(1) $f(x,\,y) = \dfrac{y^2}{x^2 + y^2}$;

(2) $f(x,\,y) = (x + y)\sin\dfrac{1}{x}\sin\dfrac{1}{y}$;

(3) $f(x,\,y) = \dfrac{x^2 y^2}{x^2 y^2 + (x - y)^2}$;

(4) $f(x,\,y) = \dfrac{\mathrm{e}^x - \mathrm{e}^y}{\sin xy}$.

3. 讨论下列函数在原点的连续性：

(1) $f(x,\,y) = \begin{cases} y^2 \ln(x^2 + y^2), & x^2 + y^2 \neq 0 \\ 0, & x^2 + y^2 = 0 \end{cases}$

(2) $f(x,\,y) = \begin{cases} \dfrac{x}{(x^2 + y^2)^p}, & x^2 + y^2 \neq 0 \\ 0, & x^2 + y^2 = 0 \end{cases}$

4. 设 $f(x,\,y)$ 在 $\mathbf{R}^2$ 上连续，且 $\lim\limits_{r\to\infty} f(x,\,y) = A$, $r = \sqrt{x^2 + y^2}$. 证明：

(1)$f(x, y)$ 在 $\mathbf{R}^2$ 有界；

(2)$f(x, y)$ 在 $\mathbf{R}^2$ 上一致连续.

5. 证明函数 $f(x, y)=\begin{cases}\dfrac{x^2 y}{x^2+y^2}, & x^2+y^2 \neq 0 \\ 0, & x^2+y^2=0\end{cases}$ 在原点连续且偏导数存在，但在原点不可微.

6. 求下列函数的偏导数：

(1)$u=f(x+y, xy)$，求 $\dfrac{\partial u}{\partial x}$，$\dfrac{\partial u}{\partial y}$；

(2)$u=f\left(\dfrac{x}{y}, \dfrac{y}{z}\right)$，求 u_x，u_y，u_z.

7. 设 $z=\dfrac{y}{f(x^2-y^2)}$，其中 f 为可微函数. 证明：$\dfrac{1}{x} z_x+\dfrac{1}{y} z_y=\dfrac{z}{y^2}$.

8. 求下列函数的所有二阶偏导数：

(1)$u=(x^2+y^2+z^2)$；

(2)$z=f\left(x+y, xy, \dfrac{x}{y}\right)$，求 z_{xx}.

9. 设 $u=f(x, y)$，$x=r\cos\theta$，$y=r\sin\theta$，证明：$\dfrac{\partial^2 u}{\partial r^2}+\dfrac{1}{r} \dfrac{\partial u}{\partial r}+\dfrac{1}{r^2} \dfrac{\partial^2 u}{\partial \theta^2}=\dfrac{\partial^2 u}{\partial x^2}+\dfrac{\partial^2 u}{\partial y^2}$.

10. 设 $u=x^3+y^3+z^3-3xyz$，问在怎样的点集上，$\operatorname{grad} u$ 分别满足：

(1) 垂直于 z 轴；(2) 平行于 z 轴；(3) 恒为零向量.

11. 设 $f(x, y)$ 可微，l_1 与 l_2 是 $\mathbf{R}^2$ 上的一组线性无关向量. 试证明：若 $f_{l_i}(x, y) \equiv 0 \ (i=1, 2)$，则 $f(x, y) \equiv$ 常数.

12. 若函数 $u=f(x, y)$ 满足 Laplace 方程：$\Delta u=0$，则函数 $v=f\left(\dfrac{x}{x^2+y^2}, \dfrac{y}{x^2+y^2}\right)$ 也满足此方程，试证明之.

13. 设以 u，v 为新的自变量变换方程：$x^2 \dfrac{\partial^2 z}{\partial x^2}-y^2 \dfrac{\partial^2 z}{\partial y^2}=0$，设 $u=xy$，$v=\dfrac{x}{y} \cdot \left(\dfrac{\partial^2 z}{\partial u \partial v}=\dfrac{1}{zu} \dfrac{\partial z}{\partial v}\right)$.

14. 将式子：$\Delta u = \left(\dfrac{\partial u}{\partial x} \right)^2 + \left(\dfrac{\partial u}{\partial y} \right)^2 + \left(\dfrac{\partial u}{\partial z} \right)^2$ 中的 $(x，y，z)$ 换成球面坐标.

15. 求方程 $x^2 + u^2 = f(x，u) + g(x，y，u)$，所确定函数的偏导数 $\dfrac{\partial u}{\partial x}$，$\dfrac{\partial u}{\partial y}$.

16. 设 $u = f(r)$（其中，$r = \ln \sqrt{x^2 + y^2 + z^2}$）满足方程 $\dfrac{\partial^2 u}{\partial x^2} + \dfrac{\partial^2 u}{\partial y^2} + \dfrac{\partial^2 u}{\partial z^2} = (x^2 + y^2 + z^2)^{-\frac{3}{2}}$，求 $f(x)$.

17. 证明：$y \dfrac{\partial u}{\partial x} + x \dfrac{\partial u}{\partial y} = 0$ 方程的解为 $u = f(x^2 - y^2)$，其中，f 为任一可微函数.

18. $u = (x，y)$ 具有二阶连续偏导数，证明：$u = f(x)g(y)$ 的充要条件是 $\dfrac{\partial^2 u}{\partial x \partial y} = \dfrac{\partial u}{\partial x} \dfrac{\partial u}{\partial y} (u \neq 0).$

19. 设 $z = f(x，y)$ 二次可微，且 $\dfrac{\partial f}{\partial y} \neq 0$. 证明：对任意的常数 c，$f(x，y) = c$ 为直线的充要条件是

$$\left(\dfrac{\partial f}{\partial y} \right)^2 \dfrac{\partial^2 f}{\partial x^2} - 2 \dfrac{\partial f}{\partial x} \cdot \dfrac{\partial f}{\partial y} \cdot \dfrac{\partial^2 f}{\partial x \partial y} + \left(\dfrac{\partial f}{\partial x} \right)^2 \dfrac{\partial^2 f}{\partial y^2} = 0$$

20. 设 $u = f(x，y)$，$v = g(x，y)$ 在区域 D 内有连续的偏导数，求证：u 和 v 满足函数关系 $F(u，v) = 0$ 的充要条件是 $J = \dfrac{\partial (u，v)}{\partial (x，y)}$，其中，$F(u，v)$ 具有连续的一阶偏导数.

第 6 讲　重积分与含参量的积分

重积分的中心问题是其计算与应用，关于它的应用，我们将在第 8 讲中专门涉及，本讲着重讲讲它的计算及其相关的问题，其中特别包括含参量的积分.

6.1　二重积分的计算

根据定义计算二重积分较繁琐，关于它的计算通常采用的方法有二.

1. 化二重积分为累次积分

这种转换与积分区域有关，其依据如下.

第一，f 在 x- 型区域 D 上连续，$y_1(x)$，$y_2(x)$ 在 $[a, b]$ 上连续，则

$$\iint\limits_{D} f(x, y)\,\mathrm{d}x\,\mathrm{d}y = \int_a^b \mathrm{d}x \int_{y_1(x)}^{y_2(x)} f(x, y)\,\mathrm{d}y \tag{6.1}$$

第二，f 在 y- 型区域 D 上连续，$x_1(y)$，$x_2(y)$ 在 $[c, d]$ 上连续，则

$$\iint\limits_{D} f(x, y)\,\mathrm{d}x\,\mathrm{d}y = \int_c^d \mathrm{d}x \int_{x_1(y)}^{x_2(y)} f(x, y)\,\mathrm{d}x \tag{6.2}$$

第三，函数 f 在矩形区域 $D = [a, b] \times [c, d]$ 上连续，则

$$\iint\limits_{D} f(x, y)\,\mathrm{d}x\,\mathrm{d}y = \int_a^b \mathrm{d}x \int_c^d f(x, y)\,\mathrm{d}y = \int_c^d \mathrm{d}y \int_a^b f(x, y)\,\mathrm{d}x \tag{6.3}$$

(6.3) 式表明，当 f 在矩形区域 D 上连续时，积分值与积分顺序的选择

无关。

若将上述条件改为 f 在矩形区域 $D=[a,b]\times[c,d]$ 上可积，且对每一个 $x\in(a,b)$，$f(x,y)$ 在 $[c,d]$ 上可积，则

$$\iint\limits_{D}f(x,y)\mathrm{d}x\,\mathrm{d}y=\int_{a}^{b}\mathrm{d}x\int_{c}^{d}f(x,y)\mathrm{d}y \tag{6.4}$$

2. 二重积分的换元积分法

第一，极坐标变换：设 $x=r\cos\theta$，$y=r\sin\theta$，则

$$\iint\limits_{D}f(x,y)\mathrm{d}x\,\mathrm{d}y=\iint\limits_{D'}f(r\cos\theta,r\sin\theta)r\,\mathrm{d}r\,\mathrm{d}\theta \tag{6.5}$$

第二，一般坐标变换：设 $x=x(u,v)$，$y=y(u,v)$，则

$$\iint\limits_{D}f(x,y)\mathrm{d}x\,\mathrm{d}y=\iint\limits_{D}f(x(u,v),y(u,v))\,|J|\,\mathrm{d}u\,\mathrm{d}v \tag{6.6}$$

其中，$J=\dfrac{\partial(x,y)}{\partial(u,v)}\neq 0$，$(u,v)\in D$.

换元后，(6.5)，(6.6) 式中的区域 D 属型可根据方法 1 相应地确定，然后再将其化为累次积分.

6.2   二重积分积分顺序的选择与更换

这两个问题都是为了简化积分运算，都与积分的区域有关，因此作出区域的草图并认真分析很关键. 下面举出几例，以便了解上述各种方法的要领并综合运用之.

例 1   更换积分的顺序 $\displaystyle\int_{-1}^{1}\mathrm{d}x\int_{-\sqrt{1-x^2}}^{1-x^2}f(x,y)\mathrm{d}y$.

解：积分区域 D 为 $\begin{cases}-1\leqslant y\leqslant 1\\ -\sqrt{1-x^2}\leqslant y\leqslant 1-x^2\end{cases}$ 即 $D=D_1\bigcup D_2$，其中区域

D_1 为 $\begin{cases}-1\leqslant y\leqslant 1\\ -\sqrt{1-y^2}\leqslant x\leqslant \sqrt{1-y^2}\end{cases}$，区域 D_2 为 $\begin{cases}0\leqslant y\leqslant 1\\ -\sqrt{1-y}\leqslant x\leqslant\sqrt{1-y}\end{cases}$，

于是有

$$I = \int_{-1}^{0} dy \int_{-\sqrt{1-y^2}}^{\sqrt{1-y^2}} f(x, y) dx + \int_{0}^{1} dy \int_{-\sqrt{1-y}}^{\sqrt{1-y}} f(x, y) dx$$

例 2　在下列积分中适当引入新变量后，将其化为累次积分（其中常数 $a > 0$）：

(1) $\displaystyle\int_{0}^{2} dx \int_{1-x}^{2-x} f(x, y) dy$；

(2) $\displaystyle\iint_{D} f(x, y) dx dy$，其中，$D = \{(x, y) \mid \sqrt{x} + \sqrt{y} \leqslant \sqrt{a}, \ x \geqslant 0, \ y \geqslant 0\}$；

(3) $\displaystyle\iint_{D} f(x, y) dx dy$，其中，$D = \{(x, y) \mid x + y \leqslant a, \ x \geqslant 0, \ y \geqslant 0\}$.

解：（1）因为积分区域为平行四边形区域，一组对边所在的直线分别为 $x + y = 1$ 和 $x + y = 2$，所以可设 $u = x + y$，因此 $1 \leqslant u \leqslant 2$，为了使雅可比行列式的值简单，可相应地选择 $v = x - y$，得到 $J = \dfrac{\partial(x, y)}{\partial(u, v)} = -\dfrac{1}{2}$；且由 $v = 2x - u$ 和 $0 \leqslant x \leqslant 2$ 可得 $-u \leqslant v \leqslant 4 - u$. 于是

$$\int_{0}^{2} dx \int_{1-x}^{2-x} f(x, y) dy = \frac{1}{2} \int_{1}^{2} du \int_{-u}^{4-u} f\left(\frac{u+v}{2}, \frac{u-v}{2}\right) dv$$

（2）根据本讲 6.2、6.4 中提到的，可设 $x = u \cos^4 v$，$y = u \sin^4 v$，于是得到 $\sqrt{u} \cos^2 v + \sqrt{u} \sin^2 v \leqslant \sqrt{a}$，即 $\sqrt{u} \leqslant \sqrt{a}$，于是 $0 \leqslant u \leqslant a$，$v = \arcsin \sqrt[4]{\dfrac{y}{u}}$，即有 $0 \leqslant v \leqslant \arcsin \sqrt[4]{\dfrac{a}{u}} \leqslant \dfrac{\pi}{2}$，且 $J = 4u \sin^3 v \cos^3 v$，于是有

$$\iint_{D} f(x, y) dx dy = 4 \int_{0}^{\frac{\pi}{2}} dv \int_{0}^{a} f(u \cos^4 v, u \sin^3 v) u \sin^3 v \cos^3 v dv$$

$$= 4 \int_{0}^{\frac{\pi}{2}} \sin^3 v \cos^3 v dv \int_{0}^{a} u f(u \cos^4 v, u \sin^4 v) du$$

（3）积分区域为直角三角形区域，不做变换可以写成：

$$\iint_{D} f(x, y) dx dy = \int_{0}^{a} dx \int_{0}^{a-x} f(x, y) dy = \int_{0}^{a} dy \int_{0}^{a-y} f(x, y) dx$$

对（3），若引进新变量，最好选择 $u = x + y$，至于新的变量 v 的选择，可设 $v = x - y$，也可设 $y = uv$. 若选择 $y = uv$，则 $J = \dfrac{\partial(x, y)}{\partial(u, v)} = \dfrac{1}{\dfrac{\partial(x, y)}{\partial(u, v)}} =$

u，u，v 的变化范围为：$0 \leqslant u \leqslant a$，$0 \leqslant v \leqslant 1$，从而，原式 $\int_0^1 \mathrm{d}v \int_0^a f(u(1-u)$，$uv)u\,\mathrm{d}u$.

例 3 计算下列二重积分：

(1) $\iint\limits_{x^2+y^2 \leqslant a^2} (x^2 - 2\sin x + 3y + 4)\,\mathrm{d}x\,\mathrm{d}y$；

(2) $\iint\limits_D \dfrac{y}{\mathrm{e}^{x+y}}\,\mathrm{d}x\,\mathrm{d}y$，$D = \{(x，y)\,|\,x+y \leqslant 1，x \geqslant 0，y \geqslant 0\}$；

(3) $\iint\limits_D \sqrt{x}\,\mathrm{d}x\,\mathrm{d}y$，$D = \{(x，y)\,|\,x^2+y^2 \leqslant x\}$；

(4) $\iint\limits_D x[1+yf(x^2+y^2)]\,\mathrm{d}x\,\mathrm{d}y$，$D$ 是由 $y=x^3$，$y=1$，$x=-1$ 所围成的

区域，$f(u)$ 为连续函数；

(5) $\iint\limits_D [x+y]\,\mathrm{d}x\,\mathrm{d}y$，$D = \{(x，y)\,|\,0 \leqslant x \leqslant 2，0 \leqslant y \leqslant 2\}$；

(6) $\iint\limits_D |xy|\,\mathrm{d}x\,\mathrm{d}y$，$D = \{(x，y)\,|\,|x|+|y| \leqslant 1\}$.

解：(1) 因为积分区域关于坐标轴、原点对称，所以

$$\iint\limits_{x^2+y^2 \leqslant a^2} (-2\sin x + 3y)\,\mathrm{d}x\,\mathrm{d}y = 0$$

又因 $\iint\limits_{x^2+y^2 \leqslant a^2} x^2\,\mathrm{d}x\,\mathrm{d}y = \iint\limits_{x^2+y^2 \leqslant a^2} y^2\,\mathrm{d}x\,\mathrm{d}y$

$$= \frac{1}{2} \iint\limits_{x^2+y^2 \leqslant a^2} (x^2+y^2)\,\mathrm{d}x\,\mathrm{d}y$$

$$= \frac{1}{2} \int_0^{2\pi} \mathrm{d}\theta \int_0^a r^3\,\mathrm{d}r$$

$$= \frac{\pi}{4}a^4 \iint\limits_{x^2y^2 \leqslant a^2} 4\,\mathrm{d}x\,\mathrm{d}y = 4\pi a^2$$

所以原积分等于 $\dfrac{\pi}{4}a^4 + 4\pi a^2$.

(2) 可按例 2(3) 引进变量 $u=x+y$，$y=uv$. 于是得到

$$\iint\limits_D \frac{y}{\mathrm{e}^{x+y}}\,\mathrm{d}x\,\mathrm{d}y = \frac{\mathrm{e}-1}{2}$$

（3）积分区域为闭区域：$\left(x-\dfrac{1}{2}\right)^2+y^2\leqslant\left(\dfrac{1}{2}\right)^2$. 可作极坐标变换，令 $x=r\cos\theta$，$y=r\sin\theta$，于是 $J=r$. 积分区域为 $-\dfrac{\pi}{2}\leqslant\theta\leqslant\dfrac{\pi}{2}$，$0\leqslant r\leqslant\cos\theta$，从而得原积分 $=\dfrac{8}{15}$.

（4）此积分的图形容易绘出. 因为 $f(u)$ 连续，所以 $F(x)=\displaystyle\int_0^x f(u)\mathrm{d}x$ 存在（且在定义域内可导，$f'(x)=f(x)$），故原积分为

$$I=\iint\limits_{D}x\,\mathrm{d}x\,\mathrm{d}y+\iint\limits_{D}xyf(x^2+y^2)\mathrm{d}x\,\mathrm{d}y$$

其中，第一个积分为

$$I_1=\iint\limits_{D}x\,\mathrm{d}x\,\mathrm{d}y=\int_{-1}^{1}x\,\mathrm{d}x\int_{x^3}^{1}\mathrm{d}y=-\frac{2}{5}$$

第二个积分为

$$I_2=\iint\limits_{D}xyf(x^2+y^2)\mathrm{d}x\,\mathrm{d}y$$

$$=\int_{-1}^{1}x\,\mathrm{d}x\int_{x^3}^{1}yf(x^2+y^2)\mathrm{d}y$$

$$=\int_{-1}^{1}x\,\mathrm{d}x\int_{x^3}^{1}f(x^2+y^2)\mathrm{d}\left(\frac{x^2+y^2}{2}\right)$$

$$=\frac{1}{2}\int_{-1}^{1}xF(x^2+y^2)\Big|_{x^3}^{1}\mathrm{d}x$$

$$=\frac{1}{2}\int_{-1}^{1}x\big[F(1+x^2)-F(x^2+x^6)\big]\mathrm{d}x$$

因为 $F(1+x^2)-F(x^2+x^6)$ 为 $[-1,1]$ 上的偶函数，故 $x\big[F(1+x^2)-F(x^2+x^6)\big]$ 为 $[-1,1]$ 上的奇函数，所以 $I_2=0$，从而原积分 $I=-\dfrac{2}{5}$.

（5）积分区域为矩形 $[0,2]\times[0,2]$ 域，但被积函数是分段函数. 令 $f(x,y)=x+y$，于是

$$f(x,y)=\begin{cases}0, & 0\leqslant x+y<1,\ 0\leqslant x<1,\ 0\leqslant y<1\\ 1, & 1\leqslant x+y<2,\ 0\leqslant x<2,\ 0\leqslant y<2\\ 2, & 2\leqslant x+y<3,\ 0\leqslant x<2,\ 0\leqslant y\leqslant 2\\ 3, & 3\leqslant x+y<4,\ 1\leqslant x<2,\ 1\leqslant y<2\\ 4, & x=2,\ y=2\end{cases}$$

按二重积分的几何意义，即知原积为

$$I=\iint\limits_{D}[x+y]\mathrm{d}x\,\mathrm{d}y=0+\frac{3}{2}+2\cdot\frac{3}{2}+3\cdot\frac{1}{2}=6$$

（6）被积函数也是一个分段函数，但是根据积分区域的特点（图形略去），即可由被积函数的对称性得到原积分为 $I=4\displaystyle\int_{0}^{1}x\,\mathrm{d}x\int_{0}^{1-x}y\,\mathrm{d}y=\frac{1}{6}$.

6.3　二重积分中的中值定理等性质的运用

二重积分中的中值定理及其性质可见文献[1]，这里只举几例讲其运用.

例4　设 $f:[a,b]\to\mathbf{R}$ 为连续函数，证明：

$$\left[\int_{a}^{b}f(x)\mathrm{d}x\right]^{2}\leqslant(b-a)\int_{a}^{b}f^{2}(x)\mathrm{d}x \tag{6.7}$$

其中，等号仅在为常量函数时成立，即当对任何 $x,y\in[a,b]$，有 $f(x)=f(y)$，即 f 为常量函数.

证明：令 $F(x,y)=f(x)f(y)$，则 F 在 $d=[a,b]\times[a,b]$ 上连续，因为

$$[f(x)-f(y)]^{2}=f^{2}(x)-2f(x)f(y)+f^{2}(y)\geqslant$$

所以

$$2\iint\limits_{D}F(x,y)\mathrm{d}x\,\mathrm{d}y=2\iint\limits_{D}f(x)f(y)\mathrm{d}x\,\mathrm{d}y$$
$$\leqslant\iint\limits_{D}f^{2}(x)\mathrm{d}x\,\mathrm{d}y+\iint\limits_{D}f^{2}(y)\mathrm{d}x\,\mathrm{d}y$$
$$=2\int_{a}^{b}f^{2}(x)\mathrm{d}x(b-a)$$

于是，

$$\left(\int_a^b f(x)\,\mathrm{d}x\right)^2 \leqslant (b-a)\int_a^b f^2(x)\,\mathrm{d}x$$

例 5　求 $\lim\limits_{\rho\to 0}\dfrac{1}{\pi\rho^2}\iint\limits_{D}f(x,\,y)\,\mathrm{d}x\,\mathrm{d}y$，其中，$D=\{(x,\,y)\,|\,x^2+y^2\leqslant\rho^2\}$，$f$ 为连续函数.

解：由二重积分的中值定理，得知 $\exists\,(\zeta,\,\eta)\in D$，使得

$$\iint\limits_{D}f(x,\,y)\,\mathrm{d}x\,\mathrm{d}y=f(\xi,\,\eta)\pi\rho^2$$

于是

$$\lim\limits_{\rho\to 0}\dfrac{1}{\pi\rho^2}\iint\limits_{D}f(x,\,y)\,\mathrm{d}x\,\mathrm{d}y=\lim\limits_{\rho\to 0}f(\xi,\,\eta)=f(0,\,0)$$

例 6　设为连续函数，且 $f(x,\,y)=f(y,\,x)$ 证明：

证明：令 $y=1-t$，得

$$\int_0^1\mathrm{d}x\int_0^x f(x,\,y)=\int_0^1\mathrm{d}x\int_0^x f(1-x,\,1-y)\,\mathrm{d}y \tag{6.8}$$

再令 $x=1-s$，从 (6.8) 得

$$\int_0^1\mathrm{d}x\int_0^x f(x,\,y)\,\mathrm{d}y=\int_0^1\mathrm{d}t\int_0^t f(1-s,\,1-t)\,\mathrm{d}s \tag{6.9}$$

这就是第 (6.9) 式.

例 7　设 $p(x)$，$f(x)$，$g(x)$ 为 $[a,\,b]$ 上的连续函数，且在 $[a,\,b]$ 上，$p(x)>0$，$f(x)$，$g(x)$ 单调递增，证明：

$$\int_a^b p(x)f(x)\,\mathrm{d}x\int_a^b p(x)g(x)\,\mathrm{d}x \leqslant \int_a^b p(x)\,\mathrm{d}x\int_a^b p(x)f(x)g(x)\,\mathrm{d}x \tag{6.10}$$

证明：

$$I=\int_a^b p(x)f(x)\,\mathrm{d}x\int_a^b p(x)g(x)\,\mathrm{d}x-\int_a^b p(x)\,\mathrm{d}x\int_a^b p(x)f(x)g(x)\,\mathrm{d}x$$

$$=\int_a^b p(x)\left\{f(x)\int_a^b p(x)g(x)\,\mathrm{d}x-\int_a^b p(x)f(x)g(x)\right\}\mathrm{d}x$$

$$=\int_a^b p(x)\left\{f(x)\int_a^b p(y)g(y)\,\mathrm{d}y-\int_a^b p(y)f(y)g(y)\right\}\mathrm{d}x$$

$$=\int_a^b p(x)\,\mathrm{d}x\int_a^b p(y)g(y)[f(x)-f(y)]\,\mathrm{d}y$$

$$= \int_a^b \int_a^b p(x) p(y) g(y) [f(x) - f(y)] \mathrm{d}x\,\mathrm{d}y \qquad (6.11)$$

同理，$I = \int_a^b \int_a^b p(y) p(x) g(x) [f(y) - f(x)] \mathrm{d}x\,\mathrm{d}y.$ \qquad (6.12)

(6.11) 与 (6.12) 相加，得

$$2I = \int_a^b \int_a^b p(x) p(y) [f(x) - f(y)][g(y) - g(x)] \mathrm{d}x\,\mathrm{d}y \qquad (6.13)$$

由于 $p(x)$，$p(y) > 0$，f，g 单调递增，所以有 $[f(x) - f(y)][g(y) - g(x)] \leqslant 0$，故 $2I \leqslant 0$，从而 $I \leqslant 0$，(6.10) 式得证.

6.4　含参数的积分

1. 连续性

若函数 f 在矩形区域 $D = [a, b] \times [c, d]$ 上连续，则函数（含参数积分）$I = \int_c^d f(x, y) \mathrm{d}y$ 在 $[a, b]$ 上连续，因此在定理的条件下，若 $x_0 \in [a, b]$，便有

$$\lim_{x \to x_0} \int_c^d f(x, y) \mathrm{d}y = \int_c^d \lim_{x \to x_0} f(x, y) \mathrm{d}y$$

2. 可微性

若函数 f 及其偏导数 f_x 都在矩形区域 $D = [a, b] \times [c, d]$ 上连续，则 $I(x) = \int_c^d f(x, y) \mathrm{d}y$ 在 $[a, b]$ 上可微，且 $I'(x) = \int_c^d f_x(x, y) \mathrm{d}y.$

设 f，f_x 在 $D = [a, b] \times [c, d]$ 上连续，y_1，y_2 为定义在 $[a, b]$ 上值域含于 $[c, d]$ 上的两个可微函数，则 $F(x) = \int_{y_1(x)}^{y_2(x)} f(x, y) \mathrm{d}y$ 在 $[a, b]$ 上可微，且

$$f'(x) = \int_{y_1(x)}^{y_2(x)} f_x(x, y) \mathrm{d}y + f(x, y_2(x)) y'_2(x)$$

$$- f(x, y_1(x))y'_1(x) \tag{6.14}$$

以上提到的是含参数的正常积分的性质，关于含参数的非正常积分也有相应的性质．

例 8　求极限：

(1) $\lim\limits_{\alpha \to 0} \displaystyle\int_{\alpha}^{1+\alpha} \frac{\mathrm{d}x}{1 + x^2 + \alpha^2}$；

(2) $\lim\limits_{n \to \infty} \displaystyle\int_0^1 \frac{\mathrm{d}x}{1 + \left(1 + \dfrac{x}{n}\right)^n}$

解：(1) 记 $f(x, \alpha) = \dfrac{1}{1 + x^2 + \alpha^2}$，因此 f 与 f_x 在任何有限矩形区域上连续，$1 + \alpha$，α 作为 α 的函数在任何区间上可微，故 $F(\alpha) = \displaystyle\int_{\alpha}^{1+\alpha} \dfrac{\mathrm{d}x}{1 + x^2 + \alpha^2}$ 在任何有限区间上可微（从而连续），因而

$$\lim_{\alpha \to 0} F(x) = F(0) = \int_0^1 \frac{\mathrm{d}x}{1 + x^2} = \frac{\pi}{4}$$

(2) 极限运算可移至积分符号内，因而原极限转换为

$$\int_0^1 \frac{\mathrm{d}x}{1 + \mathrm{e}^x} = \int_0^1 \frac{\mathrm{d}x}{\mathrm{e}^{\frac{x}{2}}(\mathrm{e}^{-\frac{x}{2}} + \mathrm{e}^{\frac{x}{2}})} = -2 \int_1^{\mathrm{e}^{-\frac{1}{2}}} \frac{t\,\mathrm{d}t}{1 + t^2}$$

$$= -\ln(1 + t^2)\,\big|_1^{\mathrm{e}^{-\frac{1}{2}}} = \ln 2 - \ln(\mathrm{e}^{-1})$$

$$= \ln \frac{2\mathrm{e}}{1 + \mathrm{e}}$$

例 9　讨论函数 $F(y) = \displaystyle\int_0^1 f(x, y)\mathrm{d}x$ 在 $(-\infty, +\infty)$ 上的连续性，其中 $f(x, y) = \mathrm{sgn}(x - y)$．

解：(1) $y > 1$ 时，$F(y) = \displaystyle\int_0^1 -\mathrm{d}x = -1$；

(2) $y < 0$ 时，$F(x) = \displaystyle\int_0^1 \mathrm{d}x = 1$；

(3) $0 \leqslant y \leqslant 1$ 时，$F(y) = -\displaystyle\int_0^y \mathrm{d}x + \int_y^1 \mathrm{d}x = 1 - 2y$，因而该函数在 $(-\infty, +\infty)$ 上连续．

例 10 设可微函数 $F(x) = \int_a^b f(y) |x - y| \mathrm{d}y (a < b)$，求 $F(x)$ 的二阶导数.

解: $x \leqslant a$ 时，$F(x) = \int_a^b f(y)(y - x)\mathrm{d}y$，故 $f'(x) = -\int_a^b f(y)$，$F''(x) = 0$；

$x \geqslant b$ 时，$F(x) = \int_a^b f(y)(x - y)\mathrm{d}y$，故 $f'(x) = \int_a^b f(y)\mathrm{d}y$，$F''(x) = 0$；

$a < x < c$ 时，$F(x) = \int_a^x f(y)(x - y)\mathrm{d}y + \int_x^b f(y)(y - x)\mathrm{d}y$. 故 $f'(x) = \int_a^x f(y)\mathrm{d}y - \int_x^b f(y)\mathrm{d}y$，$F''(x) = f(x) + f(x) = 2f(x)$.

例 11 求下列积分：

(1) $\int_0^\pi \ln(1 - 2\alpha\cos x + \alpha^2)\mathrm{d}x$；

(2) $\int_0^{+\infty} \dfrac{\mathrm{e}^{-\alpha x^2} - \mathrm{e}^{-\beta x^2}}{x}\mathrm{d}x \ (\alpha > 0, \ \beta > 0)$；

(3) $\int_{-\infty}^{+\infty} \mathrm{e}^{-(ax^2+bx+c)}\mathrm{d}x \ (a > 0, \ ac - b^2 > 0)$；

(4) $\int_0^{+\infty} \dfrac{\cos ax - \cos bx}{x}\mathrm{d}x \ (a > 0, \ b > 0)$.

解: (1) 当 $\alpha = 1$ 时，原式 $\int_0^\pi \ln(2 - 2\cos x)\mathrm{d}x = 2\pi\ln 2 + 2\int_0^\pi \ln\sin\dfrac{x}{2}\mathrm{d}x$ 令 $t = \dfrac{x}{2}$，即得 $\int_0^\pi \ln\sin\dfrac{x}{2}\mathrm{d}x = -\pi\ln 2$，于是原积分等于 0；

当 $\alpha = -1$ 时，原式 $\int_0^\pi \ln(2 + 2\cos x)\mathrm{d}x = -2\pi\ln 2 - 2\int_0^\pi \ln\sin\dfrac{x}{2}\mathrm{d}x$，令 $t = \dfrac{x}{2}$，即得 $\int_0^\pi \ln\sin\dfrac{x}{2}\mathrm{d}x = -\pi\ln 2$，于是原积分 $= 0$；

当 $|\alpha| \neq 1$，$\alpha \neq 0$ 时，令 $F(\alpha) = \int_0^\pi \ln(1 - 2\alpha\cos x + \alpha^2)\mathrm{d}x$，则

$$F'(\alpha) = \frac{\pi}{\alpha} + \frac{\alpha^2 - 1}{\alpha}\int_0^\pi \frac{\mathrm{d}x}{1 - 2\alpha\cos x + \alpha^2}$$

$$= \frac{\pi}{\alpha} + \frac{\alpha^2+1}{\alpha} \cdot \frac{2}{\alpha^2-1} \arctan \frac{\alpha+1}{\alpha-1} u \Big|_0^{+\infty} \left(u = \tan \frac{x}{2} \right)$$

于是，当 $|\alpha \leqslant 1|$ 时，$F'(\alpha) = 0$. 从而 $F(\alpha) = 0$；若 $|\alpha| > 1$，$F'(\alpha) = \frac{2\pi}{\alpha}$，

故 $F(\alpha) = \pi \ln \alpha^2$. 而当 $\alpha = 0$ 时，原积分显然为 0.

（2）方法 1：原式 $= \frac{1}{2} \int_0^{+\infty} \frac{e^{-\alpha x^2} - e^{-\beta x^2}}{x^2} d(x^2) = \frac{1}{2} \ln \frac{\beta}{\alpha}$.

方法 2：$F(\alpha, \beta) = \int_0^{+\infty} \frac{e^{-\alpha x^2} - e^{-\beta x^2}}{x^2} dx$，于是

$$F(\alpha, \beta) = \lim_{\delta \to 0+} \int_\delta^{+\infty} - x e^{-\alpha x^2} dx = -\frac{1}{2\alpha}$$

同理，$F_\beta(\alpha, \beta) = \frac{1}{2\beta}$，故被积函数的原函数为 $\frac{1}{2} \ln \frac{\beta}{\alpha} + c$. 当 $\alpha = \beta$ 时，

$c = 0$，故 $F(\alpha, \beta) = \frac{1}{2} \ln \frac{\beta}{a}$.

（3）根据 Euler-Poissn 积分 $\int_0^{+\infty} e^{-x^2} dx = \frac{\sqrt{\pi}}{2}$（文献[1]下册，P352，4 题）进

行适当的变换，即得原积分 $= \sqrt{\frac{\pi}{a}} e^{\frac{b2-ac}{a}}$.

（4）根据傅汝兰尼公式 $\int_0^{+\infty} \frac{f(ax) - f(bx)}{x} dx = f(0) \ln \frac{b}{a} (a > 0, b >$

$0)$，f 为连续函数，且对任何 $A > 0$，积分 $\int_A^{+\infty} \frac{f(x)}{x} dx$ 都有意义，即得原积

分 $= \ln \frac{b}{a}$.

关于含参变量的非正常积分，在本讲关于 Euler 积分中还将讨论.

6.5　三重积分的计算

在三重积分的计算中，有两个常用的变换公式要掌握.

(1) 柱面坐标变换：$\begin{cases} x = r\cos\theta, & 0 \leqslant r < +\infty \\ y = r\cos\theta, & 0 \leqslant \theta \leqslant 2\pi, \ J = \dfrac{\partial(x, y, z)}{\partial(r, \theta, z)} = r \\ z = z, & -\infty < z < +\infty \end{cases}$

(2) 球面坐标变换：$\begin{cases} x = r\sin\varphi\cos\theta, & 0 \leqslant r < +\infty \\ y = r\sin\varphi\cos\theta, & 0 \leqslant \varphi \leqslant \pi, \ J = r^2\sin\varphi. \\ z = r\cos\varphi, & 0 \leqslant \theta \leqslant 2\pi \end{cases}$

例 12 计算积分：

(1) $\iiint\limits_{V} y\sqrt{1-x^2}\,\mathrm{d}x\,\mathrm{d}y\,\mathrm{d}z$，其中，$V$ 为由平面 $y=1$. 柱面 $x^2+z^2=1$ 及半

球面 $y = -\sqrt{1-x^2-z^2}$ 所围成的区域；

(2) $\iiint\limits_{V} y\cos(x+z)\,\mathrm{d}x\,\mathrm{d}y\,\mathrm{d}z$，其中，$V$ 为由抛物柱面 $y=\sqrt{x}$、平面 $y=0$.

$z=0$ 及 $x+z=\dfrac{\pi}{2}$ 所围成的区域.

解： (1) $\iiint\limits_{V} y\sqrt{1-x^2}\,\mathrm{d}x\,\mathrm{d}y\,\mathrm{d}z = \int_{-1}^{1}\sqrt{1-x^2}\,\mathrm{d}x\int_{-\sqrt{1-x^2}}^{\sqrt{1-x^2}}\mathrm{d}z\int_{-\sqrt{1-x^2-z^2}}^{1} y\,\mathrm{d}y$

$$= \frac{28}{45};$$

(2) $\iiint\limits_{V} y\cos(x+z)\,\mathrm{d}x\,\mathrm{d}y\,\mathrm{d}z = \int_{0}^{\frac{\pi}{2}}\mathrm{d}x\int_{0}^{\sqrt{x}} y\,\mathrm{d}y\int_{0}^{\frac{\pi}{2}-x}\cos(x+z)\,\mathrm{d}z = \frac{\pi^2-8}{16}.$

例 13 计算积分：

(1) $I = \iiint\limits_{V}(x+y+z)\,\mathrm{d}v$，$V$ 是由 $x^2+y^2 \leqslant z^2$、$0 \leqslant z \leqslant h$ 所围成的区域；

(2) $I = \iiint\limits_{V}(x^2+y^2)\,\mathrm{d}x\,\mathrm{d}y\,\mathrm{d}z$，$V$ 是由曲线 $\begin{cases} z = a^y \\ x = 0 \end{cases}$（$0 \leqslant y \leqslant z$，$a > 0$，$a \neq$

1）绕 z 轴旋转一周所成的曲面与平面 $z = a^2$ 所成的区域[7].

解： (1) 由于 V 关于 yOz 坐标面、xOz 坐标面均对称，故 $\iiint\limits_{V} x\,\mathrm{d}v = \iiint\limits_{V} y\,\mathrm{d}v$

$= 0$，于是 $I = \iiint\limits_{V} z\,\mathrm{d}v$，作柱面坐标变换，得

$$I = \iiint\limits_{V} z\,\mathrm{d}v = \iint\limits_{D_{xy}}\mathrm{d}x\,\mathrm{d}y\int_{\sqrt{x^2+y^2}}^{h} z\,\mathrm{d}z = \int_{0}^{2\pi}\mathrm{d}\theta\int_{0}^{h} r\,\mathrm{d}r\int_{r}^{h} z\,\mathrm{d}z = \frac{1}{4}\pi h^4$$

(2) 旋转面的方程为 $z = a^{\sqrt{x^2+y^2}}$ $(x^2 + y^2 \leqslant 4)$，故作柱面坐标变换后，得

$$I = \iiint\limits_V (x^2 + y^2)\,\mathrm{d}x\,\mathrm{d}y\,\mathrm{d}z$$

$$= \int_0^{2\pi}\mathrm{d}\theta \int_0^2 r^3\,\mathrm{d}r \int_{ar}^{a^2}\mathrm{d}z$$

$$= 4\pi a^4\left(2 - \frac{4}{\ln a} + \frac{6}{\ln^2 a} - \frac{6}{\ln^3 a} + \frac{3}{\ln^4 a}\right)$$

例 14　计算积分：

$(1)\, I = \iiint\limits_V (x + z)\mathrm{e}^{-(x^2+y^2+z^2)}\,\mathrm{d}v$，$V$ 为 $x \geqslant 0$、$y \geqslant 0$、$z \geqslant 0$ 及 $1 \leqslant x^2 + y^2 + z^2 \leqslant 4$ 所界定的区域；

$(2)\, I = \iiint\limits_V \mathrm{e}^{|z|}\,\mathrm{d}v$，$V$ 为 $x^2 + y^2 + z^2 \leqslant 1$ 所界定的区域；

$(3)\, I = \iiint\limits_V z\,\mathrm{d}x\,\mathrm{d}y\,\mathrm{d}z$，$V$ 为 $\dfrac{x^2}{a^2} + \dfrac{y^2}{b^2} + \dfrac{z^2}{c^2} \leqslant 1$ 与 $z \geqslant 0$ 所围成的区域.

解：(1) 作球面坐标变换，得

$$I = \iiint\limits_V r(\sin\varphi\cos\theta + \cos\varphi)\mathrm{e}^{-r^2} r^2 \sin\varphi\,\mathrm{d}r\,\mathrm{d}\varphi\,\mathrm{d}\theta$$

$$= \int_0^{\frac{\pi}{2}}\mathrm{d}\varphi \int_0^{\frac{\pi}{2}}\mathrm{d}\theta \int_1^2 r^3(\sin^2\varphi\cos\theta + \cos\varphi\sin\varphi)\mathrm{e}^{-r^2}\,\mathrm{d}r = \frac{\pi}{4\mathrm{e}^3}(2\mathrm{e}^3 - 5)$$

(2) 根据对称性，$I = 2\iiint\limits_V \mathrm{e}^z\,\mathrm{d}v$，其中，$V_1$ 是 $x^2 + y^2 + z^2 \leqslant 1$、$z \geqslant 0$ 所界定的区域. 作球坐标变换并计算，得 $I = 2\pi$.

(3) 作广义球坐标变换，得 $x = ar\sin\varphi\cos\theta$，$y = br\sin\varphi\sin\theta$，$z = cr\cos\varphi$ $\left(0 \leqslant \theta \leqslant 2\pi,\ 0 \leqslant \varphi \leqslant \dfrac{\pi}{2},\ 0 \leqslant r \leqslant 1\right)$，$J = abcr^2\sin\varphi$，于是有

$$I = \int_0^{2\pi}\mathrm{d}\theta \int_0^{\frac{\pi}{2}}\mathrm{d}\varphi \int_0^1 abc^2 r^3 \cos\varphi\sin\varphi\,\mathrm{d}r = \frac{\pi abc^2}{4}$$

例 15　计算积分：

$(1)\, \iiint\limits_V z^2\,\mathrm{d}v$，$V$ 为 $x^2 + y^2 + z^2 \leqslant r^2$ 与 $x^2 + y^2 + z^2 \leqslant 2rz$ 所界定；

$(2)\, \displaystyle\int_0^1\mathrm{d}x \int_0^{\sqrt{1-x^2}}\mathrm{d}y \int_{\sqrt{x^2+y^2}}^{\sqrt{2-x^2-y^2}} z^2\,\mathrm{d}z.$

解 (1) 方法 1 把三重积分化为"先二重后一重"的累次积分，原式 =
$\int_0^r dz \iint\limits_S z^2 dx\,dy + \int_{\frac{r}{2}}^r dz \iint\limits_S z^2 dx\,dy$. 其中, S 为圆面 $x^2 + y^2 \leqslant 2rz - z^2 \left(0 \leqslant z \leqslant \frac{r}{2}\right)$；$Q$ 为圆面 $x^2 + y^2 \leqslant r^2 - z^2 \left(\frac{r}{2} \leqslant z \leqslant r\right)$.

方法 2：用柱面坐标变换，原式 $= \int_0^{2\pi} d\theta \int_0^{\frac{\sqrt{3}}{2}r} l\,dl \int_{\frac{r}{2}}^{\sqrt{r^2-l^2}} z^2 dz + \int_0^{2\pi} d\theta \int_0^{\frac{\sqrt{3}}{2}r} l\,dl$
$\int_{r-\sqrt{r^2-l^2}}^{\frac{r}{2}} z^2 dz = \frac{56}{480}\pi r^5$.

(2) 积分区域是由球面 $z = \sqrt{2 - x^2 - y^2}$ 与锥面 $z = \sqrt{x^2 + y^2}$ 所围成的第一限的部分. 作球面坐标变换，得到：原式 $= \int_0^{\frac{\pi}{2}} d\theta \int_0^{\frac{\pi}{4}} d\varphi \int_0^{\sqrt{2}} r^2 \cos^2\theta \cdot$
$r^2 \sin\varphi\,dr = \frac{\pi}{15}(2\sqrt{2} - 1)$.

例 16 设 f 为 $[a, A]$ 上的连续函数，证明：

$$\lim_{h\to 0} \frac{1}{h} \int_a^x [f(t+h) - f(t)]dt = f(x) - f(a), \quad (a < x < A)$$

证明： 因为 f 连续，所以存在原函数，设为 F. 于是

$$\int_a^x [f(t+h) - f(t)]dt = \int_a^x f(t+h)dt - \int_a^x f(t)dt$$
$$= F(x+h) - F(a+h) - F(x) + F(a)$$
$$= [F(x+h) - F(x)] - [F(a+h) - F(a)]$$

由于 $f' = f$，故原结论成立.

例 17 设 $F(x, y) = \int_{\frac{x}{y}}^{xy} (x - yz)f(z)dz$，其中, f 为可微函数，求 $F_{xy}(x, y)$.

解： $F_x(x, y) = \int_{\frac{x}{y}}^{xy} f(z)dz + y(x - xy^2)f(xy) - \frac{1}{y} \cdot 0 \cdot f\left(\frac{x}{y}\right)$

$$F_{xy}(x, y) = xf(xy) + \frac{x}{y^2}f\left(\frac{x}{y}\right) + (x - 3y^2 x)f(xy) + x^2 y(1 - y^2)f'(xy)$$

$$= \frac{x}{y^2}f\left(\frac{x}{y}\right) + x(2 - 3y^2)f(xy) + x^2 y(1 - y^2)f'(xy)$$

例 18　设 f 为可微函数，求函数 $F(t)=\iiint\limits_{V}f(xyz)\mathrm{d}x\,\mathrm{d}y\,\mathrm{d}z$ 的导数，其中，$V=\{(x,\ y,\ z)\,|\,0\leqslant x\leqslant t,\ 0\leqslant y\leqslant t,\ 0\leqslant z\leqslant t,\ t>0\}$.

解： 令 $x=\alpha t,\ y=\beta t,\ z=\gamma t$，则有

$$rF(t)=\int_0^1\int_0^1\int_0^1 t^3 f(\alpha\beta\gamma t^3)\mathrm{d}\alpha\,\mathrm{d}\beta\,\mathrm{d}\gamma.\ 故有$$

$$f'(t)=\iiint\limits_{V}[3t^2 f(\alpha\beta\gamma t^3)+t^3\cdot 3t^2\alpha\beta\gamma f'(\alpha\beta\gamma t^3)]\mathrm{d}\alpha\,\mathrm{d}\beta\,\mathrm{d}\gamma$$

$$=\frac{3}{t}F(t)+\frac{3}{t}\iiint\limits_{V}\alpha\beta\gamma t^6 f'(\alpha\beta\gamma t^3)\mathrm{d}\alpha\,\mathrm{d}\beta\,\mathrm{d}\gamma$$

$$=\frac{3}{t}F(t)+\frac{3}{t}\iiint\limits_{V}(\alpha t)(\beta t)(\gamma t)f'(\alpha\beta\gamma t^3)\mathrm{d}(\alpha t)\mathrm{d}(\beta t)\mathrm{d}(\gamma t)$$

$$=\frac{3}{t}F(t)+\frac{3}{t}\iiint\limits_{V}xyzf'(xyz)\mathrm{d}x\,\mathrm{d}y\,\mathrm{d}z$$

其中，$V'=\{(\alpha,\ \beta,\ \gamma)\,|\,0\leqslant\alpha\leqslant 1,\ 0\leqslant\beta\leqslant 1,\ 0\leqslant\gamma\leqslant 1\}$.

例 19　设函数 $f(x)$ 可微，$f(0)=1$，求函数 $F(t)=\iiint\limits_{x^2+y^2+z^2\leqslant t^2}f(x^2+y^2+z^2)\mathrm{d}x\,\mathrm{d}y\,\mathrm{d}z\,(t\geqslant 0)$ 在 $t=0$ 的三阶导数.

解： 令 $x=r\sin\varphi\cos\theta,\ y=r\sin\varphi\sin\theta,\ z=r\cos\varphi$，于是有

$$F(t)=\int_0^\pi\sin\varphi\mathrm{d}\varphi\int_0^{2\pi}\mathrm{d}\theta\int_0^t r^2 f(r^2)\mathrm{d}r=4\pi\int_0^t r^2 f(r^2)\mathrm{d}r$$

则 $f'(t)=4\pi t^2 f(t^2)$，$F''(t)=8\pi[tf(t^2)+t^3 f'(t^2)]$. 因此 $f'(0)=F''(0)=0$. 要求 $F'''(0)$，只能根据定义

$$F'''(0)=\lim_{t\to 0^+}\frac{F''(t)-F''(0)}{t}=8\pi f(0)=8\pi$$

例 20　证明：当 $a>0$ 时，有 $\dfrac{1}{\sqrt{2\pi}}\displaystyle\int_{-a}^a\mathrm{e}^{-\frac{x^2}{2}}\mathrm{d}x\leqslant\sqrt{1-\mathrm{e}^{-a^2}}$.

证明： 须证 $\dfrac{1}{2\pi}\displaystyle\int_{-a}^a\mathrm{e}^{-\frac{x^2}{2}}\mathrm{d}x\int_{-a}^a\mathrm{e}^{-\frac{y^2}{2}}\mathrm{d}y\leqslant 1-\mathrm{e}^{-a^2}$，显然 $\iint\limits_{G}\dfrac{1}{2\pi}\mathrm{e}^{-\frac{x^2+y^2}{2}}\mathrm{d}x\,\mathrm{d}y\leqslant\iint\limits_{S}$

$\dfrac{1}{2\pi}\mathrm{e}^{-\frac{x^2+y^2}{2}}\mathrm{d}x\,\mathrm{d}y=\dfrac{1}{2\pi}\displaystyle\int_0^{2\pi}\mathrm{d}\theta\int_0^{\sqrt{2}a}\mathrm{e}^{-\frac{r^2}{2}}\mathrm{d}r=1-\mathrm{e}^{-a^2}$，如下图所示.

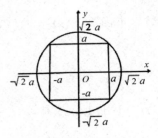

例 20 题图

其中，G 为图中边长为 $2a$ 的正方形区域，S 为图中半径为 $\sqrt{2}\,a$ 的圆域.

例 21 设 $f(u)$ 连续，V 由 $0 \leqslant z \leqslant h$，$x^2 + y^2 \leqslant t^2$ 所界定. 若 $F(t) = \iiint\limits_{V} [z^2 + f(x^2 + y^2)]\mathrm{d}x$，求 $f'(t)$，$\lim\limits_{t \to 0^+} \dfrac{F(t)}{t^2}$.

解： 用柱面坐标变换，得

$$F(t) = \iiint\limits_{V} z^2 \mathrm{d}v + \iiint\limits_{V} f(x^2 + y^2)\mathrm{d}v$$

$$= \int_0^{2\pi} \mathrm{d}\theta \int_0^t \rho \mathrm{d}\rho \int_0^h z^2 \mathrm{d}z + \int_0^{2\pi} \mathrm{d}\theta \int_0^t \rho f(\rho^2)\mathrm{d}\rho \int_0^h \mathrm{d}z$$

$$= \frac{1}{3}\pi h^3 t^2 + 2\pi h \int_0^t \rho f(\rho^2)\mathrm{d}\rho$$

故 $f'(t) = \dfrac{2}{3}\pi h^3 t + 2\pi h t f(t^2)$，容易求得 $\lim\limits_{t \to 0^+} \dfrac{F(t)}{t^2} = \dfrac{1}{3}\pi h^3 + \pi h f(0)$.

Gamma 函数（或 Γ 函数）与 Beta 函数（或 B 函数）统称为 Euler 积分.

1. Euler 主要知识点

1）Γ 函数

（1）当 $s > 0$ 时，$\Gamma(s) = \displaystyle\int_0^{+\infty} x^{s-1}\mathrm{e}^{-x}\mathrm{d}x$；

（2）$\Gamma(s)$ 在 $s > 0$ 内连续，并有各阶连续导函数；

（3）当 $s > 0$；$\Gamma(s+1) = s\Gamma(s)$；

（4）当 $n + 1$ 为正整数时；$\Gamma(n+1) = n!$；

（8）$\Gamma\left(\dfrac{1}{2}\right) = \sqrt{\pi}$；

(9) $\displaystyle\int_0^{+\infty} \mathrm{e}^{-x^2}\,\mathrm{d}x = \dfrac{\sqrt{\pi}}{2}$.

2) 余元函数

当 $p > 0$ 时，$B(p,\ 1-p) = \Gamma(p)\Gamma(1-p) = \dfrac{\pi}{\sin\pi p}$，此公式可以用来定义自变量为负值的 Γ 函数，如

$$\Gamma\left(-\frac{5}{2}\right) = \Gamma\left(1-\frac{7}{2}\right) = \frac{\pi}{\sin\left(\frac{7}{2}\pi\right)\Gamma\left(\frac{7}{2}\right)} = -\frac{\pi}{\Gamma\left(\frac{7}{2}\right)}$$

又因 $\Gamma\left(\dfrac{7}{2}\right) = \dfrac{5}{2}\Gamma\left(\dfrac{5}{2}\right) = \dfrac{15}{4}\Gamma\left(\dfrac{3}{2}\right) = \dfrac{15}{8}\Gamma\left(\dfrac{1}{2}\right) = \dfrac{15}{8}\sqrt{\pi}$，　所以

$\Gamma\left(-\dfrac{5}{2}\right) = -\dfrac{15}{8}\sqrt{\pi}$.

3) B 函数

(1) $B(p,\ q) = \displaystyle\int_0^1 x^{p-1}(1-x)^{q-1}\,\mathrm{d}x$，$p > 0$，$q > 0$；

(2) $B(p,\ q) = \dfrac{\Gamma(p)\Gamma(q)}{\Gamma(p+q)}$，$p > 0$，$q > 0$.

2. Euler 积分的应用

1) 利用 Euler 积分计算其他积分

例 22　求下列积分：

(1) $\displaystyle\int_0^a x^2\sqrt{a^2-b^2}\,\mathrm{d}x\ (a > 0$ 且为常数$)$.

解： 原式 $= a^4\displaystyle\int_0^a \left(\frac{x}{a}\right)^2\sqrt{1-\left(\frac{x}{a}\right)^2}\,\mathrm{d}\,\frac{x}{a} \xrightarrow{\text{令}u=\frac{x}{a}} a^4\displaystyle\int_0^a u^2\sqrt{1-u^2}\,\mathrm{d}u = \frac{a^4}{2}$

$\displaystyle\int_0^a u(1-u^2)^{\frac{1}{2}}\,\mathrm{d}u^2 \xrightarrow{\text{令}t=u^2} \frac{a^4}{2}\displaystyle\int_0^a t^{\frac{1}{2}}(1-t)^{\frac{1}{2}}\,\mathrm{d}t = \frac{a^4}{2}B\left(\frac{3}{2},\ \frac{3}{2}\right) = \frac{\pi a^4}{16}$.

(2) $\displaystyle\int_0^{+\infty} x^m \mathrm{e}^{-x^n}\,\mathrm{d}x\ (m > 0,\ n > 0$ 均为常数$)$.

解： 令 $t = x^n$，原式 $= \dfrac{1}{n}\displaystyle\int_0^{+\infty} t^{\frac{m+1}{n}-1}\mathrm{e}^{-t}\,\mathrm{d}t = \dfrac{1}{n}\Gamma\left(\dfrac{m+1}{n}\right)$.

(3) $\int_0^1 x^{p-1}(1-x^m)^{q-1}\mathrm{d}x$ $(p>0,\ q>0,\ m>0,\ $均为常数$)$.

解：令 $u=x^m$，原式 $=\dfrac{1}{m}\int_0^1 u^{\frac{p}{m}-1}(1-u)^{q-1}\mathrm{d}u=\dfrac{1}{m}B\left(\dfrac{p}{m},\ q\right)=$

$\dfrac{1}{m}\dfrac{\Gamma\left(\dfrac{p}{m}\right)\Gamma(q)}{\Gamma\left(\dfrac{p}{m}+q\right)}.$

(4) $\int_0^1\left(\ln\dfrac{1}{x}\right)^p$ $(p>-1$ 为常数$)$.

解：令 $x=\mathrm{e}^{-t}$，$t=-\ln x$，原式 $=-\int_{+\infty}^0 t^p\mathrm{e}^{-t}\mathrm{d}t=\int_0^{+\infty}t^p\mathrm{e}^{-t}\mathrm{d}t=\Gamma(p+1).$

(5) $\int_0^{\frac{\pi}{2}}\sin^m x\cos^n x\mathrm{d}x$ $(m>-1,\ n>-1$ 且均为常数$)$.

解：令 $t=\sin x$，原式 $=\int_0^1 t^m(1-t^2)^{\frac{n-1}{2}}\mathrm{d}u.$

再令 $u=t^2$，原式 $=\dfrac{1}{2}\int_0^1 u^{\frac{m-1}{2}}(1-u)^{\frac{n-1}{2}}\mathrm{d}u=\dfrac{1}{2}B\left(\dfrac{m+1}{2},\ \dfrac{n+1}{2}\right).$

(6) $\int_0^{\frac{\pi}{2}}\tan^n x\mathrm{d}x$.

解：令 $t=\sin x$，原式 $=\int_0^1 t^n(1-t^2)^{-\frac{n+1}{2}}\mathrm{d}t.$

再令 $u=t^2$，原式 $=\dfrac{1}{2}\int_0^1 u^{\frac{n-1}{2}}(1-u)^{-\frac{n+1}{2}}\mathrm{d}t=\dfrac{1}{2}B\left(\dfrac{n+1}{2},\ \dfrac{1-n}{2}\right)=$

$\dfrac{1}{2}\dfrac{\pi}{\sin\dfrac{n+1}{2}\pi}=\dfrac{\pi}{2\cos\dfrac{n\pi}{2}}.$

注：此题运用了余元公式.

例 24 求下列含参变量的非正常积分：

(1) $I(y)=\int_0^{+\infty}\mathrm{e}^{-x^2}\cos xy\mathrm{d}x$，$y\in\mathbf{R}$.

解：因 $f(x,\ y)=\mathrm{e}^{-x^2}\cos xy$，$f_y(x,\ y)=-x\mathrm{e}^{-x^2}\sin xy$ 都在 $[0,\ +\infty)$ $\times(-\infty,\ +\infty)$ 上连续，且 $|f(x,\ y)|=|\mathrm{e}^{-x^2}\cos xy|\leqslant\mathrm{e}^{-x^2}$，而 $\int_0^{+\infty}\mathrm{e}^{-x^2}\mathrm{e}^{x^2}\mathrm{d}x$ 收敛，所以 $I(y)$ 关于 y 在 $(-\infty,\ +\infty)$ 上收敛.

又因 $|f_y(x, y)| = |-x e^{-x^2} \sin xy| \leqslant x e^{-x^2}$, 而 $\int_0^{+\infty} x e^{-x^2} dx =$

$-\dfrac{1}{2} e^{-x^2} \Big|_0^{+\infty} = \dfrac{1}{2}$ 收敛. 故 $\int_0^{+\infty} f_y(x, y) dx = \int_0^{+\infty} -x e^{-x^2} \sin xy dx$ 关于 y 在

$\mathbf{R}$ 上一致收敛. 因此可在积分下求导, 且

$$I'(y) = \int_0^{+\infty} -x e^{-x^2} \sin(xy) dx$$

$$= -\dfrac{1}{2} e^{-x^2} \sin(xy) \Big|_0^{+\infty} - \dfrac{1}{2} y \int_0^{+\infty} e^{-x^2} \cos xy dx = -\dfrac{1}{2} y I(y)$$

又因 $I(0) = \int_0^{+\infty} e^{-x^2} dx = \dfrac{\sqrt{\pi}}{2}$, 综合可得

$$\begin{cases} I'(y) = -\dfrac{1}{2} y I(y) \\[3mm] I(0) = \dfrac{\sqrt{\pi}}{2} \end{cases}$$

故 $I(y) = \int_0^{+\infty} e^{-x^2} \cos 2xy dx = \dfrac{\sqrt{\pi}}{2} e^{-\frac{y^2}{4}}$.

$(2) I(y) = \int_0^{+\infty} e^{-a^2 x^2} \cos 2xy dx \quad (a > 0, y \in \mathbf{R})$.

此题解法与 (1) 同, 这里不再赘述, 其结果为 $\dfrac{\sqrt{\pi}}{2a} e^{-\frac{y^2}{a^2}}$.

例 25　求由曲面 $|x|^n + |y|^n = a^n (n > 0, a > 0)$ 所界的面积.

解: 所求的面积

$$A = 4 \int_0^a (a^n - x^n)^{\frac{1}{n}} dx = \dfrac{4a^2}{n} \int_0^1 t^{\frac{1}{n}-1} (1-t)^{\frac{1}{n}} dt$$

$$= \dfrac{4a^2}{n} B\left(\dfrac{1}{n}, \dfrac{1}{n}+1\right) = \dfrac{4a^2}{n} \dfrac{\Gamma\left(\dfrac{1}{n}\right) \Gamma\left(\dfrac{1}{n}+1\right)}{\Gamma\left(\dfrac{2}{n}+1\right)}$$

$$= \dfrac{2a^2}{n} \dfrac{\left[\Gamma\left(\dfrac{1}{n}\right)\right]^2}{\Gamma\left(\dfrac{2}{n}\right)}$$

2）求与 Euler 积分相关的极限

这一类问题既含积分符号，又含极限符号，所以最直接的思考方法是在积分一致收敛的前提下将积分符号与极限符号互换，如例 26 所示.

例 26 求 $\lim\limits_{n\to\infty}\int_0^{+\infty}\left(1+\dfrac{x^2}{n}\right)^{-n}\mathrm{d}x$.

解： $\left(1+\dfrac{x^2}{n}\right)^{-n}$ 在 $0\leqslant x\leqslant A$ 上连续（任何 $A>0$），故它在 $[0,A]$ 上可积；又因 $\left(1+\dfrac{x^2}{n}\right)^{-n}$ 在 $[0,A]$ 上关于 n 为单调递减的，且 $\lim\limits_{n\to\infty}\int_0^{+\infty}\left(1+\dfrac{x^2}{n}\right)^{-n}=\mathrm{e}^{-x^2}$ 为连续函数，故 $\left(1+\dfrac{x^2}{n}\right)^{-n}$ 在 $[0,A]$ 上一致趋向于 e^{-x^2}；由于 $0<\left(1+\dfrac{x^2}{n}\right)^{-n}\leqslant\dfrac{1}{1+x^2}$ $(n=1,2,3,\cdots)$，且 $\int_0^{+\infty}\dfrac{\mathrm{d}x}{1+x^2}=\dfrac{\pi}{2}<+\infty$，故积分 $\int_0^{+\infty}\left(1+\dfrac{x^2}{n}\right)^{-n}$ 关于一致收敛。因此 $\lim\limits_{n\to\infty}\int_0^{+\infty}\left(1+\dfrac{x^2}{n}\right)^{-n}=\int_0^{+\infty}\lim\limits_{n\to\infty}\left(1+\dfrac{x^2}{n}\right)^{-n}\mathrm{d}x=\int_0^{+\infty}\mathrm{e}^{-x^2}\mathrm{d}x=\dfrac{\sqrt{\pi}}{2}$.

但是，有些极限问题可以先求积分值，再求极限，如例 27 所示：

例 27 求下列极限：

（1）$\lim\limits_{n\to\infty}\int_0^{+\infty}\mathrm{e}^{-x^n}\mathrm{d}x$；

解： 令 $x^n=t$，则 $\int_0^{+\infty}\mathrm{e}^{-x^n}\mathrm{d}x=\int_0^{+\infty}\mathrm{e}^{-t}\cdot\dfrac{1}{n}\cdot t^{\frac{1}{n}-1}\mathrm{d}t=\dfrac{1}{n}\int_0^{+\infty}\mathrm{e}^{-t}\cdot t^{\frac{1}{n}-1}\mathrm{d}t=\dfrac{1}{n}\Gamma\left(\dfrac{1}{n}\right)=\Gamma\left(1+\dfrac{1}{n}\right)$，故 $\lim\limits_{n\to\infty}\int_0^{+\infty}\mathrm{e}^{-x^n}\mathrm{d}x=\lim\limits_{n\to\infty}\Gamma\left(1+\dfrac{1}{n}\right)=\Gamma(1)=1$.

（2）$\lim\limits_{n\to\infty}\int_0^{+\infty}\mathrm{e}^{-x^2}\sin^2 nx\,\mathrm{d}x$.

解： $\lim\limits_{n\to\infty}\int_0^{+\infty}\mathrm{e}^{-x^2}\sin^2 nx\,\mathrm{d}x=\dfrac{1}{2}\int_0^{+\infty}\mathrm{e}^{-x^2}\mathrm{d}x-\dfrac{1}{2}\lim\limits_{n\to\infty}\int_0^{+\infty}\mathrm{e}^{-x^2}\cos 2nx\,\mathrm{d}x=\dfrac{1}{2}\int_0^{+\infty}\mathrm{e}^{-x^2}\mathrm{d}x=\dfrac{\sqrt{\pi}}{4}$.

注：用到了黎曼－勒贝格引理，若 $f(x)$ 在 $(0,+\infty)$ 内绝对可积，则

$$\lim_{n\to\infty} f(x)\sin nx\,\mathrm{d}x = 0, \ \lim_{n\to\infty}\int_0^{+\infty} f(x)\cos nx\,\mathrm{d}x = 0$$

3）证明相关的不等式

例 28　设 $f(x)=\mathrm{e}^{x^2}\displaystyle\int_x^{+\infty}\mathrm{e}^{-t^2}\,\mathrm{d}t$，求证：$f(x)\leqslant\dfrac{\sqrt{\pi}}{2}$，$(x\geqslant 0)$.

证法一：

令 $u=t-x$，$u\geqslant 0$，$f(x)=\mathrm{e}^{x^2}\displaystyle\int_0^{+\infty}\mathrm{e}^{-(u+x)^2}\,\mathrm{d}u=\int_0^{+\infty}\mathrm{e}^{-u^2}\mathrm{e}^{-2ux}\,\mathrm{d}u\leqslant$

$\displaystyle\int_0^{+\infty}\mathrm{e}^{-u^2}\,\mathrm{d}u=\dfrac{\sqrt{\pi}}{2}$.

证法二：

作如同证法一中的变换：$u=t-x$，有 $f(x)=\displaystyle\int_0^{+\infty}\mathrm{e}^{-u^2}\mathrm{e}^{-2ux}\,\mathrm{d}u$. 可以证明

$\displaystyle\int_0^{+\infty}\dfrac{\mathrm{d}}{\mathrm{d}x}(\mathrm{e}^{-u^2}\mathrm{e}^{-2ux})\,\mathrm{d}u=\int_0^{+\infty}(-2u)\mathrm{e}^{-u^2-2ux}\,\mathrm{d}u$ 一致收敛.

故可交换积分符号与求导符号的顺序，因此，

$$f'(x)=\int_0^{+\infty}(-2u)\mathrm{e}^{-u^2-2ux}\,\mathrm{d}u<0$$

所以 $f(x)\leqslant f(0)=\dfrac{\sqrt{\pi}}{2}$.

练习题六

1. 计算下列二重积分和三重积分:

（1）$\iint\limits_{D}(x^2+y^2)\mathrm{d}x\,\mathrm{d}y$，$D=\{(x,y)\,|\,0\leqslant x\leqslant 1,\sqrt{x}\leqslant y\leqslant 2\sqrt{x}\}$；

（2）$\iint\limits_{D}\dfrac{\mathrm{d}x\,\mathrm{d}y}{\sqrt{2a-x}}(a>0)$，$D=\{(x,y)\,|\,0\leqslant x\leqslant a,0\leqslant y\leqslant a-\sqrt{2ax-x^2}\}$；

（3）$\iint\limits_{D}(x+y)\sin(x-y)\mathrm{d}x\,\mathrm{d}y$，$D=\{(x,y)\,|\,0\leqslant x+y\leqslant \pi,0\leqslant x-y\leqslant \pi\}$；

（4）$\iint\limits_{D}|x^2+y^2-4|\mathrm{d}x\,\mathrm{d}y$，$D=\{(x,y)\,|\,x^2+y^2\leqslant 9\}$；

（5）$\iint\limits_{D}(\sqrt[4]{x}+\sqrt[4]{y})\mathrm{d}x\,\mathrm{d}y$，$D$ 为曲线 $\sqrt[4]{x}+\sqrt[4]{y}=1$ 两坐标轴所围；

（6）$\iiint\limits_{V}xyz\,\mathrm{d}x\,\mathrm{d}y\,\mathrm{d}z$，$V$：$\dfrac{x^2}{a^2}+\dfrac{y^2}{b^2}+\dfrac{z^2}{c^2}\leqslant 1$.

2. 证明:

（1）$\displaystyle\int_a^b f(x)\mathrm{d}x\int_a^b\dfrac{1}{f(x)}\mathrm{d}x\geqslant (b-a)^2$，$f$ 为正值连续函数；

（2）设 $f(x)$，$g(x)$ 在 $[a,b]$ 上可积，则 $\left|\displaystyle\int_a^b f(x)g(x)\mathrm{d}x\right|\leqslant$
$\left(\displaystyle\int_a^b f^2(x)\mathrm{d}x\right)^{\frac{1}{2}}\left(\displaystyle\int_a^b g^2(x)\mathrm{d}x\right)^{\frac{1}{2}}$.

3. 将下列二重积分化为单重积分:

（1）$\iint\limits_{|x|+|y|\leqslant 1}f(x+y)\mathrm{d}x\,\mathrm{d}y$；

(2) $\iint\limits_{D} f(xy)\,\mathrm{d}x\,\mathrm{d}y$，$D = \{(x, y) \mid x \leqslant y \leqslant 4x, 1 \leqslant xy \leqslant 2\}$；

(3) $\iint\limits_{D}(x + y)\,\mathrm{d}x\,\mathrm{d}y$，$D$ 为曲线 $x^2 + y^2 = x + y$ 所围成的区域；

(4) $\iint\limits_{D} f(\sqrt{x^2 + y^2})\,\mathrm{d}x\,\mathrm{d}y$，$D$：$|y| \leqslant |x|$，$|x| \leqslant 1$.

4. 求下列积分：

(1) $\displaystyle\int_0^{\frac{\pi}{2}} \ln(a^2 \sin^2 x + b^2 \cos^2 x)\,\mathrm{d}x \; (a^2 + b^2 \neq 0)$；

(2) $\displaystyle\int_0^{\frac{\pi}{2}} \frac{\arctan(a \tan x)}{\tan x}\,\mathrm{d}x$.

5. 设 $F(x) = \dfrac{1}{h^2} \displaystyle\int_0^h \mathrm{d}\zeta \int_0^h f(x + \zeta + \eta)\,\mathrm{d}\eta \; (h > 0)$，其中，$f(x)$ 为连续函数，求 $F'(x)$.

6. 计算：$\iint\limits_{D} \sin x \sin y \cdot \max\{x, y\}\,\mathrm{d}x\,\mathrm{d}y$，$D = \begin{cases} 0 \leqslant x \leqslant \pi \\ 0 \leqslant y \leqslant \pi \end{cases}$.

7. 计算：

(1) $\displaystyle\int_0^{+\infty} \frac{\sin x^2}{x}\,\mathrm{d}x$；

(2) $\displaystyle\int_0^{+\infty} \mathrm{e}^{-\left(x^2 + \frac{a^2}{x^2}\right)}\,\mathrm{d}x$；

(3) $\displaystyle\int_0^{+\infty} \frac{\mathrm{e}^{-\alpha x^2} - \mathrm{e}^{-\beta x^2}}{x^2}\,\mathrm{d}x \; (\alpha > 0, \beta > 0)$.

8. 计算：

(1) $\displaystyle\int_0^1 \frac{\ln(1 - a^2 x^2)}{x^2 \sqrt{1 - x^2}}\,\mathrm{d}x \; (|a| \leqslant 1)$；

(2) $\displaystyle\int_0^1 \frac{\ln(1 - a^2 x^2)}{\sqrt{1 - x^2}}\,\mathrm{d}x \; (|a| \leqslant 1)$.

第 7 讲　　积分与曲面积分

7.1　第一型曲线积分的计算

1. 平面第一型曲线积分的计算

设函数 f 是定义在光滑曲线 l：$\begin{cases} x = \varphi(t) \\ y = \varphi(t) \end{cases}$，$t \in [\alpha, \beta]$ 上的连续函

数，则

$$\int_l f(x, y)\mathrm{d}s = \int_\alpha^\beta f(\varphi(t), \varphi(t)) \sqrt{\varphi'^2(t) + \varphi'^2(t)}\,\mathrm{d}t \qquad (7.1)$$

这里的 $\mathrm{d}s$ 为曲线 l 的弧微分，因此，有人称第一型曲线积分为对弧长的曲线积分，当光滑曲线 l 由直角坐标方程 $y = \varphi(x)$，$a \leqslant x \leqslant b$ 给出时，则(7.1)可变为(取 x 为参数)

$$\int_l f(x, y)\mathrm{d}s = \int_a^b f[x, \varphi(x)] \sqrt{1 + \varphi'^2(x)}\,\mathrm{d}x \qquad (7.2)$$

2. 空间第一曲线积分的计算

设空间曲线 l 的参数方程为：$x = x(t)$，$y = y(t)$，$z = z(t)$，$t \in [\alpha, \beta]$，函数 $f(x, y, z)$ 在 l 上连续，则

$$\int_l f(x,\,y,\,z)\mathrm{d}s = \int_\alpha^\beta f[x(t),\,y(t),\,z(t)]$$

$$\sqrt{x'^2(t)+y'^2(t)+z'^2(t)}\,\mathrm{d}t \tag{7.3}$$

7.2　第二型曲线积分的计算

1. 平面第二型曲线积分

设光滑曲线 l 的参数方程为 $x=x(t)$，$y=y(t)$，$(\alpha \leqslant t \leqslant \beta)$，当 t 单调地由 α 变到 β 时，动点 $(x,\,y)$ 沿曲线 l 自 A 点移到 B 点，若 $P(x,\,y)$ 与 $Q(x,\,y)$ 在 l 上连续，则

$$\int_l P(x,\,y)\mathrm{d}x + Q(x,\,y)\mathrm{d}y = \int_\alpha^\beta (P(x(t),\,y(t))x'(t)$$

$$+ Q(x(t),\,y(t))y'(t))\mathrm{d}t \tag{7.4}$$

2. 空间第二型曲线积分

容易将公式 (7.4) 相应地推广到空间，于是有

$$\int_l P(x,\,y,\,z)\mathrm{d}x + Q(x,\,y,\,z)\mathrm{d}y + R(x,\,y,\,z)\mathrm{d}z$$

$$= \int_l [P(x(t),\,y(t),\,z(t))x'(t) + Q(x(t),\,y(t),\,z(t))y'(t)$$

$$+ R(x(t),\,y(t),\,z(t))z'(t)]\mathrm{d}t \tag{7.5}$$

第二型曲线积分是对坐标的积分，所以有人称之为对坐标的曲线积分.

7.3　两类曲线积分的差别与联系

第二型曲线积分与曲线 l 的方向有关，而第一型曲线积分与曲线 l 的方向无关，这是它们之间的一个重要的差别，而它们之间的联系是由下面的公式

沟通的：

$$\int_l P\mathrm{d}x + Q\mathrm{d}y + R\mathrm{d}z = \int_l (P\cos\alpha + Q\cos\beta + R\cos\gamma)\mathrm{d}s \tag{7.6}$$

其中，P，Q，R 是 l 上的函数；$\cos\alpha$，$\cos\beta$，$\cos\gamma$ 是曲线 $l(AB)$ 上 $(x$，y，$z)$ 处正向切线的方向余弦.

1. 格林公式

设函数 P，Q 在区域 $D \subset \mathbf{R}^2$ 上连续，且有连续的一阶偏导数，则有

$$\iint_D \left(\frac{\partial Q}{\partial x} + \frac{\partial P}{\partial y} \right) \mathrm{d}x\,\mathrm{d}y = \oint_l P\mathrm{d}x + Q\mathrm{d}y \tag{7.7}$$

这里，l 为区域 D 的边界线，并取正向，（7.7）就是格林公式.

格林公式沟通了沿闭曲线的积分（第二型）与二重积分之间的联系，可用来简化某些曲线积分或二重积分的计算.

2. 曲线积分与路径无关的条件

设 $D \subset \mathbf{R}^2$ 是单调通闭区域，若函数 P，Q 在 D 内连续且有一阶连续偏导数，则以下四个条件等价：

（1）设 D 内任一条按段光滑的封闭曲线 l，有

$$\oint_l P\mathrm{d}x + Q\mathrm{d}y = 0$$

（2）对 D 内任一条段光滑的曲线 l，曲线积分 $\int_l P\mathrm{d}x + Q\mathrm{d}y$ 只与 l 的起点和终点有关，而与路径无关；

（3）$P\mathrm{d}x + Q\mathrm{d}y$ 是 D 内某函数 $u(x$，$y)$ 的全微分，即在 D 内有

$$\mathrm{d}u(x，y) = P(x，y)\mathrm{d}x + Q(x，y)\mathrm{d}y$$

（4）在 D 内每点处，有 $\dfrac{\partial P}{\partial y} = \dfrac{\partial Q}{\partial x}$.

例 1　计算下列第一型曲线积分：

（1）$\displaystyle\int_l \sqrt{2y^2 + z^2}\,\mathrm{d}s$，其中，$l$ 是 $x^2 + y^2 + z^2 = a^2$ 与 $x = y$ 相交的圆周；

(2) $\int_l xyz\,\mathrm{d}s$，其中，l 是曲线 $x=t$，$y=\dfrac{2}{3}\sqrt{2t^3}$，$z=\dfrac{1}{2}t^2(0\leqslant t\leqslant 1)$ 的一段.

解：(1) 相交的圆周适合 $z^2+2y^2=a^2$，将其直接代入积分式，得

$$\int_l \sqrt{2y^2+z^2}\,\mathrm{d}s=\int_l a\,\mathrm{d}s=a\int_l \mathrm{d}s=2\pi a^2\text{（注意：第一型曲线积分可以将曲线 }l\text{ 得表}$$

达式直接代入积分式）；

(2) $\int_l xyz\,\mathrm{d}s=\int_0^1 \dfrac{\sqrt{2}}{3}t^{\frac{9}{2}}(1+t)\,\mathrm{d}t=\dfrac{16\sqrt{2}}{143}$.

例 2　计算下列第二型曲线积分：

(1) $\int_l y^2\,\mathrm{d}x+z^2\,\mathrm{d}y+x^2\,\mathrm{d}z$，其中，$l$ 是球面 $x^2+y^2+z^2=R^2$ 与柱面 $x^2+y^2=Rx$ 的交线 $(z\geqslant 0,\ R\geqslant 0)$，方向由 z 轴的正向看是逆时针的；

(2) $\int_l (y^2-z^2)\,\mathrm{d}x+(z^2-x^2)\,\mathrm{d}y+(x^2-y^2)\,\mathrm{d}z$，$l$ 是球面 $x^2+y^2+z^2=1$ 在第一卦限部分的边界曲线，其方向按曲线依次经过 xOy 平面部分. yOz 平面部分和 xOz 平面部分.

解：(1) 曲线 l：$\begin{cases} x^2+y^2+z^2=R^2 \\ \left(x-\dfrac{R}{2}\right)^2+y^2=\left(\dfrac{R}{2}\right)^2 \end{cases}$的参数方程为

$$x=\dfrac{R}{2}+\dfrac{R}{2}\cos t,\ y=\dfrac{R}{2}\sin t,\ z=\sqrt{R^2-Rx}=R\sin\dfrac{t}{2},\ 0\leqslant t\leqslant 2\pi$$

按公式 (7.5) 计算，结果为 $-\dfrac{\pi R^2}{4}$.

(2) 原积分等于三个积分之和：

$$I_1=\int_{l_1} y^2\,\mathrm{d}x-x^2\,\mathrm{d}y\qquad\text{在 } xOy \text{ 平面部分}$$

$$I_2=\int_{l_2} z^2\,\mathrm{d}y-y^2\,\mathrm{d}z\qquad\text{在 } xOy \text{ 平面部分}$$

$$I_3=\int_{l_3} -z^2\,\mathrm{d}x+x^2\,\mathrm{d}z\qquad\text{在 } xOy \text{ 平面部分}$$

计算得到

数学分析选讲

$$I_1 = \int_0^{\frac{\pi}{2}} (-\sin^3 t - \cos^3 t)\mathrm{d}t = -\frac{4}{3}, \text{ 同理, } I_2 = I_3 = -\frac{4}{3}, \text{ 故原积分为} -4.$$

例 3 设 $f(u)$ 连续，$\varphi'(t)$ 连续，且 $\iint\limits_{D}(x+y)\varphi'(x-y)\mathrm{d}x\,\mathrm{d}y = A$，

$l: x^2 + y^2 = 1$，D 为 l 所围的圆域，计算：

$$I = \oint_l [f(x^2 + y^2) + \varphi(x-y)](x\,\mathrm{d}x + y\,\mathrm{d}y)$$

解： $I = \oint_l f(x^2 + y^2)(x\,\mathrm{d}x + y\,\mathrm{d}y) + \oint_l \varphi(x-y)(x\,\mathrm{d}x + y\,\mathrm{d}y)$.

先计算：$I_1 = \oint_l f(x^2 + y^2)(x\,\mathrm{d}x + y\,\mathrm{d}y)$

令 $u = x^2 + y^2$，因为 $f(u)$ 连续，所以 $F(u) = \int_0^u f(t)\mathrm{d}t$ 可微，$f'(u) = f(u)$. 故 I_1 中的积分表达式是 $\frac{1}{2}F(u)$ 的全微分，于是 $I_1 = 0$. 再计算：$I_2 = \oint_l \varphi(x-y)(x\,\mathrm{d}x - y\,\mathrm{d}y)$. 其中，$P(x, y) = \varphi(x-y)x$，$Q(x, y) = y\varphi(x-y)$. 由格林公式知 $I_2 = \iint\limits_{D}[y\varphi'(x-y) + x\varphi'(x-y)]\mathrm{d}x\,\mathrm{d}y = \iint\limits_{D}(x+y)\varphi'(x-y)\mathrm{d}x\,\mathrm{d}y = A$（由条件知），故 $I = A$.

例 4 求全微分的原函数：$(x^2 + 2xy - y^2)\mathrm{d}x + (x^2 - 2xy - y^2)\mathrm{d}y$.

解： 令 $P(x, y) = x^2 + 2xy - y^2$，$Q(x, y) = x^2 - 2xy - y^2$（既然是全微分，自然有 $\frac{\partial P}{\partial y} = \frac{\partial Q}{\partial X}$），由于在平面上任一光滑曲线 AB 上的曲线积分 $\int_{\overset{\frown}{AB}} P\mathrm{d}x + Q\mathrm{d}y$ 只与起终点有关，而与路线的选择无关，为此，取 $A(0, 0)$，$B(x, y)$，于是 $u(x, y) = \int_{\overset{\frown}{AB}} P\mathrm{d}x + Q\mathrm{d}y = \int_0^x t^2\mathrm{d}t + \int_0^y (x^2 - 2xt - t^2)\mathrm{d}t = \frac{x^2}{3} + x^2 y - xy^2 - \frac{y^2}{3} + c$，$c$ 为任意常数.

例 5 设 $\int_l (f' + 2f + e^x)y\mathrm{d}x + f'\mathrm{d}y$ 与路径无关，$f = f(x)$，且 $f(0) = 0$，$f'(0) = 1$，计算：$I = \int_{(0, 0)}^{(1, 1)} (f' + 2f + e^x)y\mathrm{d}x + f'\mathrm{d}y$.

• 186 •

解: 令 $P(x, y) = (f'' + 2f + e^x)y$,$Q(x, y) = f'(x)$,因为 $f''(x) = f' + 2f + e^x$,且该微分方程的通解为 $f(x) = c_1 e^{2x} + c_2 e^{-x} - \dfrac{1}{2} e^x$,所以由初始条件得特解

$$f(x) = \frac{2}{3} e^{2x} - \frac{1}{6} e^{-x} - \frac{1}{2} e^x$$

从而

$$f'(x) = \frac{4}{3} e^{2x} + \frac{1}{6} e^{-x} - \frac{1}{2} e^x$$

因为积分与路径无关,故可选取平行于坐标轴的路径,得

$$I = \int_0^1 0 + \int_0^1 f'(1) \, \mathrm{d}y = f'(1) = \frac{4}{3} e^2 + \frac{1}{6} e^{-1} - \frac{1}{2} e$$

例 6　设函数 $u(x, y)$ 在光滑闭曲线 l 所围成的区域 D 上具有二阶连续偏导数.

证明:$\displaystyle\iint_D \left(\frac{\partial^2 u}{\partial x^2} + \frac{\partial^2 u}{\partial y^2} \right) \mathrm{d}x \, \mathrm{d}y = \oint_l \frac{\partial u}{\partial n} \mathrm{d}s$,其中,$\dfrac{\partial u}{\partial n}$ 是 $u(x, y)$ 沿 l 外法线方向 n 的导数.

证明: 由本讲中公式(7.6),有

$$\oint_l \frac{\partial u}{\partial n} \mathrm{d}s = \oint_l \left[\frac{\partial u}{\partial x} \cos(n, x) + \frac{\partial u}{\partial y} \cos(n, y) \right] \mathrm{d}s$$

$$= \oint_l - \frac{\partial u}{\partial y} \mathrm{d}x + \frac{\partial u}{\partial x} \mathrm{d}y$$

$$= \iint_D \left(\frac{\partial^2 u}{\partial x^2} + \frac{\partial^2 u}{\partial y^2} \right) \mathrm{d}x \, \mathrm{d}y$$

7.4　关于曲面积分

1. 第一型曲面积分的计算

设有光滑曲面 S:$z = z(x, y)$,$(x, y) \in D$,f 为 S 上的连续函数,

则有

$$\iint_S f(x,y,z)ds = \iint_D f(x,y,z(x,y))\sqrt{1+z_x^2+x_y^2}\,dx\,dy \quad (7.8)$$

其中，D 为 S 在 xy 平面上的投影，亦可记为 D_{xy}，如将 D_{xy} 改成 D_{zx} 或 D_{yz}，不难导出相应于(7.8)的公式. 第一型曲面积分的计算公式还有一个，本讲不列入. 第一型曲面积分有人称之为对面积的曲面积分.

2. 第二型曲面积分的计算

设 $R(x,y,z)$ 是定义在光滑曲面 $S：z(x,y)，(x,y) \in D_{xy}$ 上的连续函数，以 S 的上侧为正侧，则

$$\iint_S R(x,y,z)dx\,dy = \iint_{D_{xy}} P(x,y,z(x,y))dx\,dy \quad (7.9)$$

类似的，不难理解下列两个计算公式的含义：

$$\iint_S R(x,y,z)dz\,dy = \iint_{D_{yz}} P(x(y,z),y,z)dz\,dy \quad (7.10)$$

$$\iint_S Q(x,y,z)dx\,dz = \iint_{D_{zx}} Q(x,y(z,x),z)dz\,dx \quad (7.11)$$

第二型曲面积分有人称之为对坐标系的曲面积分.

3. 两类曲面积分的联系

$$\iint_S P\,dy\,dz + Q\,dz\,dx + R\,dx\,dy = \iint_S (P\cos\alpha + Q\cos\beta + R\cos\gamma)dS \quad (7.12)$$

其中，$\cos\alpha，\cos\beta，\cos\gamma$ 为曲面 S 正侧任一点 (x,y,z) 处法线的方向余弦.

4. 奥高公式与斯托克斯公式

(1) 奥高公式.

设空间区域 V 由分片光滑的双侧封闭曲面 S 围成. 若函数 $P，Q，R$ 在 V 上连续且有一阶连续偏导数，则

$$\iiint_V \left(\frac{\partial P}{\partial x} + \frac{\partial Q}{\partial y} + \frac{\partial R}{\partial z}\right)dx\,dy\,dz = \oiint_S P\,dy\,dz + Q\,dz\,dx + R\,dx\,dy \quad (7.13)$$

其中，S 取外侧；$\oiint$ 表示对封闭曲面的曲面积分．（7.13）称为高斯(Gauss)公式，也称为奥高公式．

（2）斯托克斯公式．

设光滑曲面 S 的边界 l 是按段光滑的连续曲线．若函数 P，Q，R 在 S(连同 l) 上连续且有一阶连续偏导数，则

$$\iint\limits_{S}\left(\frac{\partial R}{\partial y}-\frac{\partial Q}{\partial z}\right)\mathrm{d}y\mathrm{d}z+\left(\frac{\partial P}{\partial z}-\frac{\partial R}{\partial x}\right)\mathrm{d}z\mathrm{d}x-\left(\frac{\partial Q}{\partial x}-\frac{\partial P}{\partial y}\right)$$

$$=\oint_{l}P\mathrm{d}x+Q\mathrm{d}y+R\mathrm{d}z \tag{7.14}$$

其中，S 的侧与 l 的方向按右手法则确定，公式（7.14）称为斯托克斯公式，为了便于记忆，常将公式写成

$$\oiint\limits_{S}\begin{vmatrix}\mathrm{d}y\mathrm{d}z & \mathrm{d}z\mathrm{d}x & \mathrm{d}x\mathrm{d}y \\ \dfrac{\partial}{\partial x} & \dfrac{\partial}{\partial y} & \dfrac{\partial}{\partial z} \\ P & Q & R\end{vmatrix}=\oint_{l}P\mathrm{d}x+Q\mathrm{d}y+R\mathrm{d}z$$

奥高公式沟通了第二型曲面积分与三重积分的联系，斯托克斯公式沟通了第二型曲面积分与第二型曲线积分的联系．

（3）空间曲线积分与路径无关的条件．

设 Ω 是三维空间单调连通区域，若函数 P，Q，R 在 Ω 上连续且有一阶连续偏导数，则以下四个条件是等价的．

（1）对于 Ω 内任一按段光滑的封闭曲线 l，有 $\oint_{l}P\mathrm{d}x+Q\mathrm{d}y+R\mathrm{d}z=0$；

（2）对于 Ω 内任一按段光滑的曲线 l，曲线积分 $\oint_{l}P\mathrm{d}x+Q\mathrm{d}y+R\mathrm{d}z$ 与路径无关；

（3）$P\mathrm{d}x+Q\mathrm{d}y+R\mathrm{d}z$ 是 Ω 内某一函数 u 的全微分，即 $\mathrm{d}u=P\mathrm{d}x+Q\mathrm{d}y+R\mathrm{d}z$；

（4）$\dfrac{\partial P}{\partial y}=\dfrac{\partial Q}{\partial x}$，$\dfrac{\partial Q}{\partial z}=\dfrac{\partial R}{\partial y}$，$\dfrac{\partial R}{\partial x}=\dfrac{\partial P}{\partial z}$ 在 Ω 内处处成立．

例 7　计算下列曲面积分：

$(1)\iint\limits_{S}\dfrac{\mathrm{d}s}{x^{2}+y^{2}}$，其中，$S$ 为柱面 $x^{2}+y^{2}=R^{2}$ 被平面 $z=0$，$z=H$ 所截取的部分；

$(2)\iint\limits_{S}z^{2}\mathrm{d}S$，其中，$S$ 为圆锥表面的一部分：

$$S=\begin{cases}x=r\cos\varphi\sin\theta\\y=r\sin\varphi\sin\theta\\z=r\sin\theta\end{cases}\qquad D=\begin{cases}0\leqslant r\leqslant a\\0\leqslant\varphi\leqslant 2\pi\end{cases}$$

这里，θ 为常数 $\left(0<\theta<\dfrac{\pi}{2}\right)$.

解：$(1)\iint\limits_{S}\dfrac{\mathrm{d}S}{x^{2}+y^{2}}=\dfrac{1}{R^{2}}\iint\limits_{S}\mathrm{d}S=\dfrac{1}{R^{2}}2\pi RH=\dfrac{2\pi H}{R}$.

(2) 依文献[2]下册，P361，(1) 式计算较方便，于是，$\iint\limits_{S}z^{2}\mathrm{d}S=\iint\limits_{D}r^{2}\cos^{2}\theta$

$\sqrt{EG-F^{2}}\,\mathrm{d}r\mathrm{d}\varphi$. 其中，$E=x_{r}^{2}+y_{r}^{2}+z_{r}^{2}=\cos^{2}\varphi\sin^{2}\theta+\sin^{2}\varphi\sin^{2}\theta+\cos^{2}\theta=1$；$F=x_{r}x_{\varphi}+y_{r}y_{\varphi}+z_{r}z_{\varphi}=(-r\sin\varphi\cos\varphi\sin^{2}\theta)+(r\cos\varphi\sin\varphi\sin^{2}\theta)=0$；$G=x_{\varphi}^{2}+y_{\varphi}^{2}+z_{\varphi}^{2}=r^{2}\sin^{2}\theta\sin^{2}\varphi+r^{2}\cos^{2}\varphi\sin^{2}\theta=r^{2}\sin^{2}\theta$.

故原积分 $=\displaystyle\int_{0}^{a}r^{3}\mathrm{d}r\int_{0}^{2\pi}\cos^{2}\theta\sin\theta\,\mathrm{d}\varphi=\dfrac{\pi a^{4}}{2}\sin\theta\cos^{2}\theta$.

例 8 设 $F(x,y,z)=a_{1}x^{4}+a_{2}y^{4}+a_{3}z^{4}+3a_{4}x^{2}y^{2}+3a_{5}y^{2}z^{2}+3a_{6}x^{2}z^{2}$ 为四次齐次函数，利用齐次函数性质：$xF_{x}+yF_{y}+zF_{z}=4F$，求曲面积分 $\oiint\limits_{S}F(x,y,z)\mathrm{d}S$，其中，$S$ 是以原点为球心的单位球面.

解：在单位球面上，有 $x=\cos\alpha$，$y=\cos\beta$，$z=\cos\gamma$，这里 $\cos\alpha$，$\cos\beta$，$\cos\gamma$ 为 S 上点 (x,y,z) 处法线的方向余弦，于是

$$I=\oiint\limits_{S}F(x,y,z)\mathrm{d}S$$
$$=\dfrac{1}{4}\oiint\limits_{S}(xF_{x}+yF_{y}+zF_{z})\mathrm{d}S$$
$$=\dfrac{1}{4}\oiint\limits_{S}(F_{x}\cos\alpha+F_{y}\cos\beta+F_{z}\cos\gamma)\mathrm{d}S$$

依公式(7.12) 和(7.13)，得

$$I = \frac{1}{4} \oiint\limits_{S} F_x \, dy \, dz + F_y \, dz \, dx + F_z \, dx \, dy$$

$$= \frac{1}{4} \iiint\limits_{V} \left(\frac{\partial^2}{\partial x^2} + \frac{\partial^2}{\partial y^2} + \frac{\partial^2}{\partial z^2} \right) F(x, y, z) \, dx \, dy \, dz$$

$$= \frac{4}{5} \pi \sum_{i=1}^{6} a_i$$

第一型曲面积分的计算，实际上是归为重积分的计算，一般来说，可按公式化为二重积分，对于积分区域为闭曲面时，可转化为第二型曲面积分，并应用奥高公式转化为三重积分，例 7、例 8 就是其例.

例 9　计算 $\iint\limits_{S} xyz \, dx \, dy$，其中，$S$ 是球面 $x^2 + y^2 + z^2 = 1$ 在 $x \geqslant 0$，$y \geqslant 0$ 部分并取球面外侧.

解：曲面 S 在第一、第五卦限部分的方程分别为

$$S_1: Z_1 = \sqrt{1 - x^2 - y^2} \quad \text{与} \quad S_2: Z_2 = -\sqrt{1 - x^2 - y^2}$$

它们在 xOy 平面上的投影区域就是单位圆在第一象限的部分，积分是沿 S_1 的上侧和 S_2 的下侧进行的，故

$$\iint\limits_{S} xyz \, dx \, dy \, dz = \iint\limits_{S_1} xyz \, dx \, dy$$

$$= \iint\limits_{-S_2} xyz \, dx \, dy$$

$$= \iint\limits_{D_{xy}} xy \sqrt{1 - x^2 - y^2} \, dx \, dy$$

$$= - \iint\limits_{D_{xy}} - xy \sqrt{1 - x^2 - y^2} \, dx \, dy$$

$$= 2 \iint\limits_{D_{xy}} \sqrt{1 - x^2 - y^2} \, dx \, dy$$

$$= \frac{2}{15}$$

例 10　计算曲面积分 $\iint\limits_{S} (x^2 + y^2) \, dz \, dx + z \, dx \, dy$，其中，$S$ 为锥面 $Z = \sqrt{x^2 + y^2}$（$Z \leqslant 1$）在第一卦限部分，方向取下侧.

解：S 在 zOx 平面上的投影区域为 $D_{zx}: x \leqslant z \leqslant 1, 0 \leqslant x \leqslant 1$；$S$ 在

xOy 平面上的投影区域为 D_{xy}：$x^2 + y^2 \leqslant 1$，$x \geqslant 0$，$y \geqslant 0$. 于是

$$\iint\limits_{S} (x^2 + y^2)\mathrm{d}z\,\mathrm{d}x = \iint\limits_{D_{zx}} z^2 \mathrm{d}x\,\mathrm{d}z = \int_0^1 \mathrm{d}x \int_x^1 z^2 \mathrm{d}z = \frac{1}{4}$$

$$\iint\limits_{S} z\,\mathrm{d}x\,\mathrm{d}y = -\iint\limits_{D_{xy}} \sqrt{x^2 + y^2}\,\mathrm{d}x\,\mathrm{d}y = -\frac{\pi}{6}$$

故原式 $= \dfrac{1}{4} - \dfrac{\pi}{6}$.

例 11　计算积分：$I = \oiint\limits_{S} x^3 \mathrm{d}y\,\mathrm{d}z + y^3 \mathrm{d}x\,\mathrm{d}z + z^3 \mathrm{d}z\,\mathrm{d}y$，其中，$S$ 是单位球面 $x^2 + y^2 + z^2 = 1$ 的外侧.

解：这里 S 是封闭曲面，可考虑用奥高公式计算 I 的值.

$$I = 3\iiint\limits_{V} (x^2 + y^2 + z^2)\mathrm{d}x\,\mathrm{d}y\,\mathrm{d}z = 3\int_0^{2\pi} \mathrm{d}\theta \int_0^{\pi} \mathrm{d}\varphi \int_0^1 r^4 \sin\varphi\,\mathrm{d}r = \frac{12\pi}{5}$$

这里，V 为 $x^2 + y^2 + z^2 \leqslant 1$.

例 12　计算三重积分：$I = \iiint\limits_{V} (xy + yz + zx)\mathrm{d}x\,\mathrm{d}y\,\mathrm{d}z$，其中，$V$ 是由 $x \geqslant 0$，$y \geqslant 0$，$0 \leqslant z \leqslant 1$ 与 $x^2 + y^2 \leqslant 1$ 所确定的空间区域.

解：方法一：直接计算，作柱面坐标变换得

$$I = \int_0^{2r} \mathrm{d}\theta \int_0^1 r\,\mathrm{d}r \int_0^1 (r^2 \sin\theta\cos\theta + rz\cos\theta + rz\sin\theta)\mathrm{d}z = \frac{11}{24}$$

方法二：用奥高公式将其转化为第二型曲面积分，可选取 $P(x, y, z) = Q(x, y, z) = R(x, y, z) = xyz$，于是

$$I = \oiint\limits_{S} xyz(\mathrm{d}x\,\mathrm{d}y + \mathrm{d}y\,\mathrm{d}z + \mathrm{d}x\,\mathrm{d}z)$$

$$= \iint\limits_{D_{xy}} xy\,\mathrm{d}x\,\mathrm{d}y + \int_0^1 \mathrm{d}y \int_0^1 yz\sqrt{1-y^2}\,\mathrm{d}z + \int_0^1 \mathrm{d}x \int_0^1 xz\sqrt{1-x^2}\,\mathrm{d}z$$

$$= \frac{1}{8} + \frac{1}{6} + \frac{1}{6}$$

$$= \frac{11}{24}$$

例 13　证明：若 S 为封闭曲面，l 为任何固定方向，则 $\oiint\limits_{S} \cos(n, l)\mathrm{d}S = 0$，其中，$n$ 为曲面 S 的外法线方向.

证明：设 $n = (\cos\alpha,\ \cos\beta,\ \cos\gamma)$，$l = (\cos a,\ \cos b,\ \cos c)$，其中，$(a,\ b,\ c)$ 为常量. 于是 $\cos(n,\ l) = \cos\alpha\cos a + \cos\beta\cos b + \cos\gamma\cos c$，故

$$\oiint\limits_{S} \cos(n,\ l)\,\mathrm{d}S = \oiint\limits_{S} (\cos\alpha\cos a + \cos\beta\cos b + \cos\gamma\cos c)\,\mathrm{d}S$$

$$= \oiint\limits_{S} \cos a\,\mathrm{d}y\,\mathrm{d}z + \cos b\,\mathrm{d}z\,\mathrm{d}x + \cos c\,\mathrm{d}x\,\mathrm{d}y$$

$$= \iiint\limits_{V} \left(\frac{\partial \cos a}{\partial x} + \frac{\partial \cos b}{\partial y} + \frac{\partial \cos c}{\partial z} \right) \mathrm{d}x\,\mathrm{d}y\,\mathrm{d}z$$

$$= 0$$

例 14　求全微分 $(x^2 - 2yz)\mathrm{d}x + (y^2 - 2xz)\mathrm{d}y + (z^2 - 2xy)\mathrm{d}z$ 的原函数.

解：设 $P(x,\ y,\ z) = x^2 - 2yz$，$Q(x,\ y,\ z) = y^2 - 2xz$，$R(x,\ y,\ z) = z^2 - 2xy$. 任取 $(x,\ y,\ z)$，并取 l：从 $(0,\ 0,\ 0)$ 始，沿 x 轴经 $(x,\ 0,\ 0)$，再沿平行于 y 轴的直线至 $(x,\ y,\ 0)$，并经过垂直 xOy 平面的直线至 $(x,\ y,\ z)$，得到

$$u = \int_{l} P\,\mathrm{d}x + Q\,\mathrm{d}y + R\,\mathrm{d}z$$

$$= \int_{0}^{x} t^2\,\mathrm{d}t + \int_{0}^{y} t^2\,\mathrm{d}t + \int_{0}^{z} (t^2 - 2xy)\,\mathrm{d}t$$

$$= \frac{1}{3}(x^3 + y^3 + z^3) - 2xyz + c$$

其中，c 为任意常数.

7.5　本讲小结

本讲的重点在于计算第二型曲线积分与第二型曲面积分，现将其方法简要归纳下。

1. 第二型曲线积分计算方法

（1）利用曲线的参数方程将其转化为定积分；

（2）利用两类曲线积分的联系，将其转化为第一型曲线积分；

（3）当积分路径是封闭曲线时，可利用格林公式将其转化为二重积分（当曲线为平面封闭曲线时）或利用斯托克斯公式(7.14)将其转化为第二型曲面积分；

（4）利用与积分路线无关的条件选择合理的路线，直接计算.

2. 第二型曲面积分的计算方法

（1）根据定义，化为二重积分；

（2）利用两类曲面积分的联系转化为第一型曲面积分；

（3）利用奥高公式（注意条件），化为三重积分；

（4）利用斯托克斯公式，化为第二型曲线积分.

练习题七

1. 计算下列曲线积分：

(1) $\displaystyle\int_L \frac{\mathrm{d}y - \mathrm{d}x}{x - y}$，$L$ 是抛物线 $y = x^2 - 4$ 从 $A(0，-4)$ 到 $(2，0)$ 的一段；

(2) $\displaystyle\int_L z\mathrm{d}s$，其中，$L$ 为 $x = t\cos t$，$y = t\sin t$，$z = t$，$t \in [0，1]$.

2. 验证下列曲线积分与路径无关，并计算其值：

(1) $\displaystyle\int_{(1,\,1,\,1)}^{(2,\,3,\,-4)} x\,\mathrm{d}x + y^2\,\mathrm{d}y - z^3\,\mathrm{d}z$；

(2) $\displaystyle\int_{(x_1,\,y_1,\,z_1)}^{(x_2,\,y_2,\,z_2)} \frac{x\,\mathrm{d}x + y\,\mathrm{d}y + z\,\mathrm{d}z}{\sqrt{x^2 + y^2 + z^2}}$，其中，$(x_1，y_1，z_1)$，$(x_2，y_2，z_2)$

在 $x^2 + y^2 + z^2 = a^2$ 上.

3. 求下列全微分的原函数：

(1) $yz\,\mathrm{d}x + xz\,\mathrm{d}y + xy\,\mathrm{d}z$；

(2) $(x^2 - 2yz)\mathrm{d}x + (y^2 - 2xz)\mathrm{d}y + (z^2 - 2xy)\mathrm{d}z$.

4. 计算下面第一型曲面积分：

(1) $\displaystyle\iint_S (x + y + z)\mathrm{d}S$，其中，$S$ 为上半球面 $x^2 + y^2 + z^2 = a^2$，$z \geqslant 0$；

(2) $\displaystyle\iint_S (x^2 + y^2)\mathrm{d}S$，其中，$S$ 为立体 $\sqrt{x^2 + y^2} \leqslant z \leqslant 1$ 的边界曲面；

(3) $\displaystyle\iint_S \frac{1}{x^2 + y^2}\mathrm{d}S$，其中，$S$ 为柱面 $x^2 + y^2 = R^2$ 被平面 $z = 0$，$z = H$ 所截取

的部分.

5. 计算下面第二型曲面积分：

(1) $\iint\limits_{S} y(x-z)\mathrm{d}y\mathrm{d}z + x^2\mathrm{d}z\mathrm{d}x + (y^2+xz)\mathrm{d}x\mathrm{d}y$，其中，$S$ 为由 $x=y=z=0$，$x=y=z=a$ 六个平面所围成的立方体表面，并取外侧为正向；

(2) $\iint\limits_{S} xy\mathrm{d}y\mathrm{d}z + yz\mathrm{d}z\mathrm{d}x + zx\mathrm{d}x\mathrm{d}y$，其中，$S$ 为由 $x=y=z=0$，$x+y+z=1$ 所围成的四面体表面，并取外侧为正向；

(3) $\iint\limits_{S} yz\mathrm{d}z\mathrm{d}x$，其中，$S$ 是球面 $x^2+y^2+z^2=1$ 的上半部分，并取外侧为正向.

第 8 讲　微积分的应用

8.1　微积分在几何中的应用

利用导数可以讨论平面曲线的切线与法线，用定积分可以求平面图形的面积、旋转曲面的面积、旋转体的体积和曲线的弧长，用二重积分可求面积和体积以及曲面面积，用三重积分和曲面积分可求体积.

$$V = \frac{1}{3} \oiint\limits_{S} (x\cos\alpha + y\cos\beta + z\cos\gamma)\,\mathrm{d}S$$

其中，$\cos\alpha$，$\cos\beta$，$\cos\gamma$ 为封闭曲面 S 正侧任一点处法线的方向余弦；V 为封闭曲面所包围的立体体积，这些内容与方法在前几讲中略有介绍，本讲不一一罗列，建议读者认真回顾、小结并掌握，以便熟练运用，在这里只介绍几个例题.

1. 求面积与体积

例 1　求闭曲线 $\left(\dfrac{x^2}{a^2} + \dfrac{y^2}{b^2} \right)^2 = x^2 + y^2 (a,\ b > 0)$ 所围的平面区域 D 的面积.

解： 作广义极坐标变换：$x = ra\cos\theta$，$y = rb\sin\theta$，则 $J = abr$，且此闭曲线的方程变形为 $r^2 = a^2\cos^2\theta + b^2\sin^2\theta$，在第一象限内包围的区域为

$$0 \leqslant \theta \leqslant \frac{\pi}{2}, \ 0 \leqslant r \leqslant \sqrt{a^2 \cos^2\theta + b^2 \sin^2\theta}$$

根据对称性，得区域 D 的面积为

$$S = \iint\limits_{D} \mathrm{d}x \, \mathrm{d}y$$

$$= 4 \int_0^{\frac{\pi}{2}} \mathrm{d}\theta \int_0^{\sqrt{a^2\cos^2\theta + b^2\sin^2\theta}} a \, b \, r \, \mathrm{d}r$$

$$= 2ab \int_0^{\frac{\pi}{2}} (a^2 \cos^2\theta + b^2 \sin^2\theta) \mathrm{d}\theta$$

$$= \frac{1}{2} ab(a^2 + b^2)\pi$$

例 2　求下列曲线所围成的图形的面积 S，其中 $a > 0$.

$(1) r = a \sin 3\theta$；$(2) x^3 + y^3 = 3axy$；$(3) x^{2/3} + y^{2/3} = a^{2/3}$.

解：（1）由对称性，$S = 6\int_0^{\frac{\pi}{6}} \mathrm{d}\theta \int_0^{a\sin3\theta} r \, \mathrm{d}r = \frac{\pi}{4}a^2$（也可以用定积分求）；

（3）这条曲线称为叶形线，令 $x = r\cos\theta$，$y = \sin\theta$，则原方程变形为 $r = \dfrac{3a\sin\theta\cos\theta}{\sin^3\theta + \cos^3\theta}$，所求的面积为

$$S = \frac{1}{2} \int_0^{\frac{\pi}{2}} \left(\frac{3a\sin\theta\cos\theta}{\sin^3\theta + \cos^3\theta} \right)^2 \mathrm{d}\theta$$

$$= \frac{9}{2}a^2 \int_0^{\frac{\pi}{2}} \frac{\sin^2\theta}{\cos^2\theta} \cdot \frac{1}{(1 + \tan^3\theta)^2} \cdot \frac{\mathrm{d}\theta}{\cos^2\theta}$$

$$= \frac{9}{2}a^2 \int_0^{\frac{\pi}{2}} \frac{\tan^2\theta \, \mathrm{d}\tan\theta}{(1 + \tan^3\theta)^2}$$

$$= \frac{3}{2}a^2 \int_0^{\frac{\pi}{2}} \frac{1}{(1 + \tan^3\theta)^2} \mathrm{d}(1 + \tan^3\theta)$$

$$= \frac{3}{2}a^2$$

（注：若令 $y = tx$，则得该曲线的参数方程为 $x = \dfrac{3at}{1 + t^3}$，$y = \dfrac{3at^2}{1 + t^3}$，这样求 S 可能简便些）

（3）这条曲线称为星形线，若令 $x = a\cos^3\theta$，则得

$$y = a \sin^3\theta, \ 0 \leqslant \theta \leqslant 2\pi$$

这就是它的参数方程，根据对称性，所求面积为

$$S = 4 \int_{\frac{\pi}{2}}^{0} y(t) x'(t) \mathrm{d}t = \frac{3}{8} \pi a^2$$

例 3　求 $x^2 + y^2 = a^2$，$y^2 + z^2 = a^2$ 所围物体的表面积.

解：$y = \pm \sqrt{a^2 - z^2}$，故 $y_x = 0$，$y_z = \pm \dfrac{z}{\sqrt{a^2 - z^2}}$，根据对称性，所求的面积为

$$S = 16 \iint_{D_{xz}} \sqrt{1 + y_x^2 + y_z^2}\, \mathrm{d}x\, \mathrm{d}z$$

$$= 16 \int_0^a \mathrm{d}x \int_0^{\sqrt{a^2-x^2}} \frac{a}{\sqrt{a^2 - z^2}} \mathrm{d}z$$

$$= 16 a^2$$

例 4　求曲面 $z = \sqrt{x^2 - y^2}$ 包含在柱面 $(x^2 + y^2)^2 = a^2(x^2 - y^2)$ 内那部分的面积.

解：$z_x = \dfrac{x}{\sqrt{x^2 - y^2}}$，$z_y = \dfrac{-y}{\sqrt{x^2 - y^2}}$ 故 $\sqrt{1 + z_x^2 + z_y^2} = \sqrt{\dfrac{2x^2}{x^2 - y^2}}$

作极坐标变换，平面曲线 $(x^2 + y^2)^2 = a^2(x^2 - y^2)$ 变形为 $r^2 = a^2 \cos 2\theta$，故所求的面积为

$$S = 4 \int_0^{\frac{\pi}{4}} \mathrm{d}\theta \int_0^{a\sqrt{\cos 2\theta}} r \frac{\sqrt{2}\, r \cos\theta}{r \sqrt{\cos 2\theta}} \mathrm{d}r$$

$$= 2\sqrt{2}\, a^2 \int_0^{\frac{\pi}{4}} \cos\theta \sqrt{\cos 2\theta}\, \mathrm{d}\theta$$

$$= 2\sqrt{2}\, a^2 \int_0^{\frac{\pi}{4}} \sqrt{1 - 2\sin^2\theta}\, \mathrm{d}(\sin\theta)$$

$$= \frac{\pi a^2}{2}$$

例 5　求曲线 $x^2 + (y - R)^2 = r^2 (0 < r \leqslant R)$ 绕 x 轴旋转所生成的曲面面积及该曲面所包围的体积.

解：上半圆的方程为 $y = R + \sqrt{r^2 - x^2}$，下半圆的方程为 $y = R - \sqrt{r^2 - x^2}$，依公式计算即得所求曲面面积为 $S = 4\pi^2 rR$；而所求的体积为

$$V = \pi \int_{-r}^{r} \left[(R + \sqrt{r^2 - x^2})^2 - (R - \sqrt{r^2 - x^2})^2 \right] \mathrm{d}x = 2\pi^2 r^2 R$$

例 6　求两个球面 $x^2 + y^2 + z^2 = R^2$ 与 $x^2 + y^2 + z^2 = 2Rz$ 所围立体的体积.

解：此题有多种解法，这里介绍的是将其化为求旋转体的体积问题，两个球面的交线是平面 $z = \dfrac{R}{2}$ 上的一个圆：$x^2 + y^2 = \dfrac{3}{4}R^2$，将图形投影到 yOx 平面上，得相交的两个圆：$y^2 + z^2 = R^2$ 与 $y^2 + z^2 = 2Rz$，圆的交线为 $z = \dfrac{R}{2}$，所求体积是两圆的公共部分绕 z 轴旋转所生成的，根据旋转体体积计算公式得

$$V = \pi \int_{\frac{R}{2}}^{R} y_1^2 \, \mathrm{d}z + \int_{0}^{\frac{R}{2}} y_2^2 \, \mathrm{d}z$$

其中，y^1 和 y^2 分别满足 $y_1^2 = R^2 - z^2$ 和 $y_2^2 = 2Rz - z^2$，于是

$$V = \pi \left[\int_{\frac{R}{2}}^{R} (R^2 - z^2) \, \mathrm{d}z + \int_{0}^{\frac{R}{2}} (2Rz - z^2) \, \mathrm{d}z \right] = \frac{5}{12} \pi R^3$$

（注：这种解法与先求立体的截面面积 $A(z)$，使其化为定积分的方法是一致的）

例 7　求曲面 $\left(\dfrac{x}{a} + \dfrac{y}{b} \right)^2 + \left(\dfrac{z}{c} \right)^2 = 1 \, (x \geqslant 0, \, y \geqslant 0, \, z \geqslant 0)$ 所界定的体积，其中 $a, b, c > 0$.

解：关键在于选择适当的坐标变换，使方程简化，由于方程的左边是两项平方和，因此可考虑用类似于广义极坐标的变换，如果令 $z = cr\sin\theta$，且能使 $\dfrac{x}{a} + \dfrac{y}{b}$ 变为 $r\cos\theta$，则问题就简化了，这是可以实现的. 事实上，令 $x = ar\cos^2\varphi\cos\theta$，则 $a + b = r$，这样原方程就变为 $r^2 = 1$，这种变换既非极坐标变换，也非球面坐标变换，但 φ 和 θ 的取值范围类似于球面坐标变换，由于 x，y，$z \geqslant 0$，故 $0 \leqslant r \leqslant 1$，$0 \leqslant \varphi \leqslant \dfrac{\pi}{2}$，$0 \leqslant \theta \leqslant 2$，$J = 2abr^2\sin\varphi\cos\varphi\cos\theta$. 用三重积分即得结果：$\dfrac{1}{3}abc$（过程略）.

2. 空间曲线的切线与法平面方程

（1）当空间曲线 l 由参数方程

$$x = x(t)，\ y = y(t)，\ z = x(t)，\ a \leqslant t \leqslant \beta \qquad (8.5)$$

表示时，则 l 在 $(x_0，y_0)$ 处的切线与法平面方程分别为

$$\frac{x - x_0}{x'(t_0)} = \frac{y - y_0}{y'(t_0)} = \frac{z - z_0}{z'(t_0)}$$

与

$$x'(t_0)(x - x_0) + y'(t_0)(y - y_0) + z'(t_0)(z - z_0) = 0$$

其中，$x_0 = x(t_0)$，$y_0 = y(t_0)$，$z_0 = z(z_0)$，$\alpha \leqslant t \leqslant \beta$，并假定(8.5)中的三个函数在处可导，且 $(x'(t_0))^2 + (y'(t_0))^2 + (z'(t_0))^2 \neq 0$.

（2）当空间曲线 l 由方程组

$$\begin{cases} F(x，y，z) = 0 \\ G(x，y，z) = 0 \end{cases} \qquad (8.6)$$

给出时，则 l 在 $P_0(x_0，y_0，z_0)$ 处的切线与法平面方程分别为

$$\frac{x - x_0}{1} = \frac{y - y_0}{y'(x_0)} = \frac{z - z_0}{z'(x_0)}$$

与

$$x - x_0 + y'(x_0)(y - y_0) + z'(z - z_0) = 0$$

这时视 x 为参数.

例 8　求曲线 $\begin{cases} 2x^2 + 3y^2 + z^2 = 9 \\ 3x^2 + y^2 - z^2 = 0 \end{cases}$ 在点 $(1，-1，2)$ 处的切线与法平面方程.

解：在点 $(1，-1，2)$ 处可以求得 $\begin{cases} 4x + 6yy_x + 2zz_x = 0 \\ 6x + 2yy_x - 2zz_x = 0 \end{cases}$，得

$$y_x(1，-1，2) = \frac{5}{4}，\ y_x(1，-1，2) = \frac{7}{8}$$

于是在该点的切线与法平面方程分别为

$$x - 1 = \frac{y + 1}{\dfrac{5}{4}} = \frac{z - 2}{\dfrac{7}{8}} \ 与 (x + 1) + \frac{5}{4}(y + 1) + \frac{7}{8}(z - 2) = 0$$

即分别为

$$\frac{x-1}{8}=\frac{y+1}{10}=\frac{z-2}{7} \text{ 与 } 8(x-1)+10(y+1)+7(z-2)=0$$

3. 曲面的切平面与法线方程

(1) 设曲面的方程为 $z=f(x,y)$，则在其上 $P_0(x_0,y_0,z_0)$ 处的切平面与法线方程分别为

$$\frac{\partial z}{\partial x}\bigg|P_0(x-x_0)+\frac{\partial z}{\partial y}\bigg|P_0(y-y_0)-(z-z_0)=0$$

与

$$\frac{x-x_0}{z_x(P_0)}=\frac{y-y_0}{z_y(P_0)}=\frac{z-z_0}{-1}$$

(2) 设曲面的方程为 $F(x,y,z)=0$，则在其上 $P_0(x_0,y_0,z_0)$ 处的切平面与法线方程分别为

$$P_x(P_0)(x-x_0)+F_y(P_0)(y-y_0)+F_z(P_0)(z-z_0)=0$$

与

$$\frac{x-x_0}{F_x(P_0)}=\frac{y-y_0}{F_y(P_0)}=\frac{z-z_0}{F_z(P_0)}$$

例9 已知平面 $ax-by+cz=d$ 与椭球面 $\frac{x^2}{A^2}+\frac{y^2}{B^2}+\frac{z^2}{C^2}=1$ 相切，证明：

$$a^2A^2+b^2B^2+c^2C^2=d^2$$

证明：设切点为 $P_0(x_0,y_0,z_0)$，则有

$$\begin{cases}ax_0+by_0+cz_0=d\\ \dfrac{x_0^2}{A^2}+\dfrac{y_0^2}{B^2}+\dfrac{z_0^2}{C^2}=1\end{cases} \tag{8.7}$$

因为平面 $ax+by+cz=d$ 的法向量为 (a,b,c)，椭球面在 P_0 点的切平面的法向量为 $\left(\dfrac{2x_0}{A^2},\dfrac{2y_0}{B^2},\dfrac{2z_0}{C^2}\right)$，因此

$$\frac{\frac{2x_0}{A^2}}{a}=\frac{\frac{2y_0}{B^2}}{b}=\frac{\frac{2z_0}{C^2}}{c}=k \tag{8.8}$$

结合(8.7)与(8.8)，得 $k = \dfrac{2}{d}$，故 $x_0 = \dfrac{aA^2}{d}$，$y_0 = \dfrac{bB^2}{d}$，$z_0 = \dfrac{cC^2}{d}$ 代入 (8.7)中的第一式，即得 $a^2A^2 + b^2B^2 + c^2C^2 = d^2$.

例 10　求曲面 $x^2 + y^2 + z^2 = x$ 的切平面，使其垂直于平面 $x - y - \dfrac{1}{2}z = 2$ 和 $x - y - z = 2$.

解：设所求切平面与曲面相切于 $P_0(x_0,\ y_0,\ z_0)$，于是该平面的法向量 为 $2x_0 - 1,\ 2y_0,\ 2z_0$，且平面 $x - y - \dfrac{1}{2}z = 2$ 和 $x - y - z = 2$ 的法向量分别 为 $\left(1,\ -1,\ -\dfrac{1}{2}\right)$ 和 $(1,\ -1,\ -1)$，由条件得方程组

$$\begin{cases} (2x_0 - 1,\ 2y_0,\ 2z_0) \cdot \left(1,\ -1,\ -\dfrac{1}{2}\right) = 0 \\ (2x_0 - 1,\ 2y_0) \cdot (1,\ -1,\ -1) = 0 \\ x_0^2 + y_0^2 + z_0^2 = x_0 \end{cases}$$

解之，得切点为 $\left(\dfrac{1}{2} \pm \dfrac{\sqrt{2}}{4} \cdot \pm \dfrac{\sqrt{2}}{4},\ 0\right)$，由于所求的切平面方程为

$$(2x_0 - 1)(x - x_0) + 2y_0(y - y_0) + 2z_0(z - z_0) = 0$$

将 x_0，y_0，z_0 之值代入，得 $x + y = \dfrac{1}{2}(1 \pm \sqrt{2})$.

8.2　微积分在物理中的应用

速度、加速度、质量、重心、引力、压力和功等问题，均可用微积分学 中的相关知识去解决，在使用积分时，其手段通常是"微元法"，由此建立相 应的公式，在一般的微积分教材中都有介绍，读者可去查阅.

1. 求质量

例 11　设边长为 a 的正方形薄板，其上每点的密度与该点到正方形一顶 点的距离成正比，已知正方形中心处的密度为 P_0，求薄板的质量.

解：建立坐标系如下：将正方形 $OACB$ 相邻两边 OA、OB 分别安置在 O_x，O_y 轴的正向上．依题设，薄板的密度函数可设为 $\rho(x,y)=k\sqrt{x^2+y^2}$，则正方形中心处的密度为 $\rho_0=k\sqrt{\left(\dfrac{a}{2}\right)^2+\left(\dfrac{a}{2}\right)^2}=k\dfrac{a}{\sqrt{2}}$，故 $k=\dfrac{\sqrt{2}}{a}\rho_0$，于是薄板的质量为

$$M=\iint_D\rho(x,y)\,\mathrm dx\,\mathrm dy=\frac{\sqrt2}{a}\rho_0\iint_D\sqrt{x^2+y^2}\,\mathrm dx\,\mathrm dy=\frac23\rho_0a^2$$

其中，$D=[0,a]\times[0,a]$．

例 12 设球体 $x^2+y^2+z^2\leqslant 2x$ 上各点的密度等于该点到坐标原点的距离，求这球体的质量．

解：所求质量为 $M=\iiint_V\sqrt{x^2+y^2+z^2}\,\mathrm dx\,\mathrm dy\,\mathrm dz$，其中 V 为：$x^2+y^2+z^2\leqslant 2x$，计算得到 $M=\int_{-\frac{\pi}{2}}^{\frac{\pi}{2}}\mathrm d\theta\int_0^{\pi}\mathrm d\varphi\int_0^{2\sin\varphi\cos\theta}r^3\sin\varphi\,\mathrm dr=\dfrac85\pi$．

例 13 若将上例 $M=\iint_D\mu\,\mathrm dS=2\iint_{(x-1)^2+y^2\leqslant 1}\dfrac{\mu}{\sqrt{1-(x-1)^2-y^2}}=\mathrm dx\,\mathrm dy=4\pi\mu$ 改为"设球面 $x^2+y^2+x^2=2x$ 的密度 μ 是均匀的，求该球面的质量"，则质量为

$$M=\iint_D\mu\,\mathrm dS=2\iint_{(x-1)^2+y^2\leqslant 1}\frac{\mu}{\sqrt{1-(x-1)^2-y^2}}=\mathrm dx\,\mathrm dy=4\pi\mu$$

其中，S 为该球面．

2. 求重心

例 14 求曲面 $x^2+y^2=2x$ 和平面 $x+y=z$ 所界的均匀物体的重心．

解：设重心的坐标为 $(\bar x,\bar y,\bar z)$，密度为 1，于是该物体的质量为

$$M=\iiint_V\mathrm dx\,\mathrm dy\,\mathrm dz=\iint_{(x-1)^2+(y-1)^2}\mathrm dx\,\mathrm dy\int_{\frac{x+y}{2}}^{x+y}\mathrm dz$$

故

$$\bar x=\frac1M\iiint_V x\,\mathrm dx\,\mathrm dy\,\mathrm dz=1$$

$$\bar{y} = \frac{1}{M} \iiint\limits_{V} y \, \mathrm{d}x \, \mathrm{d}y \, \mathrm{d}z = 1$$

其中，V 为曲面及平面所包围的区域.

在求重心时，由于积分区域及密度函数的对称性，可使其有的坐标为 $(0,0,0)$.

例 15　设球面 $x^2 + y^2 + z^2 = R^2$ 的面密度函数为 $\rho(x,y,z) = x^2 + y^2 + z^2$，求上半球面的重心.

解：显然重心在 z 轴上. 依公式，所给曲面的质量

$$M = \iint\limits_{S} (x^2 + y^2 + z^2) \mathrm{d}S = \frac{8}{3} \pi R^4$$

其中，S 表示所给曲面，又因 S 对 xOy 平面的静力矩为

$$M_{xy} = \iint\limits_{S} z(x^2 + y^2 + z^2) \mathrm{d}S = \frac{8}{3} \pi R^5$$

故 $z = \dfrac{M_{xy}}{M} = \dfrac{3}{8} R$，即所求重心为 $\left(0,\ 0,\ \dfrac{3}{8} R\right)$.

3. 求引力与功

例 16　求密度为 ρ_0 的均匀圆柱体 $\xi^2 + \eta^2 \leqslant a^2$，$0 \leqslant \xi \leqslant h$，对具有单位质量的质点 $P(0,0,z)$ 的引力.

解：圆柱体对质点 P 的引力在 ξ 轴和 η 轴上的分力均为 0. 在 ξ 轴的分力 F_ξ 可用"微元法"进行计算：在圆柱体中任一点 $P_1(\xi,\eta,\zeta)$ 处作正方体，使该正方体相邻三条棱分别平行三条坐标轴，这个小块立体的体积记为 $\mathrm{d}\xi \mathrm{d}\eta \mathrm{d}\zeta$，质量 $\mathrm{d}M = \rho_0 \mathrm{d}\xi \mathrm{d}\eta \mathrm{d}\zeta$，并视这小块为在 $P_1(\xi,\eta,\zeta)$ 处的质点. 因此它对质点 P 的引力在 ζ 轴上的分力 $\mathrm{d}F_\zeta \approx k\rho_0 \dfrac{\mathrm{d}\xi \mathrm{d}\eta \mathrm{d}\zeta}{r^3}(\zeta - z)$，其中 r 表示 P_1 到 P 的距离，即 $r = \sqrt{\xi^2 + \eta^2 + (\zeta - z)^2}$，$k$ 为引力常数. 于是得到（用极限的观点）在 ζ 轴的分力为

$$F_\zeta = \iiint\limits_{V} k\rho_0 \frac{\zeta - z}{[\xi^2 + \eta^2 + (\zeta - z)^2]^{3/2}} \mathrm{d}\xi \mathrm{d}\eta \mathrm{d}\zeta$$

作柱面坐标变换，得

$$F_\zeta = k\rho_0 \int_0^{2\pi} d\theta \int_0^a R\,dR \int_0^h \frac{\zeta-z}{[R^2+(\zeta-z)^2]^{3/2}} d\zeta$$

$$= -2\pi\rho_0 k\{\sqrt{a^2+z^2} - \sqrt{a^2+(h-z)^2} - (|z|-|h-z|)\}$$

例 17 将质量为 m 的物体从地球(半径为 R)表面升至高度为 h 的地方，需要做多大的功？若该物体远离至无穷远处，则功等于多少？

解：设地球的质量为 M，且集中在地心处．于是地球对质量为 m 的物体在高度为 x 处的引力为 $F=k\dfrac{Mm}{(R+x)^2}$．当 $x=0$ 时，$F=mg$．由此得到 $kM = gR^2$，g 为重力加速度，因此，将物体升至高度为 h 的地方，克服地球对其引力所做的功为

$$W_h = \int_0^h \frac{mgR^2}{(R+x)^2} dx = \frac{mgRh}{R+h}$$

令 $h \to +\infty$，得 $W_\infty = mgR$(读者不妨在此题的基础上求出第二宇宙度).

4. 场论初步

我们已经知道方向导数的求法，也谈到了梯度．这里我们再提梯度并介绍散度与旋度．

(1) 梯度(grad).

设数量场 $u = f(x, y, z)$ 具有连续的偏导数，则 $\text{grad}u = \dfrac{\partial u}{\partial x}i + \dfrac{\partial u}{\partial y}j + \dfrac{\partial u}{\partial z}k$.

(2) 散度(div).

设有一向量场 $A = P(x, y, x)i$，$Q(x, y, x)j$，$R(x, y, x)k$，P，Q，R，均有偏导数，则 A 在 $M(x, y, z)$ 处的散度为 $\text{div}A = \dfrac{\partial P}{\partial x} + \dfrac{\partial P}{\partial y} + \dfrac{\partial P}{\partial z}$.

(3) 旋度(rot).

设有向量场 $A = (P(x, y, x)i, Q(x, y, x)j, R(x, y, x)k)$，其

中，P，Q，R 均有连续的一阶偏导数，则 A 的旋度为

$$\text{rot}A = \begin{vmatrix} i & j & k \\ \dfrac{\partial}{\partial x} & \dfrac{\partial}{\partial y} & \dfrac{\partial}{\partial z} \\ P & Q & R \end{vmatrix} = \left(\dfrac{\partial R}{\partial y} - \dfrac{\partial Q}{\partial z}, \ \dfrac{\partial P}{\partial z} - \dfrac{\partial R}{\partial x}, \ \dfrac{\partial Q}{\partial x} - \dfrac{\partial P}{\partial y} \right)$$

我们提散度与旋度是因为它们分别同奥高公式与斯托克斯公式有联系. 事实上，奥高公式可以写成

$$\iint_S A \cdot n \, \mathrm{d}S = \iiint_V \text{div}A \, \mathrm{d}x \, \mathrm{d}y \, \mathrm{d}z$$

其中，n 是封闭曲面 S 的正侧单位法向量；而斯托克斯公式可以写成

$$\oint_l A \cdot \tau \, \mathrm{d}l = \iint_s (\text{rot}A) \cdot n \, \mathrm{d}S$$

其中，τ 为曲线 l 的单位切向量，其方向与 l 的方向一致，$\mathrm{d}l$ 表示弧微分.

例 18　设 τ 是曲面 $xyz + \sqrt{x^2 + y^2 + z^2} = \sqrt{2}$ 在 $P(1, 0, -1)$ 处正侧的法向量，求 $u = \ln(x^2 + y^2 + z^2)$ 在 P 点处沿 l 方向的方向导数，并求 $\text{div}(\text{grad}u)$.

解：令 $F(x, y, z) = xyz + \sqrt{x^2 + y^2 + z^2} - \sqrt{2}$. 由于 $F_x(P) = \sqrt{\dfrac{1}{2}}$，$F_y(P) = -1$，$F_z(P) = -\sqrt{\dfrac{1}{2}}$. 故 $l = \left(\sqrt{\dfrac{1}{2}}, \ -1, \ -\sqrt{\dfrac{1}{2}} \right)$，其方向余弦为 $\cos\alpha = \dfrac{1}{2}$，$\cos\beta = -\dfrac{1}{\sqrt{2}}$，$\cos\gamma = -\dfrac{1}{2}$.

又因为 $u_x(P) = 1$，$u_y(P) = 0$，$u_z(P) = -1$，所以在 P 点，u 沿 l 方向的方向导数为

$$\dfrac{\partial u}{\partial l} = u_x(P)\cos\alpha + u_y(P)\cos\beta + u_z(P)\cos\gamma = \dfrac{1}{2} + 0 + \dfrac{1}{2} = 1$$

且

$$\text{grad}u = (u_x, u_y, u_z) = \left(\dfrac{2x}{x^2 + y^2 + z^2}, \ \dfrac{2y}{x^2 + y^2 + z^2}, \ \dfrac{2z}{x^2 + y^2 + z^2} \right)$$

$$\text{div}(\text{grad}u) = \dfrac{2}{x^2 + y^2 + z^2}$$

例 19　设函数 $f(x, y, z) = \int_0^{xy} t \sin t \, dt + \int_0^{yz} t^2 \, dt$，求 $\mathrm{rot}(\mathrm{grad} f)$.

解： $f_x = xy^2 \sin xy$，$f_y = x^2 y \sin xy + y^2 z^3$，$f_z = y^3 z^2$，故

$$\mathrm{grad} f = (xy^2 \sin xy, \; x^2 y \sin xy + y^2 z^3, \; y^3 z^2)$$

练习题八

1. 求原点到二平面 $a_1x+b_1y+c_1z=d_1$，$a_2x+b_2y+c_2z=d_2$ 的交线的最短距离.

2. 分别在点 $(1，2)$ 及 $(4，5)$ 上引抛物线 $y=x^2-4y+5$ 的法线，试求由此两法线及连接此两点的弦所构成的三角形的面积.

3. 求曲线 $x=2t-t^2$，$y=2t^2-t^3$ 所围成的图形的面积.

4. 求椭圆柱面 $\dfrac{x^2}{5}+\dfrac{y^2}{9}=1$ 位于 xOy 平面上方和平面 $z=y$ 下方那部分的侧面积.

5. 求曲面 $\dfrac{x^2}{a^2}+\dfrac{y^2}{b^2}+\dfrac{z^2}{c^2}=1$ 与 $\dfrac{x^2}{a^2}+\dfrac{y^2}{b^2}=\dfrac{z}{c}(c>0)$ 所围的立体的体积.

6. 设物体在点 $M(x，y，z)$ 的密度由公式 $\rho(x，y，z)=x+y+z$ 给定，求占有单位体积：$0\leqslant x\leqslant 1$，$0\leqslant y\leqslant 1$，$0\leqslant z\leqslant 1$ 的物体的质量.

7. 求曲线 $x=a(t-\sin t)$，$y=a(1-\cos t)(0\leqslant t\leqslant 2\pi)$ 和 y 轴所围成的均匀薄板的重心坐标.

8. 求由曲面 $x^2+y^2=2z$ 与平面 $x+y=z$ 所包围的均匀物体的重心.

9. 半径为 R，质量为 M 的均匀球体 $\xi^2+\eta^2+\zeta^2\leqslant R^2$，以怎样的力吸引质量为 m 的质点 $P(0，0，a)$？

10. 直径为 20 cm、长为 80 cm 的圆柱被压力为 980 kPa 的蒸汽充满着，假定气体的温度不变，要使气体体积减少一半，须做多大的功？

11. 求水对垂直壁面上的压力. 直壁的形状为半圆形，半径为 a 且其直径位于水的表面上.

12. 已知力场 $F=(3x^2y^2，3x^3y)$，计算质点从 $(0，0)$ 沿曲线 $x=t$，$y=t^2$ 运动到点 $(1，1)$ 时，力场所做的功.

参考文献

[1] 邹中柱，周基元. 数学分析选讲[M]. 长沙：湖南科技出版社，2003.

[2] 华东师范大学数学科学学院. 数学分析(第五版)[M]，北京：高等教育出版社，2010.

[3] 隋振璋，丁亮，刘铭. 数学分析选讲[M]. 北京：科学出版社，2014.

[4] 菲赫金哥尔茨. 微积分学教程(第八版)第一二三卷[M]. 北京：高等教育出版社，2006.

[5] B. A. 卓里奇著，蒋铎译. 数学分析[M]. 北京：高等教育出版社，2006.

[6] 林源渠，方企勤. 数学分析解题指南[M]. 北京：北京大学出版社，2003.

[7] 刘玉琏，傅沛仁，林玎等. 数学分析讲义[M]. 北京：高等教育出版社，2003.

[8] 吉米多维奇. 数学分析习题集[M]. 济南：山东科学技术出版社，2015.

[9] 杨镇. 数学分析基础 18 讲[M]. 哈尔滨：哈尔滨工业大学出版社，2021.

附录　　部分硕士研究生入学考试试题

一、确界原理与极限

1. (1) 设 $E = \{|\cos x| + |\cos(x + 10)| \ | \ x\}$ 为 **R** 中的有理数. 证明：E 的下确界大于零.

   (2) 试用确界原理证明单调有界定理.

2. 求下列极限：

   (1) $\lim\limits_{n \to \infty} n^2 (a^{\frac{1}{n}} + a^{-\frac{1}{n}} - 2)$ $(a > 0)$；

   (2) $\lim\limits_{n \to \infty} \cos^n \left(\dfrac{x}{\sqrt{n}} \right)$；

   (3) $\lim\limits_{n \to \infty} \sqrt[n]{1 + x^n + \left(\dfrac{x^2}{2} \right)^n}$ $(x \geqslant 0)$；

   (4) $\lim\limits_{n \to \infty} \left(1 + \dfrac{x}{n} + \dfrac{x^2}{2n^2} \right)^{-n}$；

   (5) $\lim\limits_{n \to \infty} \dfrac{1 + \dfrac{1}{2} + \dfrac{1}{3} + \cdots + \dfrac{1}{n}}{\ln n}$；

   (6) $\lim\limits_{x \to +\infty} \dfrac{\ln(1 + 3^x)}{\ln(1 + 2^x)}$.

3. 设 $0 < a < b$，令 $a_1 = \dfrac{2ab}{a + b}$，$b_1 = \dfrac{a + b}{2}$，$a_{n+1} = \dfrac{2a_n b_n}{a_n + b_n}$，$b_{n+1} = \dfrac{a_n + b_n}{2}$ $(n = 1, 2, 3, \cdots)$. 证明：数列 $\{a_n\}$ 与 $\{b_n\}$ 都收敛，且 $\lim\limits_{n \to \infty} a_n = \lim\limits_{n \to \infty} b_n$，并求其值.

4. 证明：若 $x_n \leqslant z_n \leqslant y_n (n=1, 2, \cdots) \lim\limits_{n\to\infty} z_n = a$，$\lim\limits_{n\to\infty}(y_n - x_n)=0$ 则

$\lim\limits_{n\to\infty} x_n = \lim\limits_{n\to\infty} y_n = a$.

5. 证明：$\lim\limits_{x\to\infty} f(x) = A (A$ 为有限值$)$ 的充要条件是对每一个数列 $\{x_n\}$，当

$x_n \to +\infty (n\to\infty)$ 时，恒有 $f(x_n) \to A$，$n\to\infty$.

6. 设 $f(x)$ 在 $[0, +\infty)$ 上连续，$\lim\limits_{x\to\infty} f(x) = A (A$ 为有限值$)$，证明：

$\lim\limits_{x\to\infty} \int_0^1 f(nx) \mathrm{d}x = A$.

7. 设 $a>0$，$0<x_1<a$，$x_{n+1}=x_n\left(2-\dfrac{x_n}{a}\right)$，$n$ 为自然数，证明：数列 $\{x_n\}$

收敛，并求其极限.

8. 用 ε-σ 定义证明：若 $f(u, v)$ 在 (u_0, y_0) 连续，$\lim\limits_{x\to x_0} g(x) = u_0$，$\lim\limits_{x\to x_0} h(x)$

$= v_0$，则 $\lim\limits_{x\to x_0} f(x), h(x) = f(u_0, v_0)$.

9. 设函数 $f(x)$ 满足 $f(0)=0$，$f'(0)$ 存在，令 $x_n = f\left(\dfrac{1}{n^2}\right) + f\left(\dfrac{2}{n^2}\right) + \cdots +$

$f\left(\dfrac{n}{n^2}\right)$，证明：极限 $\lim\limits_{n\to\infty} x_n$ 存在，并求出极限.（提示：对于任何固定的正

整数 $k \leqslant n$，$f\left(\dfrac{k}{n^2}\right) = \dfrac{k}{n^2} f'(0) + o\left(\dfrac{k}{n^2}\right)$ $(n\to\infty)$，结果为 $\dfrac{1}{2} f'(0)$）.

10. $x_n \to a$ $(n\to\infty)$，$y_n = \dfrac{1}{2^n}\sum\limits_{k=0}^n C_n^k x_k$. 证明：$y_n \to a$ $(n\to\infty)$.（提示：C_n^0

$+ C_n^1 + \cdots + C_n^k + \cdots + C_n^n = 2^n$）

二、函数的连续性

1. 证明：若函数 $f(x)$ 在区间 I 上连续，E 为 I 内任一有界闭子集，则 $f(E)$
必为闭集.

2. 证明：若函数 $f(x)$ 在区间 I 上处处连续，且为一一映射，则 f 在 I 上必为
严格单调.

3. 证明：闭区间上的连续函数有界，且一致连续.

4. 证明：函数 $\dfrac{\sin x}{x}$ 在区间 $(0, 1]$ 上一致连续.

5. 证明：设函数 $f(x)$ 在 $[a，+\infty)$ 上连续，且 $\lim\limits_{x\to+\infty} f(x)$ 存在（有限）. 证明：$f(x)$ 在 $[a，+\infty)$ 上有界，且一致连续.

6. 设函数 $f(x)$ 在有限区间 $[a，b)$ 上连续.

   (1) 证明：若 $\lim\limits_{x\to b-0} f(x)$ 存在且有限，则 $f(x)$ 在 $[a，b)$ 上一致连续；

   (2) 问 (1) 中论断的逆命题是否成立？（给出证明或举出反例）.

7. 证明：$y = x\sin\dfrac{1}{x}$ 在 $(0，+\infty)$ 内一致连续.

8. 证明：若 $f(x)$ 在区间 X（有穷或无穷）中具有有界的导数，即 $|f'(x)| \leqslant M$，则 $f(x)$ 在 X 中一致连续.

9. 设 $f(x)$ 和 $g(x)$ 在 $(-\infty，+\infty)$ 上一致连续，问下列函数在此无穷区间上是否必一致连续？（给出证明或举反例）.

   (1) $f(x) + g(x)$；(2) $f(x) \cdot g(x)$；(3) $f[g(x)]$

10. 设函数 $f(x)$ 在 $(a，b)$ 内单调有界且连续. 证明：

    (1) $f(a+0)$ 与 $f(b-0)$ 存在；(2) $f(x)$ 在 $(a，b)$ 内一致连续.

11. 设函数 $f(x)$ 在 $[a，b]$ 中任意两点之间都具有介值性，而且 $f(x)$ 在 $(a，b)$ 内可导，$|f'(x)| \leqslant K$（正常数），$x \in (a，b)$. 证明：f 在 a 点右连续（同理在 b 点左连续）.

12. 证明：设 $f(x)$ 在 $[a，b]$ 上有定义，且 (1) 单调有界，(2) 函数值充满区间 $[f(a)，f(b)]$（或 $[f(b)，f(a)]$），则 $f(x)$ 在 $[a，b]$ 上连续. 又若条件 (1) 改为有界（去掉单调性），(2) 改为函数值充满区间 $\left(\inf\limits_{x\in[a,b]} f(x)，\sup\limits_{x\in[a,b]} f(x)\right)$，能否有上述结论？（证明或举反例）.

13. 设 $f(x)$ 为 $(-\infty，+\infty)$ 上的周期函数，其周期可小于任意小的正数. 证明：若 f 在 $(-\infty，+\infty)$ 上连续，则 $f(x) \equiv$ 常数.

14. 若 $f(x)$ 在 $[a，b]$ 上连续；$f(a) = f(b) = 0$，$f'_+(a) \cdot f'_-(b) < 0$. 证明：$f(x)$ 在 $(a，b)$ 内至少有一个零点.

15. 证明：若 $f(x)$ 在 $[a，+\infty)$ 上连续，在 $(a，+\infty)$ 内可微，且 $f(a) < 0$，$f'(x) \geqslant k > 0$. $(x > a，k$ 为常数)，则 $f(x)$ 在 $(a，+\infty)$ 内必有零点，且只有一个零点.（提示：参见第 1 讲例 2、例 12，在 $\left[a，a - \dfrac{f(a)}{k-a}\right]$ 上考察函数 $f(x)$，$k - a > 0$，a 为常数）

三、微分与积分(包括非正常积分)

1. 设 $f(x)$ 在区间 $[a,b]$ 上可导. 证明：存在 $\xi \in (a,b)$，使得 $2\xi[f(b)-f(a)]=(b^2-a^2)f'(\xi)$.

2. 设 $f(x)$ 在区间 $[a,b]$ 上连续，在 (a,b) 内导，$b>a>0$. 证明：存在 $\xi \in (a,b)$，使得 $\dfrac{1}{b-a}\begin{vmatrix} a & b \\ f(a) & f(b) \end{vmatrix}=f(\xi)-\xi f'(\xi)$.

3. 设 $f(x)$ 在 $x=0$ 处有直至 n 阶的导数(n 为一自然数)，$f(0)=f'(0)=\cdots=f^n(0)=0$，证明 $\lim\limits_{x\to 0}\dfrac{f(x)}{x^n}=0$.

4. 设 $f(t)$ 在 $[x,x+h]$ 上连续，且二次可微，$\tau \in [0,1]$，证明：必存在 $\theta \in [0,1]$，使得 $f(x+\tau h)=\tau f(x+h)+(1-\tau)f(x)+\dfrac{h^2}{2}\tau(\tau-1)f''(x+\theta h)$.

5. 设 $f(x)$ 在 $[a,b]$ 上可导，则 $f'(x)$ 可取到 $f'(a)$ 与 $f'(b)$ 之间的一切值，试证之.

6. 设 $D(x)=\begin{cases} 1, & x \text{ 为有理数} \\ 0, & x \text{ 为无理数} \end{cases}$，证明：若 $f(x)$、$D(x)f(x)$ 在点 $x=0$ 处可导，且 $f(0)=0$，则 $f'(0)=0$.

7. 设 $x_1=1$，$x_2=2$ 均为函数 $y=a\ln x+bx^2+3x$ 的极值点，求 a,b 的值.

8. 考察函数 $f(x)=x\ln x$ 的凸性，并由此证明不等式：
$$a^a b^b \geqslant (ab)^{\frac{a+b}{2}}(a>0,\ b>0)$$

9. 求下列积分：

(1) $\displaystyle\int x^3\sqrt{1-x^2}\,\mathrm{d}x$；　(2) $\displaystyle\int \dfrac{\mathrm{d}x}{(1+x^2)^{\frac{3}{2}}}$；　(3) $\displaystyle\int_{-2}^{2}\dfrac{\sin x}{x^4+x^2+1}\,\mathrm{d}x$；

(4) $\displaystyle\int_0^{\pi}\dfrac{x\sin x}{1+\cos x^2}\,\mathrm{d}x$；　(5) $\displaystyle\int_0^{+\infty}\dfrac{\mathrm{d}x}{x^3+1}$；

(6) $\displaystyle\int_{-\infty}^{+\infty}\dfrac{\mathrm{d}x}{(x^2+2x+2)^n}$，$n$ 为自然数；

(7) $\displaystyle\int_0^{+\infty}\mathrm{e}^{-x^2}\,\mathrm{d}x$；　(8) $\displaystyle\int_0^{+\infty}\dfrac{\cos\beta x}{a^2+x^2}\,\mathrm{d}x$；　(9) $\displaystyle\int_0^{1}\ln x\,\mathrm{d}x$.

10. 证明：$\displaystyle\int_{-a}^{a} f(x)\mathrm{d}x = \int_{0}^{a}[f(x)+f(-x)]\mathrm{d}x$，并计算$\displaystyle\int_{-\frac{\pi}{4}}^{\frac{\pi}{4}} \frac{\mathrm{d}x}{1+\sin x}$.

11. 设$f(x)$在$[a,b]$上二阶可导，且$f(x)\geqslant 0$，$f''(x)<0$，证明：$f(x)$
$\leqslant \dfrac{2}{b-a}\displaystyle\int_{a}^{b} f(t)\mathrm{d}t$，$x\in[a,b]$.（提示：用几何方法较好）

12. 设$f(x)$有连续的二阶导数，且$f(\pi)=2$，$\displaystyle\int_{0}^{\pi}[f(x)+f''(x)]\sin x\,\mathrm{d}x=5$，求$f(0)$.

13. 设$f(t)=\left(\displaystyle\int_{0}^{t} \mathrm{e}^{-x^2}\mathrm{d}x\right)^2$，$g(t)=\displaystyle\int_{0}^{1} \frac{\mathrm{e}^{-t^2(1+x^2)}}{1+x^2}\mathrm{d}x$，证明：$f(t)+g(t)\equiv\dfrac{\pi}{4}$.

14. 设$f(x)$的导函数$f'(x)$在$[a,b]$上连续，$f(a)=0$. 证明：
$$\left|\int_{a}^{b} f(x)\mathrm{d}x\right|\leqslant \frac{(b-a)^2}{2}\max_{a\leqslant x\leqslant b}|f'(x)|$$

15. 证明：$\forall x>0$，有$\displaystyle\int_{\frac{1}{x}}^{x} \frac{\ln t}{1+t^2}\mathrm{d}t=0$.

16. 讨论积分$\displaystyle\int_{0}^{1} \frac{\mathrm{d}x}{|\ln x|^p}$关于$p$的收敛范围.

17. 设$I_n=\displaystyle\int_{0}^{1}(1-x^2)^n\mathrm{d}x$. 证明：

(1)$I_n=\dfrac{2n}{2n+1}I_{n-1}$，$n=2,3,\cdots$；

(2)$I_n\geqslant\dfrac{2}{3\sqrt{n}}$，$n=1,2,3,\cdots$

18. 讨论非正常积分$\displaystyle\int_{0}^{1} \frac{1}{x^a}\cos\frac{1}{x}\mathrm{d}x\,(a>0)$的敛散性.

19. 设$a>0$，$f(x)$在$[0,a]$上有连续的导函数$f'(x)$. 证明：
$$|f(x)|\leqslant\frac{1}{a}\int_{0}^{a}(|f(t)|+|f'(t)|)\,\mathrm{d}t,\quad x\in[0,a]$$

20. 设$f(x)$在$[0,2\pi]$上连续，证明：
$$\lim_{n\to\infty}\int_{0}^{2\pi} f(x)|\sin x|\,\mathrm{d}x=\frac{2}{\pi}\int_{0}^{2\pi} f(x)\mathrm{d}x$$

四、级数

1. 设级数 $\displaystyle\sum_{n=1}^{\infty} a_n \sqrt{n}$ 收敛. 试就 $\displaystyle\sum_{n=1}^{\infty} a_n$ 为正项级数和一般项级数两种情形分别证明 $\displaystyle\sum_{n=1}^{\infty} a_n \sqrt{n+\sqrt{n}}$ 也收敛.（提示：$a_n \sqrt{n+\sqrt{n}}=a_n \sqrt{n}\sqrt{1+\dfrac{\sqrt{n}}{n}}$ 根据 Abel 判别法即可得证）

2. 若级数 $\displaystyle\sum_{n=1}^{\infty} a_n$ 与 $\displaystyle\sum_{n=1}^{\infty}|b_n-b_{n+1}|$ 均收敛. 证明：对每一个正整数 q，级数 $\displaystyle\sum_{n=1}^{\infty} a_n b_n^q$ 收敛.

3. 证明：每个正数都是调和级数 $1+\dfrac{1}{2}+\dfrac{1}{3}+\cdots+\dfrac{1}{n}+\cdots$ 的有穷或无穷子级数的和 $\displaystyle\sum_{k=1}^{N}\dfrac{1}{n_k}$，其中，$n_k$ 为整数，$n_1<n_2<\cdots$，N 为正整数或 ∞.

4. 设级数 $\displaystyle\sum_{n=1}^{\infty} a_n$ 收敛. 证明：$\displaystyle\lim_{x\to 0+0}\sum \dfrac{a_n}{n^x}=\sum_{n=1}^{\infty} a_n$.

5. 设 $f(x)$ 在 $[1,+\infty)$ 上单调递增，且有极限 $\displaystyle\lim_{x\to+\infty} f(x)=A$. 证明：

 (1) $\displaystyle\sum_{n=1}^{\infty}[f(n+1)-f(n)]$ 收敛；

 (2) 若 $f(x)$ 在 $[1,+\infty)$ 内二阶可导，且 $f''(x)<0$，则级数 $\displaystyle\sum_{n=2}^{\infty} f'(n)$ 也收敛.

6. (1) 设 $\displaystyle\sum_{n=1}^{\infty} a_n$ 收敛 $\displaystyle\lim_{n\to\infty} na_n=0$，证明：$\displaystyle\sum_{n=1}^{\infty} n(a_n-a_{n+1})=\sum_{n=1}^{\infty} a_n$.

 (2) 设 $\{f_n(x)\}$ 为 $[a,b]$ 上的连续函数列，且 $f_n(x)\rightrightarrows f(x)(n\to\infty)$，$x\in[a,b]$ 证明：若 $f(x)$ 在 $[a,b]$ 上无零点，则当 n 充分大时 $f_n(x)$ 在 $[a,b]$ 上也无零点；并有 $\dfrac{1}{f_n(x)}\rightrightarrows\dfrac{1}{f(x)}(n\to\infty)$，$x\in[a,b]$.

7. 设对每一个 n，$f_n(x)$ 在 $[a,b]$ 上有界，且当 $n\to\infty$ 时，$f_n(x)\rightrightarrows f(x)$，$x\in[a,b]$. 证明：

(1) $f(x)$ 在 $[a，b]$ 上有界；

(2) $\lim\limits_{n \to \infty} \sup\limits_{a \leqslant x \leqslant b} f_n(x) = \sup\limits_{a \leqslant x \leqslant b} \lim\limits_{n \to \infty} f_n(x)$.

8. 设 $f_n(x) = n^a x \mathrm{e}^{-nx}$，$n = 1，2，\cdots$，分别确定 a 值的范围：

(1) 使 $\{f_n(x)\}$ 在 $[0，1]$ 上收敛；

(2) 使 $\{f_n(x)\}$ 在 $[0，1]$ 上一致收敛；

(3) 使 $\left\{\displaystyle\int_0^1 f_n(x)\mathrm{d}x\right\}$ 在 $[0，1]$ 上一致收敛.

9. 设 $f_0(x)$ 在 $[a，b]$ 上连续. 令 $f_n(x) = \displaystyle\int_a^x f_{n-1}(t)\mathrm{d}t$，$n = 1，2，\cdots$，$a \leqslant x$ $\leqslant b$. 证明：$\displaystyle\sum_{n=1}^{\infty} f_n(x) = \mathrm{e}^x \int_a^x \mathrm{e}^{-t} f_0(t)\mathrm{d}t$，$a \leqslant x \leqslant b$.

10. 设 $f(x)$ 在区间 $[a，b]$ 上有连续的导函数 $f'(x)$ 及 $a < \beta < b$，对每一个自然数 $n \geqslant \dfrac{1}{b - \beta}$，定义函数：$f_n(x) = n\left[f\left(x + \dfrac{1}{n}\right) - f(x)\right]$，$a \leqslant x$ $\leqslant \beta$. 证明：当 $n \to \infty$ 时，函数列 $\{f_n(x)\}$ 在区间 $[a，\beta]$ 上一致收敛于 $f'(x)$.

11. 幂级数 $\displaystyle\sum_{n=0}^{\infty} a_n x^n$ 的收敛半径是 r，$\displaystyle\sum_{n=0}^{\infty} b_n x^n$ 的收敛半径是 R，且 $r < R$，请回答 $\displaystyle\sum_{n=0}^{\infty} (a_n + b_n) x^n$ 的收敛半径是什么？并证明你的结论.

12. 求幂级数 $\displaystyle\sum_{n=1}^{\infty} \left(\dfrac{n+1}{n}\right)^{n^2} x^n$ 的收敛半径，写出它的收敛区间并对端点处级数的敛散性加以证明.

13. (1) 求 $\displaystyle\sum_{n=1}^{\infty} \dfrac{2^n}{n} (x-1)^n$ 的收敛区间；

(2) $a_n \leqslant b_n \leqslant c_n (n = 1，2，3，\cdots)$，$\displaystyle\sum_{n=1}^{\infty} a_n$ 与 $\displaystyle\sum_{n=1}^{\infty} c_n$ 都收敛，$\displaystyle\sum_{n=1}^{\infty} b_n$ 是否必收敛？

14. (1) 已知 $\displaystyle\sum_{n=1}^{\infty} a_n$ 为发散的一般项级数，试证明：$\displaystyle\sum_{n=1}^{\infty} \left(1 + \dfrac{1}{n}\right) a_n$ 也是发散级数.

(2) 证明：$\displaystyle\sum_{n=1}^{\infty} 2^n \sin\dfrac{1}{3^n x}$ 在 $(0，+\infty)$ 处处收敛，而不一致收敛.

15. $a > 1$，证明 $\displaystyle\sum_{n=1}^{\infty} \frac{\cos nx}{a^{nx}}$ 对每一个 $x > 0$ 都收敛，且它的和函数在 $(0, +\infty)$ 内连续.

16. 求函数项级数 $\displaystyle\sum_{n=1}^{\infty} \left(x + \frac{1}{n}\right)^n$ 的收敛域，并讨论其一致收敛性.

17. 讨论级数 $\displaystyle\sum_{n=1}^{\infty} (-1)^{n-1} \frac{1}{n+x^2}$，$x \in (-\infty, +\infty)$ 的收敛性（包括条件收敛与绝对收敛）以及关于 x 的一致收敛性.

18. 证明：$\displaystyle\sum_{n=1}^{\infty} \frac{x^2}{(1+x^2)^2}$ 对 $x \in (-\infty, +\infty)$ 收敛，但在 $(-\infty, +\infty)$ 上不一致收敛.

19. 求幂级数 $\displaystyle\sum_{n=1}^{\infty} \frac{(x-1)^n}{n}$ 的收敛区间与和函数.

20. 证明：$f(x) = \displaystyle\sum_{n=1}^{\infty} \frac{1}{n^x}$ 在 $(1, +\infty)$ 内连续.

21. 设 $f(x) = 1 + \dfrac{x}{1!} + \dfrac{x^2}{2!} + \cdots + \dfrac{x^n}{n!}$，其中，$n$ 为偶自然数. 证明：$f(x) > 0$，$x \in (-\infty, +\infty)$.

22. 将 $f(x) = \dfrac{1}{(1+x^2)^2}$ 展开为 x 的幂级数，并确定收敛范围.

23. 写出 $\sqrt[3]{\sin x^3}$ 的幂级数展开式中 x^3 的系数.

24. 求函数 $F(x) = \displaystyle\int_0^x e^{-t^2} dt$ 的 Maclaurin 级数.

25. 求函数 $F(x) = \displaystyle\int_0^x \frac{\arctan t}{t} dt$ 关于 x 的幂级数展开式，并确定其收敛范围.

26. 讨论级数 $\displaystyle\sum_{n=1}^{\infty} \frac{n^p \sin(nx)}{1+n^q}$ $(q \geqslant 0, 0 < x < \pi)$ 的绝对收敛范围与条件收敛范围.

五、多元函数微分学

1. 设 $f(x, y) = \begin{cases} x \sin \dfrac{1}{y}, & y \neq 0 \\ 0, & y = 0 \end{cases}$，试讨论其全平面的连续性，求出不连续

点集，并说明该点集是否为开集或闭集.

2. 求下列函数在原点$(0, 0)$的连续性、偏导数的存在性、有界性和连续性，以及可微性：

(1) $f(x, y) = \sqrt{|xy|}$；

(2) $f(x, y) = \begin{cases} (x^2 + y^2) \sin \dfrac{1}{x^2 + y^2}, & x^2 + y^2 \neq 0, \\ 0, & y = 0. \end{cases}$

(3) $f(x, y) = \begin{cases} \dfrac{xy}{\sqrt{x^2 + y^2}}, & x^2 + y^2 \neq 0, \\ 0, & x^2 + y^2 = 0. \end{cases}$

3. 设 $f(x, y)$ 在有界闭区域 D 上连续，用致密性定理证明：$f(x, y)$ 在 D 上一致连续.

4. 设 $f(x, y) = |x - y| \varphi(x, y)$，其中，$\varphi(x, y)$ 在点$(0, 0)$的某邻域内连续. 试问：$\varphi(x, y)$ 分别满足什么条件时：(1) 偏导数 $f'_x(0, 0)$，$f'_y(0, 0)$ 存在；(2) $f(x, y)$ 在点$(0, 0)$可微.

5. 设 $f(x, y)$ 在全平面上有定义，任意固定 $y \in (+\infty, -\infty)$，$f(x, y)$ 是 x 在$(+\infty, -\infty)$上连续的函数，$f'_y(x, y)$ 在全平面存在且有界. 证明：$f(x, y)$ 在全平面上连续.

6. 证明二元函数一阶全微分的形式不变性：若 $u = f(x, y)$，$x = \varphi(s, t)$，$y = \psi(s, t)$ 均满足可微条件，则

$$\mathrm{d}u = \frac{\partial u}{\partial s} \mathrm{d}s + \frac{\partial u}{\partial t} \mathrm{d}t = \frac{\partial u}{\partial x} \mathrm{d}x + \frac{\partial u}{\partial y} \mathrm{d}y$$

7. 设函数 φ，ψ 可微分多次，$u = \varphi\left(\dfrac{y}{x}\right) + \psi\left(\dfrac{y}{x}\right)$，证明：

$$x^2 \frac{\partial^2 u}{\partial x^2} + 2xy \frac{\partial^2 u}{\partial x \partial y} + y^2 \frac{\partial^2 u}{\partial y^2} = 0 \quad (x \neq 0)$$

8. 设 $u(x, y)$ 有连续二阶偏导数，$F(s, t)$ 有连续一阶偏导数，且满足 $F(u'_x, u'_y) = 0$，$(f'_s)^2 + (f'_t)^2 = 0$. 证明：u''_{xx}，$u''_{yy} - (u''_{xy})^2 = 0$.

9. 设方程 $F(x, y) = 0$ 满足隐函数定理条件，并由此确定了隐函数 $y = f(x)$. 又因设 $F(x, y)$ 具有连续的二阶偏导数.

(1) 求 $f''(x)$.

(2) 若 $F(x_0, y_0) = 0$，$y_0 = f(x_0)$ 为 $f(x)$ 的一个极值，试证明：

当 $F_y(x_0, y_0)$ 与 $F_{xx}(x_0, y_0)$ 同号时，$f(x_0)$ 为极大值；

当 $F_y(x_0, y_0)$ 与 $F_{xx}(x_0, y_0)$ 异号时，$f(x_0)$ 为极小值.

　(3) 对方程 $x^2 + xy + y^2 = 27$，在隐函数形式下(不解出 y)，求 $y = f(x)$ 的

极值，并用(2)的结论判别其为极大值还是极小值.

10. 用条件极值方法证明不等式：

$$\frac{x_1^2 + x_2^2 + \cdots + x_n^2}{n} \geqslant \left(\frac{x_1 + x_2 + \cdots + x_n}{n}\right)^2,$$

$$(x_k > 0, \ k = 1, 2, \cdots, n)$$

11. 设 $z = z(x, y)$ 是方程 $F = (xyz, x^2 + y^2 + z^2) = 0$ 所确定的可微隐函数，试求 $\mathrm{grad}\, z$.

12. 求空间一点 (x_0, y_0, z_0) 到平面 $Ax + By + Cz + D = 0$ 的距离.

13. 求抛物线 $y^2 = 4x$ 上的点，使它与直线 $x - y + 4 = 0$ 相距最近.

14. 设 D 为两抛物线 $y = x^2 - 1$ 与 $y = -x^2 + 1$ 所围的闭域. 试在 D 内求一椭圆

$$\frac{x^2}{a} + \frac{y^2}{b} = 1,$$ 使其面积为最大.

15. 抛物面 $x^2 + y^2 = z$ 被平面 $x + y + z = 1$ 截成一椭圆，求这椭圆到坐标原点的最长与最短距离.

16. 用拉格朗日乘数法证明：以 a, b, c, d 为边长的凸四边形，当它的面积为最大时，四顶点共圆.

六、重积分与含参量积分

1. 改变累次积分 $I = \displaystyle\int_2^4 \mathrm{d}x \int_{\frac{4}{x}}^{\frac{4x-20}{x-8}} (y - 4)\mathrm{d}y$ 的积分顺序，并求其值.

2. 设 D 为圆环：$1 \leqslant x^2 + y^2 \leqslant 4$. 求 $\displaystyle\iint\limits_D \sqrt{x^2 + y^2}\, \mathrm{d}x\, \mathrm{d}y$.

3. 求 $\displaystyle\iint\limits_D y^2 \mathrm{d}x\, \mathrm{d}y$，其中，$D$ 是曲线 $\begin{cases} x = a(t - t\sin t), \\ y = a(1 - \cos t), \end{cases} \ 0 \leqslant t \leqslant 2\pi$ 段与 x 轴所围成的平面区.

4. 求二重积分 $I = \displaystyle\iint\limits_D (x + y)\mathrm{d}x\, \mathrm{d}y$，其中，$D = \{(x, y) \mid x^2 + y^2 \leqslant x + y\}$.

5. 设 $f(t)$ 函数，证明：$\iint\limits_{D} f(x-y)\,\mathrm{d}x\,\mathrm{d}y = \int_{-a}^{a} f(t)(a-|t|)\,\mathrm{d}t$. 其中，$D$ 为

矩形区域：$|x| \leqslant \dfrac{a}{2}$，$|y| \leqslant \dfrac{a}{2}$（$a$ 为正常数）.

6. 求曲面 $z = axy$ 包含在圆柱 $x^2 + y^2 = a^2$ 之内部分的面积（$a > 0$）.

7. 求球面 $x^2 + y^2 + z^2 = a^2$ 含在柱面 $x^2 + y^2 \leqslant ax$（$a > 0$）内部的面积 S.

8. 设 S 为一旋转曲面，由平面光滑曲线 $\begin{cases} z = 0, \\ y = f(x), \end{cases} x \in [a,b]\ (f(x) \geqslant 0)$

绕 x 轴旋转而成. 试用二重积分计算曲面面积的方法，写出 S 的面积公式为

$$A = 2\pi \int_{a}^{b} f(x)\sqrt{1 + f'^2(x)}\,\mathrm{d}x$$

9. 求曲面 $\left(\dfrac{x^2}{a^2} + \dfrac{y^2}{b^2} + \dfrac{z^2}{c^2}\right)^2 = ax$（$a > 0,\ b > 0,\ c > 0$）所围成的区域的

体积.

10. 求三重积分 $\iiint\limits_{V} \dfrac{\mathrm{d}x\,\mathrm{d}y\,\mathrm{d}z}{(1 + x + y + z)^3}$，其中 V 是由曲面 $x + y + z = 1$，$x > 0$，

$y > 0$，$z > 0$ 所围成的区域.

11. 求 $\iiint\limits_{V} \sqrt{1 - \dfrac{z^2}{a^2} - \dfrac{y^2}{b^2} - \dfrac{z^2}{c^2}}\,\mathrm{d}x\,\mathrm{d}y\,\mathrm{d}z$，其中，$V$ 是椭球体 $\dfrac{z^2}{a^2} + \dfrac{y^2}{b^2} + \dfrac{z^2}{c^2} \leqslant 1$（$a >$

$0,\ b > 0,\ c > 0$）.

12. 设 $f(x,\ y,\ z) = \sqrt{x^2 + y^2 + z^2}$，$\Omega \in \mathbf{R}^3$ 由 $z \geqslant \sqrt{x^2 + y^2}$ 与 $4 \leqslant x^2 +$

$y^2 + z^2 \leqslant 16$ 所界定. 试计算函数 f 美于区域 Ω 的积分平均值：

$$M = \frac{1}{V_\Omega} \iiint\limits_{\Omega} f(x,\ y,\ z)\,\mathrm{d}x\,\mathrm{d}y\,\mathrm{d}z$$

其中，V_Ω 是 Ω 的体积.

13. 设 D：$x^2 + y^2 + z^2 \leqslant t^2$，$F(t) = \iiint\limits_{D} f(x^2 + y^2 + z^2)\,\mathrm{d}x\,\mathrm{d}y\,\mathrm{d}z$. 其中，$f$ 为

连续函数，$f(1) = 1$，证明：$f'(1) = 4\pi$.

14. 求 $f'(\alpha)$，其中，$F(\alpha) = \int_{0}^{a^2} \mathrm{d}x \int_{x-a}^{x+a} \sin(x^2 + y^2 - \alpha^2)\,\mathrm{d}y$.

15. 设 $F(\alpha) = \int_{0}^{+\infty} \mathrm{e}^{-\alpha x} \dfrac{\sin x}{x}\,\mathrm{d}y$.

(1) 确定使积分收敛的参数 α 的范围;

(2) 在上述 α 的范围内，讨论 $F(\alpha)$ 的连续性;

(3) 证明积分 $F(0) = \int_0^{+\infty} \frac{\sin x}{x} \mathrm{d}x$.

七、曲线积分与曲面积分

1. 求曲线积分 $\oint_l \frac{x\,\mathrm{d}y - y\,\mathrm{d}x}{x^2 + y^2}$，其中，$l$ 为简单闭曲线，坐标原点不在 l 之上.

2. 用格林公式计算，由曲线 $x = a\cos^3 t$，$y = a\sin^3 t$ 所围成的区域的面积.

3. 求曲线积分 $\oint_l (y-z)\mathrm{d}x + (z-x)\mathrm{d}y + (x-y)\mathrm{d}z$，其中，$l$ 为柱面 $x^2 + y^2 = a^2$ 和平面 $\frac{x}{a} + \frac{z}{h} = 1$ 的交线 $a > 0$，$h > 0$，从 x 轴正向看去，l 是按逆时针方向.

4. 求 $\int_C (\mathrm{e}^x \sin y + y)\mathrm{d}x + \mathrm{e}^x \cos y\,\mathrm{d}y$，$C$ 是从点 $(0,0)$ 沿曲线 $y = \sqrt{2x - x^2}$ 到点 $(1,1)$ 的曲线段.

5. 计算曲面积分 $I = \iint_S (x^2 + y^2)\mathrm{d}s$，其中，$S$ 为立体 $\sqrt{x^2 + y^2} \leqslant z \leqslant 1$ 的边界.

6. 计算曲面积分 $I = \iint_S (x^2 \cos\alpha + y^2 \cos\beta + z^2 \cos\gamma)\mathrm{d}S$，其中，$S$ 为锥面 $z = \sqrt{x^2 + y^2}$ 上介于 $0 \leqslant z \leqslant h$ 的区域，$\{\cos\alpha, \cos\beta, \cos\gamma\}$ 为 S 的下侧法向的方向余弦.

7. 计算 $I = \oiint_S z^2 \mathrm{d}x\,\mathrm{d}y + x^2 \mathrm{d}y\,\mathrm{d}z + y^2 \mathrm{d}z\,\mathrm{d}x$，其中，$S$ 是球面 $(x-a)^2 + (y-b)^2 + (z-c)^2 = R^2$，且设积分是沿球面的外侧.

8. 用奥高公式计算 $\oiint_S x^2 \mathrm{d}y\,\mathrm{d}z + y^2 \mathrm{d}z\,\mathrm{d}x + z^2 \mathrm{d}x\,\mathrm{d}y$，其中，$S$ 为立体 $0 < x < a$，$0 < y < a$，$0 < z < a$ 的表面，且积分是沿该表面的外侧。